Werner Heister

Rechnungswesen in Nonprofit-Organisationen

2008
Schäffer-Poeschel Verlag Stuttgart

SCHÄFFER
POESCHEL

Dozenten und Studenten finden die Lernposter in diesem Lehrbuch unter www.sp-dozenten.de.

Bibliografische Information der Deutschen Nationalbibliothek
Die Deutsche Nationalbibliothek verzeichnet diese Publikation in der Deutschen Nationalbibliografie; detaillierte bibliografische Daten sind im Internet über <http://dnb.d-nb.de> abrufbar.

Gedruckt auf chlorfrei gebleichtem, säurefreiem und alterungsbeständigem Papier

ISBN 978-3-7910-2682-4

www.schaeffer-poeschel.de
info@schaeffer-poeschel.de

Einbandgestaltung: Melanie Weiß
Bildmotiv: Shutterstock®
Satz: Grafik-Design Fischer, Weimar
Druck und Bindung: Kösel GmbH, Krugzell, www.koeselbuch.de

Printed in Germany
Oktober 2008

Schäffer-Poeschel Verlag Stuttgart
Ein Tochterunternehmen der Verlagsgruppe Handelsblatt

Vorwort

„Damit Ihnen die Mitwirkung bei der Steuerung von Nonprofit-Organisationen professionell gelingt"

ist das Motto und Ziel des vorliegenden Buches. Gleich, ob Sie für die Steuerung verantwortlich sind, die für die Steuerung benötigten Informationen aufbereiten oder für die Umsetzung der vereinbarten Maßnahmen zuständig sind. Oder ob Sie dies zukünftig einmal tun werden, weil Sie auf eine andere Stelle wechseln, oder aber sich jetzt noch im Studium befinden. Um das oben genannte Ziel zu erreichen, werden Ihnen nachfolgend die wesentlichen *Grundzüge* vermittelt. Dabei gilt es festzuhalten: Die Grundzüge der Steuerung sind tendenziell branchenunabhängig bzw. in den meisten Nonprofit-Branchen zumindest sehr ähnlich und stets auch auf andere Bereiche leicht übertragbar: Pflegeheime, Jugendhilfeeinrichtungen, Kliniken, Museen, Öffentliche Verwaltungen etc.

Ein weiteres Motto und Ziel dieses Buches lautet:

„Damit Lernen leicht und nachhaltig gelingt."

Der Verfasser nutzt gut durchdachte und langjährig erprobte Vorgehensweisen, die er in seinen Büchern aus der Reihe „Studieren mit Erfolg" auch aufgeschrieben hat (vgl. Heister 2007, Heister & Weßler-Poßberg 2007 und Heister, Wälte, Weßler-Poßberg & Finke 2007). Es geht insbesondere um gehirngerechtes Lernen, konkret um Strukturieren, Elaborieren und Memorieren.

Aktuelle Tipps und Hinweise für leichteres, erfolgreiches und nachhaltiges Lernen finden Sie auch auf dem Blog des Verfassers unter www.studplan.com und unter http://www.hs-niederrhein.de/studplan.html.

Leicht und nachhaltig lernen, das bedeutet auch *ohne Ballast lernen*. Deshalb: Die Ausführungen sind auf wesentliche Grundlagen beschränkt, die Sie in den angegebenen Einsatzgebieten benötigen und mit speziellen Publikationen entsprechend vertiefen können.

Das Buch bietet zudem Beispiele zur Erstellung und Nutzung von *Lernpostern*. Kopieren Sie die entsprechenden Abbildungen und vergrößern bzw. zeichnen Sie diese handschriftlich oder gestalten am PC ähnliche Übersichten. Hängen Sie die Lernposter z. B. in Ihrer Wohnung dort auf, wo Sie häufig darauf blicken. Die Inhalte werden sich stärker in Ihr Gedächtnis „einbrennen."

Im Buch werden die Marginalien D, B, U und M verwendet. D steht für „Definitionen", also konkrete wichtige Begriffsbestimmungen. B meint „Beispiele", im Regelfall aus einer fiktiven Unternehmenssituation, die den theoretischen Stoff anschaulicher darstellen. Ü bedeutet „Übungen", also Aufgaben zur Wiederholung insbesondere der Rechen- oder Buchungstechniken. M steht für „Memorieren/Elaborieren" und beinhaltet Tipps zum Wiederholen und Vertiefen des Stoffes. Hier finden sich insbesondere die empfohlenen Stichworte für eine Lernkartei und Hinweise zum Lernen in der Unternehmenspraxis.

Bonn, im August 2008 Werner Heister

Dozenten und Studenten finden die Lernposter in diesem Lehrbuch unter www.sp-dozenten.de.

Inhaltsverzeichnis

Der Autor

Prof. Dr. Werner Heister, Hochschule Niederrhein in Mönchengladbach, lehrt „Betriebswirtschaftslehre im Sozialen Sektor“ mit den Schwerpunkten Rechnungswesen, Controlling und Marketing. Der Autor ist Studienleiter Marketing an der APOLLON Hochschule für Gesundheitswirtschaft (Bremen) und an weiteren Hochschulen im Rahmen von Lehraufträgen tätig. Im Jahr 2003 erhielt er den Lehrpreis der Hochschule Niederrhein für herausragende Leistungen in der Lehre. Prof. Heister ist Vorsitzender der Ehemaligen-Organisation der Hochschule Niederrhein.

1 Rechnungswesen bringt Licht ins Dunkle

Lernziele

In diesem Kapitel lernen Sie:
- den Begriff „Wirtschaften" mit verschiedenen Synonymen korrekt zu verwenden,
- die Bedeutung des Rechnungswesens einzuschätzen,
- die Ziele und Funktionen des Rechnungswesens zu differenzieren,
- die Unterscheidung in Externes und Internes Rechnungswesen vorzunehmen,
- Rechnungswesen als wichtigen Informationslieferant des Controlling zu erklären,
- einen roten Faden des Controlling „zu spinnen" und
- wichtige Steuerungsbereiche zu erkennen.

Management und Wirtschaften

Gegenstand des *Managements* (übersetzt = Unternehmensführung) einer bedarfswirtschaftlich ausgerichteten Nonprofit-Organisation, einer öffentlichen Verwaltung bzw. eines erwerbswirtschaftlichen Unternehmens ist die *zielgerichtete Gestaltung, Steuerung und Entwicklung* unter der Maxime der Wirtschaftlichkeit.

D

Wirtschaften bezeichnet die Entscheidung über den Einsatz knapper Ressourcen angesichts „unendlicher" Bedürfnisse.

Effektiv und effizient

Wirtschaften kann sowohl *zielorientiert* als auch *handlungsorientiert* sein.

effektiv – zielorientiert
=
Die richtigen Dinge tun!

effizient – handlungsorientiert
=
Die Dinge richtig tun!

Abb. 1.1: Effektiv und effizient

Zielorientiert wirtschaften bedeutet *effektiv* zu handeln und meint: „Die richtigen Dinge tun!"

Handlungsorientiert wirtschaften bedeutet *effizient* zu handeln und meint: „Die Dinge richtig tun!"

Beides sollte gewährleistet sein. Effektivität ohne Effizienz ist genauso suboptimal wie Effizienz ohne Effektivität.

B

- Entscheidet sich ein Seniorenheim dazu, einen Trainer für Inlineskating einzustellen und sucht unter qualitativ gleichwertigen Trainern den günstigsten aus, so handelt der Träger zwar effizient, aber nicht effektiv. Wer soll an dem Kurs teilnehmen?
- Sucht das Management eine Ernährungsberaterin aus, jedoch unter den fünf Kandidatinnen gleicher Qualität die teuerste, so handelt es zwar effektiv, aber nicht effizient.

Rechnungswesen Die Informationen, die für gutes Management, präzise Steuerung und durchdachtes Wirtschaften benötigt werden, kommen vorwiegend aus dem Rechnungswesen.

D

> Das **Betriebliche Rechnungswesen** umfasst alle Maßnahmen und Verfahren zur systematischen zahlenmäßigen Erfassung, Darstellung und Abrechnung des betrieblichen Geschehens, soweit dies zahlenmäßig (mengen- und wertmäßig) erfassbar ist (vgl. Kotsch-Faßhauer 2004, S. 1). Aufgabe des Rechnungswesens ist es also, alle wirtschaftlichen Gegebenheiten und Vorgänge wertmäßig zu erfassen.

Ziele Das Rechnungswesen ist ein wichtiger *Informationslieferant*, im Regelfall sogar der Hauptinformationslieferant, um effektiv und effizient handeln zu können.

Funktionen Dazu spiegelt das Rechnungswesen den Aufbau und den Ablauf der betrieblichen Prozesse wider. Insofern hat das betriebliche Rechnungswesen eine *Informationsfunktion*. Darüber hinaus hat das Rechnungswesen eine *Zahlungsermittlungsfunktion*. Aus den Daten des Rechnungswesens wird der Gewinn/der Verlust des Unternehmens als Grundlage zur Bemessung der Steuern und z. B. bei Aktiengesellschaften zur Bemessung der Dividende ermittelt. Das Rechnungswesen dient außerdem zur Erfassung von Geschäftsvorfällen (*Dokumentationsfunktion*). Weiterhin unterstützt es die Kontrolle der Rentabilität und Wirtschaftlichkeit des betrieblichen Geschehens (*Kontrollfunktion*) und liefert Informationen für die zukünftige Planung (*Dispositionsfunktion*). Darüber hinaus erfüllt das Rechnungswesen Belange bezüglich Rechenschaftslegung/Rechnungslegung nach den geltenden gesetzlichen Vorschriften (*Rechenschaftsfunktion*).

Funktionen des Rechnungswesens:
- Informationsfunktion
- Zahlungsermittlungsfunktion
- Dokumentationsfunktion
- Kontrollfunktion
- Dispositionsfunktion
- Rechenschaftsfunktion

Abb. 1.2: Funktionen des Rechnungswesens

Als Synonym zum Begriff „Rechnungswesen" werden häufig die Bezeichnungen „Unternehmensrechnung" und „Rechnungslegung" verwendet. Im Amerikanischen findet man vorwiegend den Begriff „Accounting".

Unterscheidung Das Rechnungswesen wird in das „Externe Rechnungswesen" und das „Interne Rechnungswesen" unterteilt. Statt des Begriffs „Externes Rechnungswesen" wird häufig der Begriff „Finanzbuchhaltung" gebraucht, abgekürzt „Buchhaltung" oder sogar nur „FiBu". Statt des Begriffs „Internes Rechnungswesen" wird häufig der Begriff „Kosten- und Leistungsrechnung" verwendet. Abgekürzt spricht man von der „Kostenrechnung" bzw. „KoRe".

- Das *Externe Rechnungswesen* ist vorwiegend nach außen orientiert. Wichtige Aufgaben der Finanzbuchhaltung bestehen in der Erfassung aller Geschäftsvorfälle und der Aufstellung des Jahresabschlusses nach den Vorschriften des Handelsrechts und des Steuerrechts. Das externe Rechnungswesen ist

vergangenheitsbezogen und bildet die entstandenen Geschäftsvorfälle eines Geschäftsjahres ab. Adressaten sind die Kapitalgeber, Steuerbehörden, Kunden, Lieferanten, Arbeitnehmer etc.
- Das *Interne Rechnungswesen* ist vorwiegend nach innen orientiert. Wichtige Aufgaben der Kosten- und Leistungsrechnung bestehen in der Wirtschaftlichkeitsrechnung z. B. im Bezug auf einzelne Bereiche und die Kalkulation der Produkte und Dienstleistungen. Das interne Rechnungswesen ist zukunftsbezogen, häufig für einen Zeitraum von einem bis drei Monaten. Adressaten sind Kostenverantwortliche, Führungskräfte und die Unternehmensleitung.

Gehirngerechte Verankerung

Um die neuen Inhalte für Sie gehirngerecht zu verankern, ist es hilfreich, dass eine Struktur hineinkommt und Sie eine Verankerung in Ihrem persönlichen Erfahrungsbereich vornehmen.

Wenn keine eigene Erfahrung vorliegt, können Sie Kollegen, Freunde etc. nach ihren Erfahrungen fragen. Wenn auch das nicht möglich ist, müssen Sie es leider so hinnehmen und in Ihrem Gedächtnis eine neue Struktur dafür aufbauen.

Rechnungswesen gibt es auch in jeder Branche von Nonprofit-Organisationen. Aufgabe des Rechnungswesens ist es, die wesentlichen, den Wert beeinflussenden Vorgänge in Zahlen abzubilden. Rechnungswesen teilt sich immer in „Externes Rechnungswesen" (nach außen gerichtetes Rechnungswesen, Rechnungswesen an externe Adressaten, z. B. Banken) und „Internes Rechnungswesen" (nach innen gerichtetes Rechnungswesen, Rechnungswesen an interne Adressaten, z. B. Manager), vgl. Abbildung 1.3.

Rechnungswesen	
Externes Rechnungswesen	Internes Rechnungswesen

Abb. 1.3: Aufteilung Rechnungswesen I

B

Hilfreich sind die im Folgenden benutzten Beispiele aus unterschiedlichen Branchen des Nonprofit-Sektors, nämlich:
- Pflegeheime – Klaus Pfleger, der Leiter des Pflegeheims, fragt sich, wie wirtschaftlich seine Einrichtung in den ersten drei Monaten geführt wurde. Er bittet das Rechnungswesen, das betriebswirtschaftliche Ergebnis der ersten drei Monate des Quartals zu ermitteln.
- Jugendhilfeeinrichtungen – Julia Jugendwohl möchte wissen, ob es wirtschaftlicher ist, eine Reinigungsfirma zu beauftragen oder selber Personal einzustellen.
- Kliniken – Johanna Beinhardt weiß, was der Klinik „ein Blinddarm" (also eine Blinddarm-OP) einbringt. Sie kennt die Fallpauschalen und möchte wissen, ob im letzten Quartal wirtschaftlich operiert wurde.
- Museen – Emil Muse glaubt, mit den bisherigen Eintrittspreisen angesichts der in allen Bereichen steigenden Kosten nicht mehr wirtschaften zu können. Er bittet das Rechnungswesen, die Selbstkosten zu berechnen.
- Öffentliche Verwaltungen – Roswitha Bürgermeister beantragt bei einer Bank einen Kredit für einen Eigenbetrieb der Kommune, der in der Rechtsform einer GmbH gegründet wurde. Der Bankdirektor möchte den Jahresabschluss der GmbH sehen.

Übrigens, in den ersten vier Beispielen geht es um „Internes Rechnungswesen“, nur im letzten Beispiel geht es um „Externes Rechnungswesen“.

Häufig tritt an dieser Stelle die Frage auf, in welcher Beziehung denn nun der Begriff, die Organisationseinheit, die Funktion „Controlling“ zum Rechnungswesen steht.

D

> Controlling heißt übersetzt **Steuerung** (aus dem Englischen von „to control“) und ist ein funktionsübergreifendes Steuerungsinstrument mit der Aufgabe der Koordination von Planung, Informationsversorgung und Kontrolle.

Ein weit verbreiteter Irrtum führt dazu, dass Controlling mit Kontrolle gleichgesetzt wird. Das ist aber nicht korrekt. Richtig ist: Controlling besteht aus Planung, Informationsversorgung und Kontrolle.

Das Rechnungswesen ist der wichtigste Informationslieferant des Controllings! Neben dem Rechnungswesen bedient sich das Controlling jedoch weiterer Quellen wie etwa der Informationen aus Dienstplänen, Informationen aus dem Marketing, Statistik der Personalverwaltung etc. Insofern lässt sich unsere Übersicht erweitern (vgl. Abbildung 1.4).

<table>
<tr><th colspan="3">Controlling</th></tr>
<tr><th colspan="2">Rechnungswesen</th><th>Diverse Statistiken</th></tr>
<tr><td>Externes Rechnungswesen</td><td>Internes Rechnungswesen</td><td>• Informationen aus Dienstplänen
• Informationen aus dem Marketing, Statistik der Personalverwaltung etc.</td></tr>
</table>

Abb. 1.4: Aufteilung Rechnungswesen II

Detaillierter stellt das die Abbildung 1.5 dar, die nachfolgend auch erläutert wird.

Der rote Faden des Controlling

Die Übersicht verdeutlicht zugleich den roten Faden des Controllings und ist wie folgt aufgebaut:

- In der zweiten Ebene sind die Quellen dargestellt, derer sich das Controlling bedient.
- In der dritten Ebene sind die wichtigsten Instrumente der jeweiligen Quellen (z. B. Finanzbuchhaltung) dargestellt.
- In der vierten und fünften Ebene stehen die Ergebnisse, z. B. der Jahresabschluss als Resultat der Finanzbuchhaltung.

Das Controlling bedient sich folgender Quellen:

- Finanzbuchhaltung (Externes Rechnungswesen),
- Kosten- und Leistungsrechnung (Internes Rechnungswesen) sowie
- Statistiken diverser Bereiche (z. B. Marketing, Personalabteilung etc.).

Extern

Die *Finanzbuchhaltung* (*Externes Rechnungswesen*) wird in Bereiche unterteilt, die teilweise heute noch – in Anlehnung an Zeiten, als es noch keine EDV gab – als „Bücher“ bezeichnet werden:

- Journal (Grundbuch, Aufzeichnung der Buchungssätze),
- Hauptbuch (Verbuchung auf Konten),

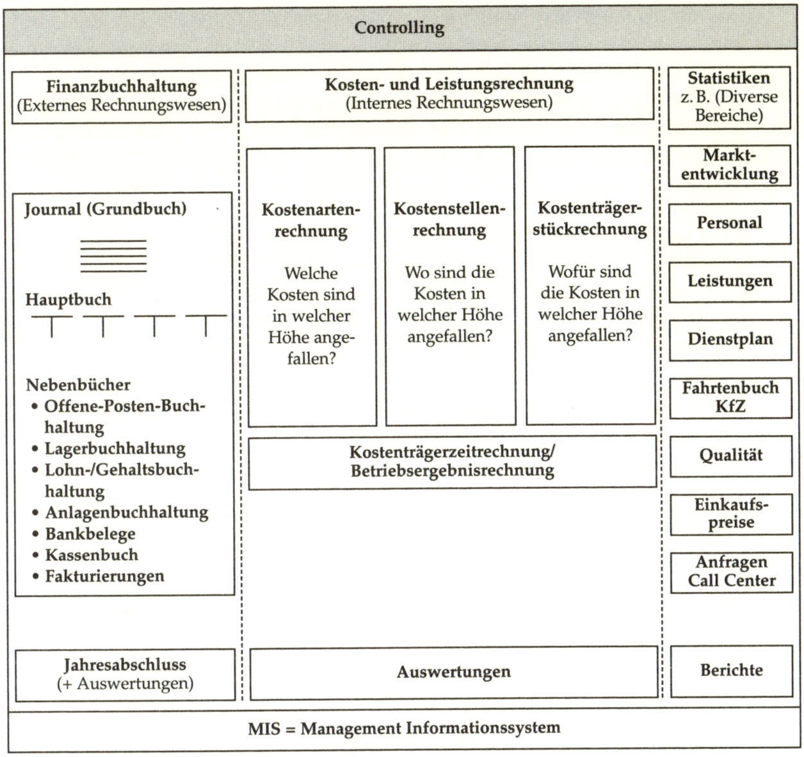

Lernposter 1: Die Informationsquellen des Controllings

Abb. 1.5: Die Informationsquellen des Controllings – Lernposter 1

- Nebenbücher,
  - Offene-Posten-Buchhaltung (Personenkonten von Kunden und Lieferanten),
  - Lagerbuchhaltung,
  - Lohn- und Gehaltsbuchhaltung (Mitarbeiter),
  - Anlagenbuchhaltung (Geräte, Maschinen etc.),
  - Bankbelege,
  - Kassenbuch und
  - Fakturierungen (Rechnungen an Kunden).

Das Ergebnis der Finanzbuchhaltung ist vorrangig der Jahresabschluss, der zum Ende des Geschäftsjahres erstellt werden muss. Der Jahresabschluss umfasst die Bilanz und die GuV. Darüber hinaus ist die Finanzbuchhaltung zur Aufstellung weiterer Auswertungen (z. B. über die flüssigen Mittel) des Unternehmens zuständig.

Intern

Die *Kosten- und Leistungsrechnung (Internes Rechnungswesen)* gliedert sich in die Bereiche:
- Kostenartenrechnung,
- Kostenstellenrechnung,
- Kostenträgerstückrechnung und
- Kostenträgerzeitrechnung (Betriebsergebnisrechnung, kurzfristige Erfolgsrechnung).

Statistiken

Ergebnis der Kosten- und Leistungsrechnung sind diverse Auswertungen. Einzelne *Statistiken* werden häufig zu Berichten zusammengefasst. Informationen aus dem Jahresabschluss, den Auswertungen und den Berichten werden auch in einem Management-Informationssystem (Papierbericht oder EDV-Anwendung) gebündelt und den Führungskräften komprimiert präsentiert.

D

Ein **Management-Informationsystem (MIS)** ist ein System, dass verdichtete Analysen, Auswertungen und Vergleiche enthält. Zielsetzung eines MIS ist es, aus den im Unternehmen vorliegenden Daten die wesentlichen Führungskennzahlen zu extrahieren und dem Management zur rechten Zeit, am rechten Ort zur Verfügung zu stellen, damit dieses seiner Verantwortung für die Steuerung des Unternehmens gerecht werden kann.

Bereiche der Steuerung

Nach Coenenberg 2007, S. 10 findet die Steuerung inhaltlich statt insbesondere über die Steuerungsgrößen in den Bereichen:

- Liquidität,
- Erfolg und
- Erfolgspotenziale.

Die erste Ebene der Unternehmenssteuerung ist die Ebene der *Liquiditätssteuerung*, also der *Zahlungsfähigkeit*. Wenn ein Unternehmen seinen Zahlungsverpflichtungen nicht mehr nachkommen kann, dann muss es entsprechend den gesetzlichen Verpflichtungen Insolvenz anmelden. Somit ist ein ganz wesentliches Ziel der Unternehmen, die Zahlungsfähigkeit stets zu erhalten. Informationslieferant ist hier vorrangig die Finanzbuchhaltung.

Die zweite Ebene der Unternehmenssteuerung betrifft den *Erfolg* der Unternehmung. Der Erfolg ist das, was übrig bleibt, wenn man die *Aufwendungen* von den *Erträgen* abzieht bzw. die *Kosten* von den *Leistungen*. Als Informationslieferanten sind hier vorrangig sowohl die Finanzbuchhaltung als auch die Kosten- und Leistungsrechnung involviert. Ergänzend werden externe Quellen herangezogen, z. B. zur Ermittlung der durchschnittlichen Kosten eines Betriebsfahrzeugs.

Die dritte Ebene der Unternehmenssteuerung ist die Ebene der Steuerung der *Erfolgspotenziale*, ein Begriff aus dem strategischen Marketing-Management.

D

Erfolgspotenziale (Strategische Erfolgspositionen) sind besondere Fähigkeiten, mit denen ein Unternehmen seine Ziele (z. B. Gewinnmaximierung) mittel- bis langfristig erreichen kann bzw. ggf. sogar wesentlich bessere Ergebnisse erzielen kann als die Konkurrenz.

Strategische Erfolgspositionen können z. B. außergewöhnliche Leistungen des Unternehmens sein, aber auch die ausschließliche Bearbeitung bestimmter Märkte und/oder die Fähigkeit, spezifische Kernkompetenzen zu nutzen. Als Informationslieferanten sind hier vorrangig Statistiken von Bedeutung.

Sie sind nicht nur kurzfristig, sondern auch mittel- bis langfristig wirksam. Strategische Erfolgspositionen sind oftmals durch Patente etc. vor Nachahmung geschützt bzw. eine Nachahmung erfordert einen großen Einsatz von Zeit und z. B. finanziellen Ressourcen. Strategische Erfolgspositionen (SEP) müssen nachhaltig sein (Nachhaltigkeit), dürfen für die Wettbewerber nicht leicht kopierbar sein (Einmaligkeit) und müssen sich auf beachtliche Geschäftsfelder beziehen

(Bedeutsamkeit) (vgl. zu strategischen Erfolgspositionen insbesondere Pümpin & Amann 2005). Typische strategische Erfolgspositionen liegen in den Feldern Innovation, Kosten, Kunden, Qualität, Technologie bzw. Verkauf/Vertrieb.

Und nun, kehren wir zurück zu der Überschrift dieses Kapitels und zu den Beispielen.

Licht im Dunklen

In Anlehnung an unsere Überschrift, „Rechnungswesen bringt Licht ins Dunkle", veranschaulichen die Zahlen in den nachfolgenden Beispielen die Zusammenhänge:

- Pflegeheime – Klaus Pfleger hat die Zahlen aus dem Rechnungswesen vor dem Verwaltungsrat präsentiert. Er erntet großen Beifall, nicht nur, weil die Zahlen so gut ausfallen, sondern vor allem, weil er die wirtschaftliche Situation so transparent machen konnte.
- Jugendhilfeeinrichtungen – Julia Jugendwohl hat dem Lieferanten für Nahrungsmittel einen weiteren Rabatt von über 7 % abringen können. Mittels der Zahlen aus dem Rechnungswesen konnte sie aufzeigen, wie deutlich sich das Wachstum der Geschäftsbeziehung entwickelt hat. Und als guter Kunde bekommt man doch einen guten Rabatt, oder?
- Kliniken – Johanna Beinhardt ist überzeugt, dass das geplante MVZ (Medizinisches Versorgungszentrum) den Umsatz der Klinik deutlich steigern wird. Mit den im Rechnungswesen aufbereiteten Daten überzeugt sie die Bank, den Kredit erneut aufzustocken.
- Museen – die täglich aktuellen Zahlen aus dem Rechnungswesen über die flüssigen Mittel ermöglichen es Emil Muse, komplett ohne den Überziehungskredit (Kontokorrentkredit) auszukommen.
- Öffentliche Verwaltungen – Roswitha Bürgermeister weiß dank der Zahlen aus dem Rechnungswesen ganz genau, wie sich die Honorarzahlungen der Externen (Berater, Rechtsanwälte etc.) entwickelt haben und ist zufrieden. Die Einsparung betrug im letzten Jahr über 20 %.

Das Rechnungswesen unterstützen auch andere Organisationseinheiten des Betriebs oder Externe mit wichtigen Statistiken. Also: Rechnungswesen ist zwar nicht ALLES, aber letztendlich ganz, ganz viel! Und deshalb ist es für Sie auch ausgesprochen wichtig, sich im Rechnungswesen gut auszukennen. Also sind wir bereits auf dem richtigen Weg! Weiter so!

Hinweis: In der Praxis mancher Nonprofit-Organisationen gibt es eine organisatorische Trennung von Finanzbuchhaltung und Kostenrechnung, in der Praxis anderer Organisationen dagegen nicht. Es gibt sogar Beispiele kleiner Organisationen, bei denen eine oder zwei Personen diese Aufgaben komplett erledigen. Aber auch hier wäre es sehr sinnvoll, die Aufgaben, Strukturen etc. – wie oben geschehen – sauber zu trennen.

Im Folgenden wird aus diesem Grunde zunächst die Finanzbuchhaltung behandelt.

Adressaten

Die Finanzbuchhaltung wendet sich vorwiegend an *unternehmensexterne* Adressaten. Vorwiegend bedeutet aber nicht ausschließlich. Manche unternehmensinterne Mitarbeiter erhalten z. B. – je nach Position – auch nur Zugriff auf jene Informationen, die auch Unternehmensexterne erhalten.

B

- Wenn die Geschäftsleitung eines Theaters einen Kredit beantragt, dann verlangt das Kreditinstitut eine Übersicht darüber, ob das Theater über ausreichend Sicherheiten verfügt und auch die entsprechende Ertragskraft hat, um den Kredit zurückzuzahlen.

- Wenn eine Einrichtung eine andere übernehmen möchte, dann wird sie sich in einem allerersten Schritt zunächst darüber informieren, wo und wie die andere Einrichtung wirtschaftlich steht.
- Kurz vor der Wahl wollen die Wähler wissen, ob die Ausgliederung eines städtischen Betriebes in eine GmbH erfolgreich war.
- Zulieferer von noch zu verarbeitenden Materialien an eine Werkstatt für Behinderte haben Interesse an deren wirtschaftlicher Lage.

Erste Informationen zu diesen Fragen liefert stets die Finanzbuchhaltung, teils mit standardisierten und teils mit extra für den Entscheidungszweck erstellten Auswertungen.

M Suchen Sie ein Unternehmen (z. B. das Unternehmen, in dem Sie beschäftigt sind) und finden Sie heraus, wie die Finanzbuchhaltung und Kostenrechnung organisiert sind. Fragen Sie Freunde oder Bekannte, ob diese Ihnen etwas zur Organisation der Finanzbuchhaltung und Kostenrechnung ihres Betriebes erzählen können.

Lernkartei Noch ein Hinweis zum leichteren und nachhaltigen Lernen: Nutzen Sie Lernkarten! Vertiefen Sie den gelernten Stoff mittels der Lernmaschine im Langzeitgedächtnis!

Die Methode geht auf S. Leitner zurück. Schreiben Sie auf die eine Seite der Lernkarte – häufig DIN A7 – die Frage und auf die andere Seite der Lernkarte die Antwort zum jeweiligen Lernstoff auf. Ordnen Sie diese in eine Lernkartei (Lernmaschine) ein. Diese ist dabei behilflich, den Lernstoff kontinuierlich und erfolgreich zu lernen. Fertige Lernkarteien können erworben oder selber gebastelt/hergestellt werden. Es handelt sich dabei um eine rechteckige Schachtel, die in fünf Fächer eingeteilt wird, die jeweils 1, 2, 5, 8 und 14 cm lang sind.

Auf den Karteikarten werden auf der einen Seite eine kurze Frage und auf der anderen Seite eine kurze Antwort notiert. Umfangreicher Lernstoff wird ggf. auf mehrere Karten verteilt. Die Karten werden im ersten Fach eingestellt. Nach und nach wird der Lernstoff durch Lesen der Frage und Vergleich der eigenen Lösung mit der Musterlösung kontrolliert. Eine richtig beantwortete Frage wird ein Fach weitergelegt. Schon dieses Erfolgserlebnis kann für das Lernen insgesamt sehr förderlich sein.

Ist das erste Feld leer, wird es mit neuen Karten aufgefüllt. Ist ein anderes Feld voll, so wird ein etwa daumendicker Stapel wiederholt. Weiteres Vorgehen: Wird eine Frage richtig beantwortet, so legt man die Karte ein Feld weiter. Bei falscher Antwort ein Feld zurück.

Lernkarteien gibt es auch in elektronischer Form. Die verfügbare Software funktioniert nach dem gleichen Prinzip. Vorteile der Software gegenüber der Papierform liegen etwa darin, dass Tonaufnahmen und Bilder/Grafiken einbezogen werden können. Häufig ist damit auch eine detaillierte Lernplanung möglich.

Mit Software lässt sich ein ähnliches Verfahren anwenden, bei dem jede „digitale Lernkarte“ (z. B. eine Übersicht, ein Merksatz, eine Vokabel) einen Wert zugewiesen bekommt, der sich bei Erfolg um einen Punkt erhöht, bei Nichterfolg um einen Punkt vermindert. Außerdem bietet die Software meistens mehr Möglichkeiten zur Wiederholung.

Lernpatience

Die von Leitner entwickelte „Lernpatience" dient zum Lernen von besonders schwierigem Stoff. Es handelt sich um eine Variante der Lernkartei für bis zu 20 Karteikarten. Die Fächer sind für 3, 5 und 7 Karten ausgelegt. Wegen der geringen Anzahl an verwendeten Lernkarten können diese auch als Patience auf dem Tisch ausgebreitet werden. Damit wird der zu lernende Stoff zusätzlich etwas übersichtlicher.

Zu Beginn legen Sie drei Karten nebeneinander auf den Tisch, die Fragen nach oben. Versuchen Sie, die Frage auf der links liegenden Karte zu beantworten. Gelingt dies, so kommt die Karte in die zweite Reihe, und zwar an die ganz rechte Position (bzw. in das zweite Fach an hinterster Stelle). Gelingt dies nicht, kommt sie rechts neben die beiden verbliebenen Karten in der ersten Reihe (bzw. in das erste Fach nach ganz hinten). Alle drei Karten der ersten Reihe werden nun nach links verschoben. Ist eine Reihe voll, wird in dieser Reihe die Karte ganz links wieder geprüft. Wenn sie richtig beantwortet wird, legen Sie die Karte eine Reihe weiter. Wird sie nicht richtig beantwortet, so kommt sie wieder in die erste Reihe.

Leitner live: „Die Lernpatience ist somit nichts anderes als eine extrem verkleinerte Lernkartei in etwas anderer räumlicher Anordnung. Da wie dort geht dasselbe vor sich: Widerspenstige Informationen, in unserem Fall Telefonnummern, werden wiederholt, zehn- oder zwanzigmal oder noch öfter, so lange, bis sie weich werden, bis unser Gedächtnis sie verdauen kann. Leichte Telefonnummern hingegen, die widerstandslos kapitulieren, werden nur viermal wiederholt. Die Grundsätze des Verarbeitens, Wiederholens und Merkens sind also die gleichen, nach denen auch unsere Lernkartei aufgebaut ist – dass überflüssige Wiederholungen vermieden, die notwendigen dadurch aber nicht beeinträchtigt werden. Dennoch ist die Arbeit, die mit der Lernpatience bewältigt wird, ein wenig anders geartet. Sie ist gewissermaßen Rodung jungfräulichen Bodens, das Fußfassen auf völlig unbekanntem Gebiet, in dem es keine Orientierungspunkte gibt, die allererste Bekanntschaft mit völlig fremdem und beziehungslosem Material" (vgl. Leitner 1995, S. 124 f.; Heister 2007; Heister & Weßler-Poßberg 2007; Heister, Wälte, Weßler-Poßberg & Finke 2007).

M

Erstellen Sie Lernkarten zu folgenden Begriffen: Accounting – Bereiche der Kosten- und Leistungsrechnung – Betriebliches Rechnungswesen – Bücher der Finanzbuchhaltung – Controlling – Effektivität – Effizienz – Externes Rechnungswesen – Finanzbuchhaltung – Internes Rechnungswesen – Kosten- und Leistungsrechnung – Management – Management Informationssystem – MIS – Strategische Erfolgspositionen – Unternehmensführung – Wirtschaften.

2 Der Jahresabschluss – kein Buch mit sieben Siegeln

Lernziele

In diesem Kapitel lernen Sie:
- sich im System der Finanzbuchhaltung zurechtzufinden und einzelne Teilbereiche zu unterscheiden,
- den Aufbau von Bilanzen in Grundzügen darzustellen,
- das Verhältnis von Inventar und Bilanz zu erläutern,
- die Ermittlung von Gewinn oder Verlust.

Der rote Faden

Was bisher erläutert wurde: Manager tragen die Verantwortung für ihr Unternehmen, so wie Kapitäne für ihr Schiff. Entsprechend ist es auch ihre Aufgabe, das Unternehmen zu steuern. Steuern können sie aber nur, wenn das Ziel feststeht; ein Plan existiert, der zum Ziel führt; Informationen zur Verfügung stehen, wo man sich befindet; tatsächlich kontrolliert wird, ob man auf dem richtigen Weg ist und sich dem Ziel nähert. Das Rechnungswesen stellt u. a. diese Informationen bereit. Ein Informationslieferant im Rechnungswesen ist das Externe Rechnungswesen mit seinem Instrument „Jahresabschluss".
Wie es weitergeht: Nachfolgend wird der Jahresabschluss als Instrument/Ergebnisdokument der Finanzbuchhaltung erläutert.

Jahresabschluss

Wesentliches Instrument bzw. Ergebnisdokument der Finanzbuchhaltung ist der *Jahresabschluss*, der – sehr allgemein beschrieben – unter Beachtung der Grundsätze ordnungsmäßiger Buchführung ein den tatsächlichen Verhältnissen entsprechendes Bild der Vermögens-, Finanz- und Ertragslage zu vermitteln hat. Es handelt sich um die wertmäßige Dokumentation des Geschäftsjahres eines Unternehmens.

Der Jahresabschluss besteht mindestens aus *Bilanz* und *Gewinn- und Verlustrechnung (GuV)*. Bei einigen Rechtsformen kommt ein *Anhang* hinzu, der die Bilanz erläutert. Zusätzlich zum Jahresabschluss haben Kapitalgesellschaften einen *Lagebericht* zu erstellen, der einen Einblick in die Lage und Entwicklung des Unternehmens geben soll. Der Lagebericht gehört nicht zum Jahresabschluss, ist aber zusammen mit dem Jahresabschluss vom Wirtschaftsprüfer zu prüfen.

Bilanz

Die Bilanz ist nach § 242 Abs. 1 HGB die Gegenüberstellung des Vermögens und der Schulden zum Bilanzstichtag: Der Kaufmann hat zu Beginn seines Handelsgewerbes und für den Schluss eines jeden Geschäftsjahrs einen das Verhältnis seines Vermögens und seiner Schulden darstellenden Abschluss (Eröffnungsbilanz, Bilanz) aufzustellen. Die Bilanz stellt das Vermögen und die Schulden nach den geltenden rechtlichen Vorschriften dar.

Der Jahresabschluss:
- Bilanz
- Gewinn und Verlustrechnung (GuV)
- Anhang

Abb. 2.1: Der Jahresabschluss

D

> Die **Bilanz** ist eine gemäß den geltenden rechtlichen Vorschriften erstellte, stichtagsbezogene Gegenüberstellung von Vermögen und Schulden (Fremdkapital und Eigenkapital).

Zwei Aspekte sind besonders zu beachten:

- Die Bilanz ist *stichtagsbezogen*. Der Stichtag ist der letzte Tag des Geschäftsjahres. Die Uhrzeit 23:59:59 oder besser gesagt 00:00:00. Wenn Sie am Stichtag fünf Minuten vor 24:00:00 Ihren nagelneuen Geschäfts-PKW zu Schrott fahren, ist dieser nicht mehr z. B. mit dem Anschaffungswert zu berücksichtigen, sondern lediglich mit dem noch verbleibenden Schrottwert.
- Die Bilanz darf nur nach den *gültigen rechtlichen Vorschriften* aufgestellt werden, unabhängig davon, ob Ihnen das logisch erscheint oder nicht. Wenn z. B. ein Grundstück schon sehr alt ist, so steht es immer noch mit dem ursprünglichen Anschaffungswert in der Bilanz (angenommen es hat keinen Werteverlust erfahren) und nicht zum Zeitwert: Ein Grundstück, das 2005 für 300.000 € gekauft wurde und heute 380.000 € wert ist, steht als Vermögensgegenstand mit 300.000 € in der Bilanz. Eine einfache Höherbewertung auf den gegenwärtigen Zeitwert ist nicht erlaubt.

Wirtschaftsgesetze

Für das Studium des Rechnungswesens gibt es Sammlungen von wichtigen rechtlichen Vorschriften/Gesetzen/Gesetzessammlungen. Man kann davon ausgehen, dass die in den Sammlungen zusammengestellten Gesetze von besonderer Bedeutung sind. Nachfolgend eine Übersicht aus einem weit verbreiteten Reader:

- Handelsgesetzbuch – ohne Seehandel
- Einführungsgesetz zum Handelsgesetzbuch
- Bürgerliches Gesetzbuch – Auszug
- Aktiengesetz
- Einführungsgesetz zum Aktiengesetz
- Gesetz betreffend die Gesellschaften mit beschränkter Haftung
- Gesetz betreffend die Erwerbs- und Wirtschaftsgenossenschaften
- Gesetz über die Rechnungslegung von bestimmten Unternehmen und Konzernen
- Wechselgesetz
- Scheckgesetz
- Gesetz über den Wertpapierhandel
- Insolvenzordnung
- Gesetz über die Anfechtung von Rechtshandlungen eines Schuldners außerhalb des Insolvenzverfahrens
- Gesetz über die Mitbestimmung der Arbeitnehmer
- Gesetz über die Drittelbeteiligung der Arbeitnehmer im Aufsichtsrat
- Gesetz über die Mitbestimmung der Arbeitnehmer bei einer grenzüberschreitenden Verschmelzung
- Verordnung (EWG) Nr 2137/85 des Rates der Europäischen Gemeinschaften betr. die Schaffung einer Europäischen wirtschaftlichen Interessenvereinigung
- Gesetz zur Ausführung der EWG-Verordnung über die Europäische wirtschaftliche Interessenvereinigung
- Gesetz über die Eröffnungsbilanz in Deutscher Mark und die Kapitalneufestsetzung

- Umwandlungsgesetz
- Gesetz über Partnerschaftsgesellschaften Angehöriger Freier Berufe

Quelle: Wichtige Wirtschaftsgesetze/bearb. von der NWB-Redaktion (2008); Herne: Verl. Neue Wirtschafts-Briefe 21. Aufl., Stand: 01.01.2008.
Hinweis: Die Auswahl wurde von der Redaktion des Buches getroffen.

Spezialgesetze

Zahlreiche Spezialgesetze sind relevant:
- Zu speziellen Gesetzen für Pflegeheime siehe z. B. http://www.pflegen-online.de/download/Ges-Dateien/gesetze.html.
- Zu speziellen Gesetzen für Krankenhäuser siehe z. B. http://www.rechtliches.de/Gesetze_27.html.
- Zur öffentlichen Verwaltung siehe insbesondere http://www.verwaltung-innovativ.de/cln_047/nn_685080/DE/Home/homepage_node.html?_ nnn=true.

Geschäftsjahr

Der Stichtag der Bilanzerstellung ist in der Regel das Ende des *Geschäftsjahres*. Die Bezeichnung „Geschäftsjahr“ wird in dem externen Rechnungswesen für die in der Buchführung (Finanzbuchhaltung) zu dokumentierende Periode benutzt. § 240 Abs. 2 S. 2 HGB legt fest: „Die Dauer des Geschäftsjahres darf 12 Monate nicht überschreiten.“

Die Dauer des Geschäftsjahres beträgt also im Regelfall 12 Monate. Nur im Ausnahmefall, nämlich wenn ein Betrieb eröffnet, erworben, liquidiert wird etc., kann das dadurch entstehende *Rumpfgeschäftsjahr* kürzer als 12 Monate sein.

Geschäftserfolg

§ 252 Abs. 1 Nr. 5 HGB fordert die *periodengerechte Ermittlung des Erfolgs* für ein Geschäftsjahr: „Aufwendungen und Erträge des Geschäftsjahres sind unabhängig von den Zeitpunkten der entsprechenden Zahlungen im Jahresabschluss zu berücksichtigen.“ Dabei mindern Aufwendungen den Erfolg während Erträge den Erfolg mehren. Bitte merken Sie sich diese Begriffe zunächst, Sie werden sich Ihnen inhaltlich erst später erschließen.

D

Aufwendungen mindern das Eigenkapital des Unternehmens und **Erträge** mehren das Eigenkapital des Unternehmens.

Struktur der Bilanz

Die Abbildung 2.2 zeigt grob die Struktur der Bilanz.

Bilanz

Aktiva	Passiva
Vermögen	Eigenkapital
	Fremdkapital
Bilanzsumme	Bilanzsumme

Abb. 2.2: Die Bilanz

Aktiva	Bilanz Passiva
Vermögen	Eigenkapital
– Anlagevermögen	– Rücklagen
– Grundstücke	– Gewinnvortrag
– Gebäude	
– Technische Geräte	Fremdkapital
– Umlaufvermögen	– Rückstellungen
– Vorräte	– Darlehen
– Kasse	– Bankkredite
– Bank	– Verbindlichkeiten
Bilanzsumme	Bilanzsumme

Abb. 2.3: Positionen der Bilanz (beispielhaft)

D Die **Bilanz** (lat. bilancia = Waage) stellt Vermögen und Kapital zum Abschlussstichtag gegenüber. Die Vermögensgegenstände werden als Aktiva und das Kapital als Passiva bezeichnet. Die Bilanz zeigt damit auf der Aktivseite die Werte der Vermögensgegenstände und auf der Passivseite die Ansprüche an das Kapital.

Entsprechend leiten sich die Verben „aktivieren" und „passivieren" ab.

D **Aktivieren** bedeutet, etwas auf die Aktivseite der Bilanz schreiben, **passivieren** meint, etwas auf die Passivseite der Bilanz schreiben.

Wie das genau geschieht, wird Ihnen sicher erst später deutlich werden. Bitte merken Sie sich die Terminologie an dieser Stelle, damit Sie diese später richtig einordnen und einsetzen können.

D Unter dem **Vermögen** versteht man die Gesamtheit der materiellen und immateriellen Güter einer natürlichen oder juristischen Person.

B
- Materielle Güter sind z. B. Grundstücke, Gebäude, Schreibtische, Computer, Fahrzeuge, Materialien etc.
- Immaterielle Güter sind z. B. Software, Konzessionen, der gekaufte Kundenstamm.

Beim Vermögen unterscheidet man Anlagevermögen (AV) und Umlaufvermögen (UV).

D Die Definition des **Anlagevermögens** ergibt sich aus § 247 HGB: „Beim Anlagevermögen sind nur die Gegenstände auszuweisen, die bestimmt sind, dauernd dem Geschäftsbetrieb zu dienen." „Dauernd" bezieht sich nicht auf die Zeitdauer, sondern auf die Häufigkeit des „dem Geschäftsbetrieb zu dienen". Es handelt sich also um Gebrauchsgüter, die durch Mehrmalnutzung dem Geschäftsbetrieb dienen.

B

- Zum Anlagevermögen eines Kulturbetriebs gehören z. B. eine drehbare Bühne, die Beschallungsanlage und Scheinwerfer etc.
- Zum Anlagevermögen eines Seniorenwohnheimes (Sozialbetrieb) zählen das Inventar der Zimmer, die Einrichtung der zentralen Küche und Badewannenlifter etc.
- Im Krankenhaus-Anlagevermögen befinden sich der Computertomograph, die Betten und Nachtschränkchen sowie das Inventar der Behandlungsräume etc.
- Anlagevermögen einer kommunalen Einrichtung sind z. B. Sporthallen, Reinigungsfahrzeuge, Feuerwehrwagen etc.

Gebrauchsgüter/ Verbrauchsgüter

Beim Anlagevermögen ist es nicht erheblich, wie lange die Vermögensgegenstände dem Geschäftsbetrieb dienen, also eine Stunde, ein Tag oder ein Jahr. Erheblich ist lediglich, ob die Vermögensgegenstände sofort verbraucht werden (= Umlaufvermögen), oder mehrfach verwendet werden (= Anlagevermögen). Entscheidend ist also, ob die Vermögensgegenstände *gebraucht oder verbraucht* werden.

D

Eine Definition des **Umlaufvermögens** lässt sich nicht explizit aus dem Gesetzestext entnehmen. Es wird in Abgrenzung zum Anlagevermögen definiert. Umlaufvermögen verbleibt nur kurzfristig im Unternehmen und wird ständig umgesetzt. Umlaufvermögen zeichnet sich also durch Verbrauch, Verwertung oder Veräußerung aus. Es handelt sich also um Verbrauchsgüter, die durch Einmalnutzung dem Geschäftsbetrieb dienen.

Zur Einordnung kommt es auf die Verhältnisse am Abschlussstichtag an.

B

- Zum Umlaufvermögen eines Kulturbetriebs gehören z. B. Reinigungsmittel, Kopierpapier etc.
- Zum Umlaufvermögen eines Seniorenwohnheimes zählen z. B. in der Küche Zucker, Mehl, Eier, Kartoffeln etc.
- Im Krankenhaus-Umlaufvermögen befinden sich Einmalspritzen, Unterlagen, Windeln etc.
- Eine kommunale Einrichtung hat Umlaufvermögen in der Form von Streusalz, Baumerde, Düngemittel etc.

Auf der Passivseite der Bilanz sind die Schulden (Eigen- und Fremdkapital) aufgeführt.

D

Die **Schulden** sind die Belastungen des Vermögens. Hier unterscheidet man **Verbindlichkeiten** und **Rückstellungen**. Verbindlichkeiten sind Verpflichtungen des Unternehmens, die dem Grunde und/oder der Höhe sowie dem Zeitpunkt nach sicher feststehen. Rückstellungen sind Verpflichtungen des Unternehmens, die dem Grunde und/oder der Höhe sowie dem Zeitpunkt nach noch nicht sicher feststehen.

Geschäftsvorfall

Die Bilanz ist somit nichts anderes als ein mit Werten dargestelltes Modell des Unternehmens. Durch die Aktivitäten des Unternehmens, also z. B. den Kauf neuer Maschinen, verändert sich dieses Bild jedoch ständig. Vorgänge wie etwa „Kauf eines Gerätes“, „Einkauf von Materialien“, „Verbrauch von Materialien“ und viele andere, die Sie kennen, werden „Geschäftsvorfälle“ genannt. In jedem Unternehmen werden z. B. Rohstoffe/Materialien für die Produktion/Dienstleistung eingekauft, Mitarbeiter mit der Produktion beauftragt und Fertigerzeugnisse verkauft/Dienstleistungen angeboten. Alle Wertverschiebungen – ausgedrückt in Geldeinheiten – sind für die Finanzbuchhaltung relevant und werden als Geschäftsvorfälle bezeichnet.

D

Geschäftsvorfälle sind alle Vorgänge im Unternehmen, die zur Veränderung von Vermögen und/oder Schulden bzw. Eigenkapital führen.

Durch die Inventur, die im Folgenden behandelt wird, wird das jeweils aktuelle Bild des Unternehmens korrekt ermittelt. Dabei werden jeweils das Vermögen und die Schulden im Rahmen der Inventur aufgenommen – mit Ausnahme des Eigenkapitals.

Bilanzgleichung

Das *Eigenkapital* wird rechnerisch ermittelt, und zwar mit der dargestellten Bilanzgleichung.

D

Bilanzgleichung

Anlagevermögen + Umlaufvermögen = Eigenkapital + Schulden

Vermögen = Eigenkapital + Schulden

Eigenkapital = Vermögen – Schulden

Hinweis: Jeweils ggf. inklusive sonstiger Posten wie z. B. Rechnungsabgrenzungsposten.

Residualgröße

Dadurch ist gewährleistet, dass die Bilanz stets ausgeglichen ist. Das Eigenkapital ist somit eine rechnerische Größe (*Residualgröße*). Es wird ermittelt, indem von der Summe der Vermögensgegenstände die Summe der Schulden abgezogen wird. Die steuerrechtliche Bezeichnung lautet Betriebsvermögen.

Vermögensgegenstand

Der Begriff „Vermögensgegenstand" ist nicht abschließend im Gesetz definiert. Angaben finden sich in § 240 Abs. 1 HGB und § 247 Abs. 1 HGB. Auch eine abschließende Aufzählung der Vermögensgegenstände ist nicht vorhanden. Der Begriff Vermögensgegenstand ist vielmehr aus den GOB – den Grundsätzen ordnungsmäßiger Buchführung – abzuleiten (vgl. hierzu und zum Folgenden Coenenberg 2005, S. 76 ff.).

Danach umfasst ein Vermögensgegenstand nicht nur Sachen und Rechte, sondern ganz allgemein wirtschaftliche Werte:
- die einen zukünftigen Nutzen für das Unternehmen erwarten lassen,
- die selbstständig bewertbar sind, d. h. in der Regel liegen Aufwendungen vor und
- selbstständig verkehrsfähig, d. h. einzeln veräußerbar sind. Sie dürfen nicht nur Ausfluss des allgemeinen Unternehmensrisikos sein.

Damit geht der Begriff über den der bürgerlich-rechtlichen „Gegenstände" (d. h. Sachen und Rechte) hinaus und erfasst auch andere Werte wie ungeschützte Erfindungen, Know-how, Nutzungsmöglichkeiten.

Schulden werden definiert als:
- bestehende oder hinreichend sicher erwartete Belastungen des Vermögens,
- die auf einer rechtlichen oder wirtschaftlichen Leistungsverpflichtung des Unternehmens beruhen und
- selbstständig bewertbar, d.h. als solche abgrenzbar und z.B. nicht nur Ausfluss des allgemeinen Unternehmerrisikos sind.

D

Schulden,
- die sowohl dem Grunde als auch der Höhe nach sicher sind, werden als *Verbindlichkeiten* bezeichnet und
- jene die dem Grunde und/oder der Höhe sowie dem Zeitpunkt nach unsicher sind, werden als *Rückstellungen* bezeichnet.

M

Erstellen Sie eine Mind Map zum Thema „Bilanz" mit den Hauptbegriffen Funktion, Zweck, Aktiva, Passiva, Form.
Hilfestellung: Eine Mind Map ist ein besonders gehirngerechtes Darstellungsinstrument. Nachfolgend wird kurz erläutert, wie man eine Mind Map erstellt, vgl. Heister 2007.

Mind Maps – erfunden von Tony Buzan – zu Deutsch „Gedankenkarten", sind grafische Darstellungen von Informationen und Wissensstoff. Im Vordergrund stehen bei der Darstellung die Beziehungen (Assoziationen, Verknüpfungen) zwischen den im Einzelnen dargestellten Begriffen. Dem Konzept des Mind Mappings sind die Konzepte „semantische Netze" und „Concept Maps" sehr ähnlich. Beispielhaft zeigt die Abbildung 2.4 das System der Kostenrechnung.

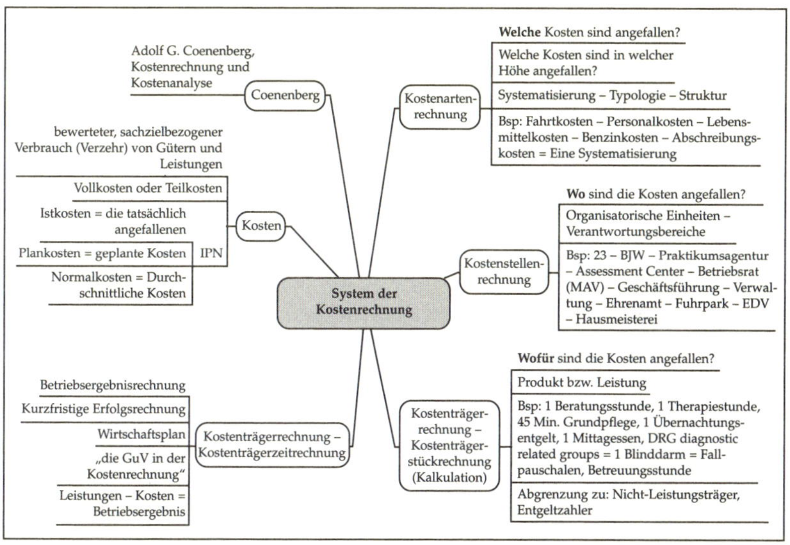

Abb. 2.4: Mind Map „System der Kostenrechnung"

Die Mind-Mapping-Methode nutzt die assoziative Arbeitsweise des Gedächtnisses und macht Erinnerungs- und Denkstrukturen sichtbar. Assoziationen werden notiert und führen zu neuen Assoziationen. Mind Maps können mit Papier und Bleistift oder mittels Software erstellt werden. Das Vorgehen ist identisch:

Beginnen Sie in der Mitte und tragen Sie dort das Thema ein, welches Sie bearbeiten möchten. Zeichnen Sie von hier ab die Verzweigungen ein, die als Stichworte erster Ordnung zur Gliederung des Themas dienen. Benutzen Sie für die Verzweigungen möglichst nur wenige Worte. Ggf. schreiben Sie die Worte in Großbuchstaben.

Benutzen Sie möglichst viele einfache Schlüsselwörter und nur wenige ganze Sätze. Nutzen Sie die Schlüsselwörter als Ausgangspunkt für neue Assoziationen.

Es gilt die Regel: Gehen Sie vom Allgemeinen zum Speziellen.

Hinweis: Mind Map™ ist eine eingetragene Marke der Buzan Organisation Ltd.

Handschriftlich erstellt, kann eine Mind Map wie in der Abbildung 2.5 aussehen.

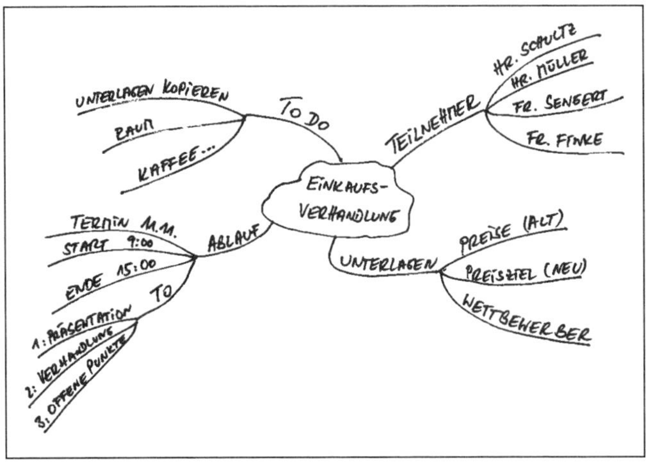

Abb. 2.5: Handschriftlich erstellte Mind Map

Mind Maps können auch in Standardprogrammen wie z. B. PowerPoint ausgearbeitet werden. Inzwischen gibt es bereits eine Reihe von speziellen Softwareprodukten zur Erstellung von Mind Maps, die viele zusätzliche Funktionalitäten neben der reinen Darstellung der Map bieten, z. B.:

- Hyperlinks zu anderen Dokumenten,
- Hyperlinks ins Internet,
- Einbinden von Grafiken,
- Einbinden von Excel-Tabellen,
- Einbinden umfangreicher Textnotizen,
- Export in Word,
- Export in PowerPoint,
- Export als HTML-WebSite,

- Präsentationsmodus,
- Brainstormingmodus und
- Verknüpfung mit Microsoft Outlook.

Manche Anwendungen sind als Open-Source-Produkte kostenlos verfügbar.

Abbildung 2.6 zeigt beispielhaft eine Mind Map als denkbare Lösung für diese Aufgabe.

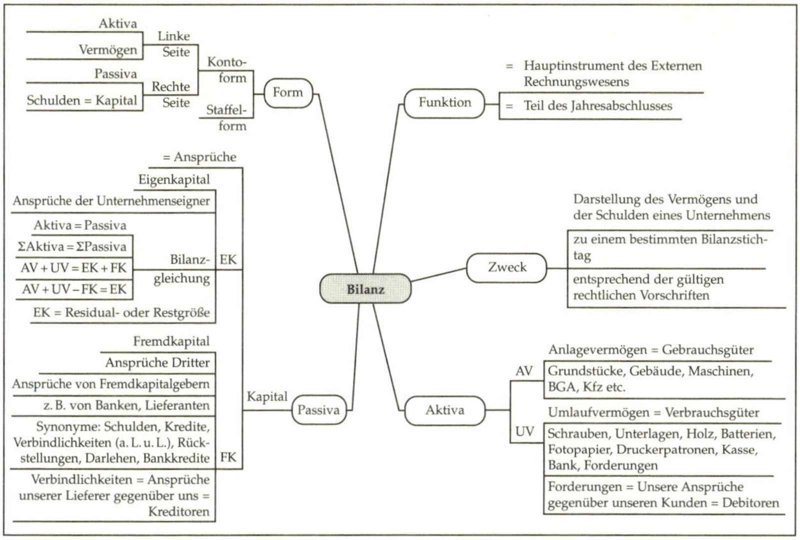

Abb. 2.6: Mind Map: Lösung zum Thema „Bilanz"

Erstellen Sie Lernkarten zu folgenden Begriffen: Aktivieren – Aufwendung/Aufwendungen – Bilanz – Bilanzgleichung – Eigenkapital – Ertrag/Erträge – Fremdkapital – Geschäftsjahr – Geschäftsvorfall/-fälle – Gesetze – Gewinn- und Verlustrechnung (GuV) – Jahresabschluss – Materielle Güter – Passivieren – Periodengerechte Erfolgsermittlung – Schulden – Stichtagsbezug – Vermögen. M

2.1 Inventur und Inventar

Der rote Faden

Was bisher erläutert wurde: Der Jahresabschluss mit seinen Instrumenten wurde zwar vorgestellt, jedoch nur in Grundzügen.
Wie es weitergeht: Jetzt geht es darum, die einzelnen Teile des Jahresabschlusses zu erläutern. Orientieren wir uns zunächst an der Bilanz. Die Bilanz ist u. a. das Ergebnis eines eher mühevollen Prozesses, nämlich der Inventur.

Fallstudie

Inventur und Inventar werden nachfolgend erläutert. Hierzu sei zunächst ein kleines Beispielunternehmen als Fallstudie skizziert, mit dem im Buch teilweise gearbeitet wird.

Eine Schreinerei – es wird Sie überraschen – stellt ein gutes Beispiel für einen Teilbetrieb dar, der in sehr unterschiedlichen Branchen des Nonprofit-Sektors vorkommen kann, wie nachfolgend verdeutlicht wird.

B

- Pflegeheime – Der Pflegekonzern, in dem Klaus Pfleger tätig ist, hat von einem besonders zufriedenen Bewohner eine kleine Schreinerei geerbt. Man hat beschlossen, diese im Konzern weiter zu betreiben und Einrichtungsgegenstände etc. sowohl für die einzelnen Heime als auch zum Verkauf auf dem „freien Markt" anzubieten. Aber – Schuster bleib bei deinen Leisten – das Motto lautet: „Klein aber fein!"
- Jugendhilfeeinrichtungen – Julia Jugendwohl hat eine kleine Schreinerei einrichten lassen, in dem einige Jugendliche zu Schreinergesellen ausgebildet werden und andere nur kreativ wirken können. Auch hier lautet das Motto: „Klein aber fein!"
- Kliniken – Johanna Beinhardt hat sich beim Umbau des alten Gebäudes an der Ringstraße zu einem medizinischen Versorgungszentrum letztendlich doch durchgesetzt. Die im Hinterhof gelegene kleine Schreinerei wurde renoviert und arbeitet nun für die Klinik und den externen Markt.
- Museen – Glücklicherweise gibt es im Museumskeller ja noch die kleine Schreinerei, die ungemein emsig bei der Vorbereitung und dem Aufbau der Ausstellungen tätig ist. Und die Leistungen, die für Externe erbracht werden, stellen ein nettes Zubrot dar.
- Öffentliche Verwaltungen – Roswitha Bürgermeister ist froh, dass Sie von ihrem Vorgänger eine kleine Schreinerei übernommen hat, die interne und externe Leistungen erbringt.
- Letztendlich könnte es sogar noch ein rein erwerbswirtschaftlich ausgerichteter Unternehmer sein, ein Tischler mit einer kleinen Schreinerei. Dieses Beispiel wird bewusst gewählt, weil der Verfasser davon ausgeht, dass die Mehrzahl der Leser sich in ein solches Unternehmen leicht hineindenken kann.

Inventur und Inventar

Der Kaufmann – so können wir jeden der angeführten Betriebe bezeichnen – ist nach § 240 Abs. 1 und 2 HGB verpflichtet, im Rahmen der *Inventur* „zu Beginn seines Handelsgewerbes und zum Ende eines jeden Geschäftsjahres ein Inventar aufzustellen".

D

Ein **Inventar** ist ein ausführliches Bestandsverzeichnis aller Vermögensgegenstände und Schulden nach Art, Menge und Wert.

Das Inventar wird mithilfe der Inventur ermittelt.

D

Die **Inventur** bezeichnet das Aufzeichnen aller Vermögensgegenstände und Schulden aufgrund einer körperlichen Bestandsaufnahme zu einem bestimmten Stichtag.

Ein Inventar wird erstellt bei der Gründung eines Unternehmens, bei der Liquidation eines Unternehmens, bei der Aufspaltung eines Unternehmens in mehrere Unternehmen, bei einem Eigentümerwechsel und vor allem zum Ende eines jeden Geschäftsjahres. Im Inventar werden das Vermögen und die Schulden des Unternehmens innerhalb eines Geschäftsjahres dokumentiert.

Das Inventar der Schreinerei könnte in Wirklichkeit wie im Anhang 1 dargestellt aussehen bzw. ist bei großen Unternehmen natürlich noch viel umfangreicher. Aber so schwer wollen wir es uns hier nicht machen. Lernen geht meistens leichter und nachhaltiger, wenn neue Zusammenhänge möglichst einfach dargestellt sind. Deshalb: In der Schreinerei werden die im nachfolgenden Beispiel aufgelisteten Vermögensgegenstände und Schulden erfasst.

Inventar der Schreinerei: B

- ein Grundstück (179.000,– €) und ein Gebäude (150.000,– €), Gesamtwert also 329.000,– €,
- Verbindlichkeiten in Höhe von 45.000,– €,
- ein Darlehen in Höhe von 70.000,– €
- zwei Fahrzeuge (30.000,– €), in der entsprechenden Inventarliste genauer spezifiziert,
- Maschinen (49.000,– €), in der entsprechenden Inventarliste genauer spezifiziert,
- Rohstoffe (31.000,– €), in der entsprechenden Inventarliste genauer spezifiziert,
- Kasse (3.000,– €),
- Bankkonto (2.000,– €).

Damit wäre das Inventar erstellt. Vgl. zu Inventur und Inventar in der Kommunalverwaltung Fudalla, zur Mühlen & Wöste 2004, S. 23 ff.

Erstellen Sie einen Ausschnitt aus dem Inventar des Anlagevermögens in Ihrem Büro, Ihrer Küche etc. M

Lösunghinweis: Bitte denken Sie beim Anlagevermögen an den Schreibtisch, Schreibtischstuhl, Büromöbel, den PC, die Lampe etc.

Erstellen Sie Lernkarten zu folgenden Begriffen: Inventar – Inventur. M

2.2 Bilanz

Der rote Faden

Was bisher erläutert wurde: Im Rahmen der Inventur werden das Vermögen und die Schulden „körperlich" aufgenommen. Es wird geprüft, ob physisch alles so vorhanden ist, wie in der Buchführung erfasst wurde. Die Vermögensgegenstände und Schulden werden im Inventar verzeichnet.
Wie es weitergeht: Das Inventar wird in der Bilanz zusammengeführt. Nachfolgend wird die Bilanz als übersichtliches, zusammenfassendes Instrument des Rechnungswesens erläutert. Es wird beispielhaft aufgezeigt, wie Geschäftsvorfälle die Bilanz verändern.

Die detaillierte Aufstellung des Inventars wird komprimiert und in zusammenfassender Weise in der Bilanz dargestellt. Im konkreten Beispiel ergibt sich damit folgende Gegenüberstellung von Vermögen und Schulden bzw. Eigenkapital in der Bilanz:

B

Aktiva	**Bilanz**		**Passiva**
Grundstücke	179.000	Eigenkapital	329.000
Gebäude	150.000	Darlehen	70.000
Maschinen	49.000	Verbindlichkeiten	45.000
Fuhrpark	30.000		
Rohstoffe	31.000		
Kasse	3.000		
Bank	2.000		
Summe	444.000	Summe	444.000

Das Eigenkapital errechnet sich nach der Bilanzgleichung:
444.000 – 45.000 – 70.000 = 329.000.

Für die Herstellung benötigt die Schreinerei noch Hilfsstoffe (Schrauben, Leim etc.), die im Wert von 1.000,– € eingekauft wurden. Die Mehrwertsteuer wird im gesamten Beispiel aus didaktischen Gründen mit „paradisischen" 0 % angesetzt. Der Werkstattleiter muss diese nicht sofort bezahlen, sondern erhält eine Rechnung, die er innerhalb der nächsten 2 Wochen begleichen kann. Die Gegenüberstellung von Vermögen und Schulden verändert sich wie folgt:

Aktiva		**Bilanz**	**Passiva**
Grundstücke	179.000	Eigenkapital	329.000
Gebäude	150.000	Darlehen	70.000
Maschinen	49.000	**Verbindlichkeiten**	**46.000**
Fuhrpark	30.000		
Rohstoffe	31.000		
Hilfsstoffe	**1.000**		
Kasse	3.000		
Bank	2.000		
Summe	445.000	Summe	445.000

Weil der Werkstattleiter ziemlich vergesslich ist, überweist er den Rechnungsbetrag sofort per Banküberweisung.

Aktiva		**Bilanz**	**Passiva**
Grundstücke	179.000	Eigenkapital	329.000
Gebäude	150.000	Darlehen	70.000
Maschinen	49.000	**Verbindlichkeiten**	**45.000**
Fuhrpark	30.000		
Rohstoffe	31.000		
Hilfsstoffe	1.000		
Kasse	3.000		
Bank	**1.000**		
Summe	444.000	Summe	444.000

Außerdem kann der Werkstattleiter eine gebrauchte Maschine für 2.000,– € günstig erwerben. Er bezahlt sie bar.

Aktiva		**Bilanz**	**Passiva**
Grundstücke	179.000	Eigenkapital	329.000
Gebäude	150.000	Darlehen	70.000
Maschinen	**51.000**	Verbindlichkeiten	45.000
Fuhrpark	30.000		
Rohstoffe	31.000		
Hilfsstoffe	1.000		
Kasse	**1.000**		
Bank	1.000		
Summe	444.000	Summe	444.000

Die Gebühren für Wasser und Strom werden fällig. Das Rechnungswesen überweist 800,– €.

Aktiva	Bilanz		Passiva
Grundstücke	179.000	**Eigenkapital**	**328.200**
Gebäude	150.000	Darlehen	70.000
Maschinen	51.000	Verbindlichkeiten	45.000
Fuhrpark	30.000		
Rohstoffe	31.000		
Hilfsstoffe	1.000		
Kasse	1.000		
Bank	**200**		
Summe	443.200	Summe	443.200

Der Werkstattleiter verbraucht Rohstoffe im Wert von 2.000,– € und Hilfsstoffe im Wert von 200,– €.

Aktiva	Bilanz		Passiva
Grundstücke	179.000	**Eigenkapital**	**326.000**
Gebäude	150.000	Darlehen	70.000
Maschinen	51.000	Verbindlichkeiten	45.000
Fuhrpark	30.000		
Rohstoffe	**29.000**		
Hilfsstoffe	**800**		
Kasse	1.000		
Bank	200		
Summe	441.000	Summe	441.000

Endlich verkauft der Werkstattleiter den ersten Tisch und nimmt dafür 4.000,– € ein, die der Kunde bar bezahlt.

Aktiva	Bilanz		Passiva
Grundstücke	179.000	**Eigenkapital**	**330.000**
Gebäude	150.000	Darlehen	70.000
Maschinen	51.000	Verbindlichkeiten	45.000
Fuhrpark	30.000		
Rohstoffe	29.000		
Hilfsstoffe	800		
Kasse	**5.000**		
Bank	200		
Summe	445.000	Summe	445.000

Erfolg

Der *Erfolg* des Unternehmens wird als Gewinn oder Verlust bezeichnet. Ein Gewinn wird erwirtschaftet, wenn die Erträge des Geschäftsjahres die Aufwendungen übersteigen. Ein Verlust wird erwirtschaftet, wenn die Aufwendungen des Geschäftsjahres die Erträge übersteigen.

Der Geschäftserfolg kann als Unterschiedsbetrag zwischen dem Eigenkapital am Schluss eines Geschäftsjahres (t) und dem Eigenkapital am Schluss des vorangegangenen Geschäftsjahres (t–1) ermittelt werden.

EK t–1 = 329.000,– €
EK t = 330.000,– €

B

Liegt eine Eigenkapitalmehrung vor, so wurde ein Gewinn realisiert, im Fall der Eigenkapitalminderung entsprechend Verlust.

Im oben genannten Beispiel liegt eine Eigenkapitalmehrung, also ein Gewinn in der Höhe von 1.000,– € vor.

Privatentnahmen und -einlagen

Bei einem Einzelunternehmer gilt sogar noch: Da das Eigenkapital auch durch Privatgeschäftsfälle verändert wird, z. B. durch Entnahme von Vermögen oder Einlage von zusätzlichem Kapital, sind außerdem noch Entnahmen und Einlagen zu berücksichtigen. Die Vermehrung des Vermögens durch Einlagen ist ein privater Vorgang und kein betrieblicher. Diese Maßnahme darf keinen Einfluss auf den Geschäftserfolg haben. Aus diesem Grunde müssen Einlagen von dem ermittelten Geschäftserfolg abgezogen werden. Die Verminderung des Vermögens durch Entnahmen ist ebenfalls nicht betrieblich veranlasst. Aus diesem Grund sind Entnahmen dem ermittelten Geschäftserfolg zuzurechnen. Damit ergibt sich folgende Formel:

Eigenkapital in t
– Eigenkapital in t–1
+ Entnahmen (für private Zwecke)
– Einlagen (aus dem Privatvermögen)
= Gewinn/Verlust

Wenn der Unternehmer noch zusätzlich 5.000,– € für eine Urlaubsreise entnommen hätte und zusätzlich einen Nachschlag aus seinem Privatvermögen in Höhe von 10.000,– € in das Unternehmen eingelegt hätte, so ergäbe sich die Berechnung des Geschäftserfolgs wie folgt:

Eigenkapital in t	330.000
– Eigenkapital in t–1	–329.000
+ Entnahmen (für private Zwecke)	+5.000
– Einlagen (aus dem Privatvermögen)	–10.000
= Gewinn/Verlust	–4.000

Der Unternehmer hätte dann einen Verlust von 4.000,– € gemacht.

Übrigens, ein kleiner Vorgriff: Die Technik des Rechnungswesens ist so konzipiert, dass sich genau dieser Verlust (also das Ergebnis des Geschäftsjahres) in der GuV (Gewinn- und Verlustrechnung) durch die Gegenüberstellung von Aufwendungen und Erträgen ergibt. Und damit wären wir schon bei der GuV, die im Folgenden erläutert wird.

M Erstellen Sie Lernkarten zu folgenden Begriffen: Erfolg – Privatentnahme – Privateinlage.

2.3 Gewinn- und Verlustrechnung (GuV)

Der rote Faden

Was bisher erläutert wurde: Die Bilanz verzeichnet Vermögen und Schulden. Aufwendungen und Erträge wirken sich auf das Eigenkapital aus und verändern so die Bilanz.

Wie es weitergeht: Nachfolgend wird die das Eigenkapital verändernde Erfolgsrechnung (Gewinn- und Verlustrechnung) im Rahmen der Finanzbuchhaltung erläutert.

D

Die **Gewinn- und Verlustrechnung (GuV)** ist eine zeitraumbezogene Gegenüberstellung von Aufwendungen und Erträgen.

Erträge erhöhen das Eigenkapital. Es handelt sich um Nutzenzugänge des Geschäftsjahres durch Zunahme der Aktiva und/oder Abnahme von Verbindlichkeiten. Das Eigenkapital wird erhöht, ohne dass die Eigentümer eine Einlage leisten.

Aufwendungen mindern das Eigenkapital. Aufwendungen sind Nutzenabgänge des Geschäftsjahres durch Abnahme der Aktiva und/oder durch Zunahme von Verbindlichkeiten, die das Eigenkapital vermindern, ohne dass die Eigentümer eine Entnahme tätigen.

Erfolg (Gewinn/Verlust) resultiert aus der Differenz von Ertrag und Aufwand.

Zielsetzung und rechtliche Grundlagen

Zielsetzung der Gewinn und Verlustrechnung ist es, den *Erfolg* des jeweiligen Geschäftsjahres zu ermitteln und durch Aufwands- und Ertragspositionen darzustellen. Zwischen der Bilanz und der GuV besteht ein rechentechnischer Zusammenhang:

- Die *Bilanz* stellt als *zeitpunktbezogene* Darstellung von Vermögen und Schulden den Erfolg des Geschäftsjahres als eine Veränderung des Eigenkapitals unter Berücksichtigung von Einlagen und Entnahmen zwischen zwei Bilanzstichtagen dar.
- Die *GuV* stellt als *zeitraumbezogene* Darstellung von Aufwendungen und Erträgen den Erfolg des Geschäftsjahres als erfolgswirksame Veränderung von Vermögen und Schulden durch Aufwendungen und Erträge dar.

Der Erfolg ist deshalb in beiden Rechnungen notwendigerweise identisch.

Die GuV ist nach § 242 Abs. 2 HGB zwingender Bestandteil des Jahresabschlusses. Sie ist zwingend von allen bilanzierungspflichtigen Unternehmen aufzustellen.

Staffel- oder Kontoform

Kapitalgesellschaften haben die GuV in der Staffelform aufzustellen. Einzelkaufleute und Personenhandelsgesellschaften können zwischen der Staffelform und der Kontoform wählen. In der Praxis wird aber auch bei Einzelkaufleuten und Personenhandelsgesellschaften die Staffelform bevorzugt, weil sie mit der Darstellung von Zwischenergebnissen informativer ist.

In der Kontoform wird ein Überschuss der Erträge über die Aufwendungen auf der Sollseite ausgewiesen. Entsprechend steht ein Überschuss der Aufwendungen über die Erträge auf der Habenseite der GuV.

Erfolgsspaltung

Die GuV ist nach einem besonderen Gliederungsschema aufzustellen. Der dieser Gliederung zugrunde liegende Gedanke ist es, das Ergebnis der gewöhnlichen Geschäftstätigkeit von dem außerordentlichen Ergebnis abzugrenzen (*Erfolgsspaltung*). Schematisch ergibt sich die in der Abbildung 2.7 gezeigte Übersicht.

Betriebsergebnis*	
+/–	Finanzergebnis*
=	Ergebnis der gewöhnlichen Geschäftstätigkeit
+/–	Außerordentliches Ergebnis
=	Unternehmensergebnis*
+/–	Steuern
=	Jahresüberschuss/Jahresfehlbetrag
Anmerkung: * muss nicht ausgewiesen werden	

Abb. 2.7: Übersicht GuV

Innerhalb des Ergebnisses der gewöhnlichen Geschäftstätigkeit können ein *Betriebsergebnis* und ein *Finanzergebnis* separat ausgewiesen werden.

Das Ergebnis der gewöhnlichen Geschäftstätigkeit und das Außerordentliche Ergebnis zusammen bilden das *Unternehmensergebnis*, das jedoch nicht ausdrücklich als Ergebnis ausgewiesen werden muss.

Zu beachten ist, dass das Betriebsergebnis in den sonstigen betrieblichen Erträgen und Aufwendungen auch alle aperiodischen Aufwendungen und Erträge (z. B. aus Anlageabgängen und aus der Auflösung von Rückstellungen) enthält. Nach § 277 Abs. 4 S. 2 und 3 HGB sind diese jedoch, wenn sie von nicht untergeordneter Bedeutung sind, im Anhang anzugeben.

Verfahren für die GuV

Nur in den seltensten Fällen werden in einem Unternehmen in einem bestimmten Geschäftsjahr die Aufwendungen erfasst, die den realisierten Erträgen entsprechen.

Dies liegt z. B. an folgenden Vorgängen:
- Durch verstärkte betriebliche Aktivitäten kann ein Lageraufbau durch in der Abrechnungsperiode erstellte Fertigerzeugnisse (bzw. unfertige Erzeugnisse) stattfinden. Dann sind die Aufwendungen der Periode höher als die entsprechenden Erträge.
- Durch eine verstärkte Vertriebstätigkeit kann sich ein Lagerabbau von in früheren Perioden gefertigten Produkten ergeben. Dann sind die Erträge der Periode höher als die entsprechenden Erträge.
- Gegebenenfalls werden Maschinen in dem Unternehmen hergestellt, die nach der Fertigstellung selber genutzt werden. Diese Maschinen sind zu aktivieren. Da hier keine Erträge aus Lieferungen und Leistungen zu verbuchen sind, enthält die GuV nur die Aufwendungen für die Herstellung der Maschine.

In § 275 Abs. 1 S. 1 HGB akzeptiert der Gesetzgeber zwei Lösungsmöglichkeiten für die genannten Probleme, nämlich das Gesamtkostenverfahren und das Umsatzkostenverfahren. Die beiden Verfahren werden im Folgenden behandelt.

Der wesentliche Unterschied zwischen beiden Verfahren besteht in der Ausrichtung:
- Das *Gesamtkostenverfahren* bezieht sich auf die Gesamtmenge der hergestellten Erzeugnisse und Leistungen. Sämtliche Aufwendungen des Geschäftsjahres werden der Gesamtleistung gegenübergestellt. Aus diesem Grunde

ist es notwendig, neben den Umsatzerlösen für die verkauften Erzeugnisse auch die Bestandsveränderungen an fertigen und unfertigen Erzeugnissen sowie andere aktivierte Eigenleistungen auszuweisen.

- Im *Umsatzkostenverfahren* werden die Aufwendungen und Erträge auf die im Umsatzprozess realisierten Erlöse der hergestellten Erzeugnisse und Leistungen ausgerichtet.

Gliederung

„§ 275 Gliederung

(1) Die Gewinn- und Verlustrechnung ist in Staffelform nach dem Gesamtkostenverfahren oder dem Umsatzkostenverfahren aufzustellen. Dabei sind die in Absatz 2 oder 3 bezeichneten Posten in der angegebenen Reihenfolge gesondert auszuweisen.

(2) Bei Anwendung des Gesamtkostenverfahrens sind auszuweisen:

1. Umsatzerlöse
2. Erhöhung oder Verminderung des Bestands an fertigen und unfertigen Erzeugnissen
3. Andere aktivierte Eigenleistungen
4. Sonstige betriebliche Erträge
5. Materialaufwand
6. Personalaufwand
7. Abschreibungen
8. Sonstige betriebliche Aufwendungen
9. Erträge aus Beteiligungen, davon aus verbundenen Unternehmen
10. Erträge aus anderen Wertpapieren und Ausleihungen des Finanzanlagevermögens, davon aus verbundenen Unternehmen
11. Sonstige Zinsen und ähnliche Erträge, davon aus verbundenen Unternehmen
12. Abschreibungen auf Finanzanlagen und auf Wertpapiere des Umlaufvermögens
13. Zinsen und ähnliche Aufwendungen, davon an verbundene Unternehmen
14. Ergebnis der gewöhnlichen Geschäftstätigkeit
15. Außerordentliche Erträge
16. Außerordentliche Aufwendungen
17. Außerordentliches Ergebnis
18. Steuern vom Einkommen und vom Ertrag
19. Sonstige Steuern
20. Jahresüberschuss/Jahresfehlbetrag.

(3) Bei Anwendung des Umsatzkostenverfahrens sind auszuweisen:

1. Umsatzerlöse
2. Herstellungskosten der zur Erzielung der Umsatzerlöse erbrachten Leistungen
3. Bruttoergebnis vom Umsatz
4. Vertriebskosten
5. Allgemeine Verwaltungskosten
6. Sonstige betriebliche Erträge
7. Sonstige betriebliche Aufwendungen
8. Erträge aus Beteiligungen, davon aus verbundenen Unternehmen
9. Erträge aus anderen Wertpapieren und Ausleihungen des Finanzanlagevermögens, davon aus verbundenen Unternehmen
10. Sonstige Zinsen und ähnliche Erträge, davon aus verbundenen Unternehmen

11. Abschreibungen auf Finanzanlagen und auf Wertpapiere des Umlaufvermögens
12. Zinsen und ähnliche Aufwendungen, davon an verbundene Unternehmen
13. Ergebnis der gewöhnlichen Geschäftstätigkeit
14. Außerordentliche Erträge
15. Außerordentliche Aufwendungen
16. Außerordentliches Ergebnis
17. Steuern vom Einkommen und vom Ertrag
18. Sonstige Steuern
19. Jahresüberschuss/Jahresfehlbetrag.

(4) Veränderungen der Kapital- und Gewinnrücklagen dürfen in der Gewinn- und Verlustrechnung erst nach dem Posten ‚Jahresüberschuss/Jahresfehlbetrag' ausgewiesen werden."

Quelle: http://www.gesetze-im-internet.de/; 18.03.2008

Außerordentliches Ergebnis: Aufwendungen und Erträge sind nur dann als außerordentlich anzusehen, wenn sie betriebsfremd und selten sind. Anlagenverkäufe über Buchwert, also mit Veräußerungsgewinnen, sind zwar betriebsfremd aber nicht selten. Sie sind als „Sonstige betriebliche Erträge" dem Ergebnis der gewöhnlichen Geschäftstätigkeit zuzurechnen.

Außerordentliche Aufwendungen und Erträge liegen z. B. vor
- bei der Aufgabe eines ganzen Geschäftszweiges,
- bei Enteignungen,
- bei großen Schadensfällen, die nicht durch Versicherungen gedeckt sind.

Gesamt- und Umsatzkostenverfahren: Für Gesamtkosten- und Umsatzkostenverfahren besteht ein Wahlrecht. Beide Verfahren sind geeignet, ein entsprechend § 264 Abs. 2 HGB den tatsächlichen Verhältnissen entsprechendes Bild der Ertragslage des Unternehmens zu geben.

Das Gesamtkostenverfahren zeigt, woher der Aufwand stammt (Aufwandsarten = Materialaufwand, Personalaufwand, Abschreibungen, sonstiger Aufwand).

Das Umsatzkostenverfahren zeigt, für welche Funktionsbereiche (z. B. Produktion, Vertrieb etc.) Aufwendungen entstanden sind.

Die GuV nach dem Gesamtkostenverfahren ist problemlos aus der Finanzbuchhaltung zu entwickeln. Eine GuV nach dem Umsatzkostenverfahren ist nur möglich, wenn eine Kostenstellen-/Kostenträgerrechnung vorhanden ist, da hier die betrieblichen Aufwendungen nach den Funktionsbereichen gegliedert werden.

Das Umsatzkostenverfahren erfüllt die Anforderungen an eine kurzfristige Erfolgsrechnung besonders gut.

Bei der Wahl des Verfahrens ist zu beachten, dass nach § 265 Abs. 1 S. 1 HGB Gliederungsstetigkeit besteht und ein Verfahrenswechsel nur möglich ist, wenn besondere Umstände vorliegen. Als besondere Umstände werden z. B. akzeptiert:
- die Anpassung an internationale oder an in der Branche übliche Gepflogenheiten,
- die Änderung der Unternehmensstruktur sowie
- die Eingliederung in einen Konzern.

In Deutschland dominiert die Aufstellung nach dem Gesamtkostenverfahren, international ist die Aufstellung nach dem Umsatzkostenverfahren üblich.

Erstellen Sie Lernkarten zu folgenden Begriffen: Betriebsergebnis – Erfolgsspaltung – Finanzergebnis – Gesamtkostenverfahren – Kontoform – Staffelform – Umsatzkostenverfahren – Unternehmensergebnis. M

2.4 Exkurs – Abschreibungen

Der rote Faden

Was bisher erläutert wurde: Die GuV-Rechnung ist die Erfolgsrechnung im Jahresabschluss. Der Erfolg wird durch Aufwendungen und Erträge „beeinflusst".
Wie es weitergeht: Aufwendungen stellen Werteverzehr dar. Beim Umlaufvermögen ist das einfach Werteverzehr durch Verbrauch. Beim Anlagevermögen muss man etwas genauer hinschauen. Werteverzehr bedeutet hier zweckmäßig „Abnutzung". In der Fachsprache des Rechnungswesens: Abschreibung.

Anlagevermögen

Die Vermögensgegenstände des Anlagevermögens sind dazu bestimmt, dem Geschäftsbetrieb auf Dauer zu dienen. Die Terminologie „auf Dauer" zielt jedoch nicht auf eine bestimmte zeitliche Spanne (z. B. länger als ein Jahr) ab, sondern auf die Mehrfachnutzung des Vermögensgegenstandes (*Gebrauchsgut* im Gegensatz zum *Verbrauchsgut*). Ein Vermögensgegenstand, der nur drei Monate als Gebrauchsgut in der Produktion eingesetzt wird, gehört zum Anlagevermögen.

Beweglichkeit von AV

Die Vermögensgegenstände des Anlagevermögens können danach differenziert werden, ob sie beweglich oder unbeweglich sind (Mobilien/Immobilien).

Bewegliche Anlagegüter sind z. B. Kraftfahrzeuge und medizintechnische Geräte, unbewegliche Anlagegüter sind z. B. Grundstücke und Gebäude.

Zeitliche Nutzungsbegrenzung

Die Nutzung der Vermögensgegenstände des Anlagevermögens kann zeitlich unbegrenzt (nicht abnutzbare Vermögengegenstände) oder zeitlich begrenzt (abnutzbare Vermögensgegenstände) sein.

- Zeitlich unbegrenzt ist die Nutzung von Grundstücken etc.
- Zeitlich begrenzt ist die Nutzung von medizintechnischen Geräten etc.

Periodengerechte Erfolgsermittlung

Das Ziel der Gewinn- und Verlustrechnung ist, den periodengerechten Gewinn oder Verlust zu ermitteln. Dieser kann nur ermittelt werden, wenn neben den periodengerechten Erträgen auch die Aufwendungen periodengerecht erfasst werden. Der Erfolg eines Unternehmens ergibt sich, indem man vom Ertrag den zugehörigen Aufwand abzieht.

Erfolg = Ertrag – Aufwand

Gesamterfolg

Der wirtschaftliche Erfolg ist über ein gesamtes Unternehmensleben, also von der Gründung eines Unternehmens bis zu dessen Liquidation eigentlich ganz einfach zu ermitteln. Weitaus schwieriger ist es jedoch, den wirtschaftlichen Erfolg einer Periode, also, eines Geschäftsjahres zu ermitteln.

Periodenerfolg

Der Aufwand einer Periode ist der in der Periode verursachte Werteverzehr:

- Für das *Umlaufvermögen* gilt Folgendes. Die in der Periode verbrauchten z. B. Rohstoffe, Materialien etc. stellen Aufwendungen dar, ebenso die zu der Periode gehörenden Löhne und Gehälter. Diese können in der Regel einzeln ermittelt werden.

- Die *Erträge* einer Periode ergeben sich aus den in dem Geschäftsjahr erzielten Umsatzerlösen und anderen Erträgen, z. B. aus der Vermietung von Personalwohnungen.
- Schwieriger ist es beim Werteverzehr des *Anlagevermögens*. Zum Anlagevermögen gehören die Güter, die dazu bestimmt sind, dem Unternehmen auf Dauer zu dienen. Es wäre nicht periodengerecht, die gesamten Anschaffungskosten im ersten Jahr der Nutzung komplett als Aufwand zu verbuchen und dann in den Folgejahren nichts mehr. Periodengerecht ist es, den Werteverzehr auf die Perioden der Nutzung planmäßig zu verteilen.

B Eine Einrichtung, ein Krankenhaus, ein Theater etc. nutzt einen speziellen Farbdrucker. Der Drucker kostet 4.000,– €. Es ist geplant, den Drucker über 4 Jahre zu nutzen. Ein periodengerechter Werteverzehr liegt nur vor, wenn der Aufwand für den Drucker über die 4 Nutzungsjahre verteilt wird. Würden die 4.000,– € Anschaffungskosten bereits komplett im 1. Jahr als Werteverzehr verbucht, so wäre in den Folgejahren kein Werteverzehr mehr zu berücksichtigen. Das macht keinen Sinn. Zweckmäßig erscheint es hingegen, den Werteverzehr gleichmäßig auf die 4 Jahre zu verteilen, also jährlich 1.000,– € = 4.000,– €/4. Eine periodengerechte Verteilung des Aufwandes für diesen Drucker liegt also vor, wenn jeweils 1.000,– € pro Jahr als Aufwand berücksichtigt werden.

Betriebswirtschaftlicher Hintergrund

Durch die Abschreibung werden Investitionen in Sachanlagen refinanziert! In die Kalkulation seiner Möbel setzt der Schreiner einen Teil der Abschreibungen als Kosten ein. Mit jedem Verkauf seiner Produkte finanziert der Schreiner damit einen Teil seiner Maschinen. Er sollte das eigentlich so kalkuliert haben, dass er seine Maschine am Ende der Nutzungsdauer auch tatsächlich komplett verdient hat, weil das beim Kauf einer neuen Maschine wirklich wichtig ist. Irgendwann gibt jede Maschine ihren Geist auf und dann kommt es darauf an: Ist nun genügend Geld vorhanden, um eine neue Maschine zu bezahlen? Ewig auf Pump geht natürlich auch nicht. Also: Wenn der Schreiner richtig kalkuliert hat, dann fließen die einkalkulierten Abschreibungsbeträge als liquide Mittel zurück und stehen für eine Reinvestition zur Verfügung. So wird z. B. die Ersatzinvestition für die alte Bandsäge aus den Abschreibungsbeträgen finanziert.

Wie jeder unschwer erkennen kann, handelt es sich hierbei um einen richtigen Kreislauf. Eine Maschine wird gekauft und über die in die Preise eingerechneten Abschreibungsbeträge fließen liquide Mittel zurück, um eine neue Maschine zu finanzieren, wenn die alte nach ihrer betriebsgewöhnlichen Nutzungsdauer nicht mehr genutzt werden kann.

Da sind wir übrigens bei einem Thema, das Bücher füllt: Die betriebsgewöhnliche Nutzungsdauer. Über welche Zeit schreibt man den einen oder den anderen Vermögensgegenstand wohl ab? Da gibt es tatsächlich dicke Bücher mit Abschreibungstabellen. Die betriebsgewöhnliche Nutzungsdauer wird nämlich vom Finanzministerium zumindest für den steuerlichen Bereich vorgegeben.

Nachfolgend wird an einem Beispiel verdeutlicht, wie diese Refinanzierung über Abschreibungen funktioniert.

B Ein Arzt kauft ein medizintechnisches Gerät für eine IGeL. Unter IGeL versteht man *individuelle Gesundheitsleistungen*. Das sind alle ärztlichen Leistungen, die von den gesetzlichen Krankenkassen nicht abgedeckt werden. In diesem Rahmen können Untersuchungen und Therapien zwischen Patienten und Ärzten vereinbart werden. Die Honorierung erfolgt auf Basis der privatärztlichen Gebührenordnung GOÄ.

Dabei handelt es sich z. B. um folgende Leistungen:
- Vorsorge-Untersuchungen nämlich zusätzliche jährliche Gesundheitsuntersuchung (Intervall-Check) oder Ergänzung der Gesundheitsuntersuchung um Belastungs- und/oder Ruhe-EKG sowie
- weitere Laboruntersuchungen (Checkup-Ergänzung),
- Ergänzungsuntersuchungen zu den Kinder-Früherkennungsuntersuchungen bis zum 18. Lebensjahr (Kinder-Intervall-Check),
- fachbezogene Gesundheitsuntersuchung auf Wunsch des Patienten (Facharzt-Check),
- umfassende ambulante Vorsorge-Untersuchung (General-Check) etc.

Das Gerät verursacht Anschaffungskosten in Höhe von 800,– € und kann über acht Jahre abgeschrieben werden. Pro Jahr fallen also 100,– € als Abschreibungsaufwand an. Nehmen wir an, dass der Arzt die in der Tabelle aufgelisteten Beträge als Barzahlung für seine Leistungen erhält. Aus didaktischen Gründen unterstellen wir: Der Gewinn wird zu 100 % besteuert und muss bar ans Finanzamt gezahlt werden. Aber der Arzt hat sich, wie er es ja mittlerweile gewohnt ist, sowieso keinen Gewinn ausgerechnet, sondern schafft das Gerät nur aus Marketinggründen an. Dann behält er pro Jahr 100,– € übrig. Wenn er diese freien finanziellen Mittel (Barmittel) nicht ausgibt, sondern unter dem Tannenbaum um die Ecke vergräbt, so hat er nach acht Jahren genau die Mittel (Cash) angesammelt, um den Vermögensgegenstand erneut zu beschaffen – vorausgesetzt er rührt das Geld nicht an und gibt es nicht für andere Anschaffungen aus.

Jahr	Barzahlung Ertrag aus IGeL	Abschreibung Aufwand für IGeL	Gewinn	Davon Ertragssteuer 100 %	Cash
2008	430,00 €	100,00 €	330,00 €	330,00 €	100,00 €
2009	450,00 €	100,00 €	350,00 €	350,00 €	100,00 €
2010	470,00 €	100,00 €	370,00 €	370,00 €	100,00 €
2011	490,00 €	100,00 €	390,00 €	390,00 €	100,00 €
2012	510,00 €	100,00 €	410,00 €	410,00 €	100,00 €
2013	530,00 €	100,00 €	430,00 €	430,00 €	100,00 €
2014	550,00 €	100,00 €	450,00 €	450,00 €	100,00 €
2015	570,00 €	100,00 €	470,00 €	470,00 €	100,00 €
				Summe	**800,00 €**

Abb. 2.8: Abschreibung – Beispiel

Aber bedenken Sie bitte: Es gibt auch Anlagegüter, die nicht abnutzbar sind. Grundstücke z. B. oder Finanzanlagen (Wertpapiere des Anlagevermögens, Beteiligungen an anderen Unternehmen, langfristige Forderungen) haben keinen planmäßigen Werteverzehr. Sie werden nicht abgenutzt, die Nutzung ist nicht zeitlich begrenzt. Abschreibungen gibt es hier nur, wenn etwas Außerordentliches geschieht.

Gründe

Abschließend ein kurzer Blick auf Gründe, aus denen Abschreibungen überhaupt notwendig sind:
- technische Ursachen – Beanspruchung im Produktionsprozess, hohe Beanspruchung, schlechte Pflege,
- wirtschaftliche Ursachen – technischer Fortschritt, Leistung nicht mehr benötigt, gesunkene Wiederbeschaffungskosten,
- rechtliche Ursachen – Umweltschutzgesetze.

Die Gründe können planmäßig oder unplanmäßig (außerordentlich) anfallen.

Typische Anlagegüter mit planmäßigem Werteverzehr und damit planmäßiger Abschreibung sind Maschinen oder auch die Betriebs- und Geschäftsausstattung (BGA), z. B. Computer, Rechenmaschinen, Fahrzeuge und Gebäude etc. Die Nutzung ist zeitlich begrenzt. Nach einer bestimmten Zeit ist der Vermögensgegenstand abgenutzt. Bei abnutzbaren Anlagegütern sind nach § 253 Abs. 2 HGB die Anschaffungs- oder Herstellungskosten um die planmäßige Abschreibung zu vermindern. Hierzu ist ein Abschreibungsplan aufzustellen.

Außerplanmäßige Abschreibung

Außer der planmäßigen Abschreibung kann bei allen Wirtschaftsgütern des Anlagevermögens eine außerplanmäßige Abschreibung eintreten.

B

Die Maschine, die der Schreiner jetzt ersetzt hat, ist vor etwa einem Monat fast explodiert. Eigentlich hätte die Maschine noch zwei Jahre halten sollen und laut Buchhaltung war sie auch noch 2.000,– € wert, aber Pustekuchen, nach dem Defekt ist sie ein Totalschaden. Also muss die Buchhaltung die Maschine komplett abschreiben. Damit ist für die Periode ein außerplanmäßiger Werteverzehr zu verbuchen.

M

Erstellen Sie Lernkarten zu folgenden Begriffen: Außerplanmäßige Abschreibung – Bewegliche Anlagegüter – Gesamterfolg – Periodenerfolg – Periodengerechte Erfolgsermittlung – Planmäßige Abschreibung – Unbewegliche Anlagegüter.

2.5 Finanzrechnung

Der rote Faden

Was bisher erläutert wurde: Umsatzerlöse (Erträge) führen im Allgemeinen zu liquiden Mitteln, Abschreibungen reduzieren das Ergebnis der GuV. So wird *Liquidität* generiert, die genutzt werden kann, um Vermögensgegenstände zu geeigneten Zeitpunkten ggf. wiederzubeschaffen.
Wie es weitergeht: Die so generierte Liquidität muss verwaltet werden, wichtige Informationen liefern die Finanz- und Finanzierungsrechnung.

Finanzmanagement

Der Unterschied zwischen Finanz- und Finanzierungsrechnung liegt in Folgendem:

- Die *Finanzrechnung* bewegt sich auf der Ebene der Zahlungsmittel (Kasse und Bankguthaben) und rechnet mit Einzahlungen und Auszahlungen.
- Die *Finanzierungsrechnung* bewegt sich auf der Ebene des Geldvermögens (Kasse und Bankguthaben) und rechnet mit Einnahmen und Ausgaben.

Finanz- und Finanzierungsrechnung sind war kein Teil des Jahresabschlusses, aber erhebliche Instrumente zur Steuerung einer NPO. Die Finanzrechnung dient neben der Finanzierungsrechnung dem Finanzmanagement der NPO.

Eine NPO wird als liquide bezeichnet, wenn sie in der Lage ist, die Zahlungsverpflichtungen jederzeit erfüllen zu können. Ist dies nicht der Fall, so ist die NPO illiquide und muss Konkurs anmelden (Zahlungsunfähigkeit).

Die wesentliche Aufgabe der Finanz- und Finanzierungsrechnung besteht nun darin, die Liquidität kurz-, mittel- und langfristig zu sichern. Der notwendige Kapitalbedarf wird hier ermittelt, wobei Risiko- und Rentabilitätsaspekte beachtet werden.

Die Zahlungsströme werden dabei so aufeinander abgestimmt, dass die Zahlungsfähigkeit des Unternehmens jederzeit gesichert ist, aber auch die Rentabilität optimiert wird.

Cashflow

Im Rahmen der Finanzrechnung werden die Ein- und Auszahlungen z. B. einer Periode gegenübergestellt, um zu prüfen, ob ein Unternehmen seinen Zahlungsverpflichtungen nachkommen kann. Eine wichtige betriebswirtschaftliche Kennzahl ist in diesem Rahmen der Cashflow.

Der *Cashflow* zeigt die uneingeschränkt für Finanzierungszwecke zur Verfügung stehenden finanzwirtschaftlichen Überschüsse einer Periode. Damit ist also nicht der Zufluss von Bar-, Kassen- oder Buchgeld gemeint. Der Cashflow umfasst vielmehr die selbst erwirtschafteten Mittel und verdeutlicht somit die Innenfinanzierungskraft. Die betriebswirtschaftliche Bedeutung des Cashflows kann an den Verwendungsmöglichkeiten verdeutlicht werden:

- Die erwirtschafteten Mittel können in der Organisation verbleiben und zur Rücklagenbildung (und damit zur Substanzerhaltung) oder zur Erhöhung der liquiden Mittel und/oder
- zur Bindung in Anlage- und/oder Umlaufvermögen verwendet werden.
- Alternativ können die erwirtschafteten Mittel aus dem Unternehmen fließen und zur Ausschüttung an die Eigner (im gemeinnützigen Bereich entsprechend eingeschränkt!) und/oder
- zur Tilgung von Schulden genutzt werden.

Der Cashflow muss als Steuerungsinstrument ständig kontrolliert und berücksichtigt werden. Diese Kennzahl wird in Nonprofit-Organisationen häufig stark vernachlässigt.

Liquiditätsnahe Mittel

Die Finanzierungsrechnung bezieht neben den liquiden Mittel zusätzlich noch die liquiditätsnahen Mittel ein, also z. B. kurzfristige Forderungen und kurzfristige Verbindlichkeiten.

M

Erstellen Sie Lernkarten zu folgendem Begriff: Cashflow

Ü

Was ist wann betroffen?
Der Geschäftsführer eines Unternehmens beschafft einen LKW auf Ziel. Anschaffungskosten 40.000,– € (netto). Betriebsgewöhnliche Nutzungsdauer = 10 Jahre. Wie wirken sich jeweils Anschaffung, Zahlung der Verbindlichkeit und Abschreibung auf Bilanz, GuV und Liquidität aus? – Stichworte genügen, z. B. Kassenbestand + xyz,– €.

Lösung

Kauf	Bilanz	Anlagevermögen Verbindlichkeiten	+ 40.000,– € + 40.000,– €
	GuV	——	
	Liquidität	——	
Zahlung	Bilanz	Verbindlichkeiten Bank	– 40.000,– € – 40.000,– €
	GuV	——	
	Liquidität		– 40.000,– €
Abschreibung	Bilanz	Anlagevermögen Eigenkapital	– 4.000,– € – 4.000,– €
	GuV	Abschreibungsaufwand	4.000,– € (= 40.000,– €/10 Jahre)
	Liquidität	——	

2.6 Anhang und Lagebericht

Der rote Faden

Was bisher erläutert wurde: Vermögen wird in der Bilanz dargestellt, Erfolge in der GuV und Cash in der Finanzrechnung.
Wie es weiter geht: Der Anhang enthält hierzu weitergehende Erläuterungen und der Lagebericht unterstützt einen Blick in die Zukunft.

2.6.1 Der Anhang

Anhang

Der Anhang erfüllt die in § 284 HGB definierte „erklärende/erläuternde" Funktion. Der Anhang hat die Aufgabe, weitere Informationen über die Vermögens-, Finanz-, und Ertragslage zu vermitteln, die in der Bilanz und der GuV nicht enthalten sind.

Der Anhang ist Bestandteil des Jahresabschlusses. Nach HGB ist für den Anhang nur ein Mindestumfang vorgeschrieben. Die geforderten Pflichtangaben werden in den §§ 284 bis 288 HGB aufgeführt.

„(1) In den Anhang sind diejenigen Angaben aufzunehmen, die zu den einzelnen Posten der Bilanz oder der Gewinn- und Verlustrechnung vorgeschrieben oder die im Anhang zu machen sind, weil sie in Ausübung eines Wahlrechts nicht in die Bilanz oder in die Gewinn- und Verlustrechnung aufgenommen wurden.
(2) Im Anhang müssen
1. die auf die Posten der Bilanz und der Gewinn- und Verlustrechnung angewandten Bilanzierungs- und Bewertungsmethoden angegeben werden …
3. Abweichungen von Bilanzierungs- und Bewertungsmethoden angegeben und begründet werden; deren Einfluss auf die Vermögens-, Finanz- und Ertragslage ist gesondert darzustellen …",

um nur zwei Beispiele zu geben.

Quelle: http://www.gesetze-im-internet.de/hgb/__284.html; 23.04.2008

Die Angaben lassen sich – hier am Beispiel einer Kapitalgesellschaft aufgeführt – wie folgt systematisieren:
- Allgemeine Angaben zu Bilanzierung und Bewertung und Währungsumrechnung
- Informationen zum Jahresabschluss
- Informationen zur Bilanz
- Erläuterungen zur GuV
- zusätzliche Angaben zur Erreichung der Generalnorm

Sonstige Angaben
- Haftungsverhältnisse und sonstige finanzielle Verpflichtungen
- Beziehungen zu verbundenen Unternehmen
- Organe, Organkredite und Aufwendungen für Organe
- Angabe der – nach Gruppen getrennten – durchschnittlichen Zahl der während des Geschäftsjahres beschäftigten Arbeitnehmer
- Detailangaben zu Beteiligungen

Vgl. Coeneberg, 2005, S. 890 ff.

Ggf. sind weitere rechtsformspezifische Angaben oder Angaben zum Konzern notwendig.

Damit hat der Anhang vier Funktionen:

- Interpretationsfunktion, d.h. Erläuterung der Bilanz und GuV
- Korrekturfunktion, d.h. zusätzliche Angaben, um Fehlinterpretationen zu vermeiden
- Entlastungsfunktion, d.h. Inanspruchnahme von Ausweiswahlrechten
- Ergänzungsfunktion, d.h. Ergänzung von Bilanz und GuV um Informationen, die darin nicht enthalten sind.

2.6.2 Der Lagebericht

Lagebericht

Der Lagebericht ist kein Bestandteil des Jahresabschlusses. Nach § 289 HGB ist er über den Jahresabschluss hinaus zu erstellen:

„(1) 1. Im Lagebericht sind der Geschäftsverlauf einschließlich des Geschäftsergebnisses und die Lage der Kapitalgesellschaft so darzustellen, dass ein den tatsächlichen Verhältnissen entsprechendes Bild vermittelt wird. 2. Er hat eine ausgewogene und umfassende, dem Umfang und der Komplexität der Geschäftstätigkeit entsprechende Analyse des Geschäftsverlaufs und der Lage der Gesellschaft zu enthalten. 3. In die Analyse sind die für die Geschäftstätigkeit bedeutsamsten finanziellen Leistungsindikatoren einzubeziehen und unter Bezugnahme auf die im Jahresabschluss ausgewiesenen Beträge und Angaben zu erläutern. 4. Ferner ist im Lagebericht die voraussichtliche Entwicklung mit ihren wesentlichen Chancen und Risiken zu beurteilen und zu erläutern; zugrunde liegende Annahmen sind anzugeben. 5. Die gesetzlichen Vertreter einer Kapitalgesellschaft im Sinne des § 264 Abs. 2 Satz 3 haben zu versichern, dass nach bestem Wissen im Lagebericht der Geschäftsverlauf einschließlich des Geschäftsergebnisses und die Lage der Kapitalgesellschaft so dargestellt sind, dass ein den tatsächlichen Verhältnissen entsprechendes Bild vermittelt wird, und dass die wesentlichen Chancen und Risiken im Sinne des Satzes 4 beschrieben sind."

Quelle: http://www.gesetze-im-internet.de/hgb/__289.html; 23.04.2008

Die Pflichtbestandteile können wie folgt systematisiert werden:

- Wirtschaftsbericht (Darstellung von Geschäftsverlauf und -ergebnis; Darstellung der Lage; Analyse von Geschäftsverlauf und Lage; Risikobericht; Prognosebericht)
- Nachtragsbericht (Tatbestände von besonderer Bedeutung, die zwischen Bilanzstichtag und Aufstellungsdatum bekannt geworden sind)
- Risikomanagementbericht (z. B. Ausfall- und Liquiditätsrisiken)
- Forschungs- und Entwicklungsbericht
- Zweigniederlassungsbericht
- Vergütungsbericht

Vgl. Coeneberg, 2005, Abb. 13.2, S. 911 ff.

B

Suchen Sie im Internet mittels einer Suchmaschine nach Stichworten wie z.B. gleichzeitig nach „rhön klinikum jahresabschluss". Variieren Sie die Adressaten und Sie erhalten eine breite Vielfalt an Beispielen aus dem Nonprofit-Bereich: „altenheim jahresbericht" „altenheim geschäftsbericht" „bilanz erfolgsrechnung gemeinde" u. a.

M

Erstellen Sie Lernkarten zu folgenden Begriffen: Anhang – Lagebericht

2.7 Bilanzanalyse

Der rote Faden

Was bisher erläutert wurde: Die Elemente des Jahresabschlusses wurden kurz aus der Sicht des Erstellers erörtert.
Wie es weitergeht: Jetzt drehen wir den Spieß einmal um. Stellen Sie sich vor, dass Ihnen ein Jahresabschluss vorliegt. Und den müssen oder wollen Sie analysieren.

Um aussagekräftige Informationen aus dem Jahresabschluss zu generieren, wird bei der geplanten Übernahme einer Einrichtung die Methode der Bilanzanalyse angewendet (vgl. für Krankenhäuser und Pflegeeinrichtungen z. B. Koch 2004, S. 329 ff.).

D

Bilanzanalyse ist die Aufbereitung (Verdichtung) sowie die Auswertung von Informationen aus dem Jahresabschluss mittels Kennzahlen, Kennzahlensystemen und sonstiger Methoden.

Das Erkenntnisziel der Bilanzanalyse ist die Erlangung eines den tatsächlichen Verhältnissen entsprechenden Bildes der wirtschaftlichen Lage, konkret der Vermögens-, Finanz- und Ertragslage eines Unternehmens. Auf dieser Grundlage soll die Beurteilung des Unternehmens in seiner Gesamtheit oder in einzelnen Aspekten ermöglicht werden.

Eine wichtige Aufgabe der Bilanzanalyse besteht darin, die Stillen Reserven abzuschätzen.

D

Als **Stille Reserve** wird die Differenz zwischen dem Buchwert und einem höheren Vergleichswert (zum Beispiel dem Zeit- oder Wiederbeschaffungswert) von Vermögensgegenständen beziehungsweise den Buchwerten und den niedrigeren tatsächlichen Werten von Schulden verstanden.

Bilanzanalyse ist notwendig, weil jene, die den Jahresabschluss erstellen, möglicherweise Bilanzpolitik betreiben.

D

Unter **Bilanzpolitik** versteht man die willentliche und hinsichtlich der Unternehmensziele zweckorientierte Einflussnahme auf Form, Inhalt und Berichterstattung des Jahresabschlusses im Rahmen der durch die Rechtsordnung gezogenen Grenzen (legale Bilanzpolitik).

Dies erfolgt mit der Absicht, die Rechtsfolgen des Jahresabschlusses und das Urteil der Informationsempfänger zu beeinflussen und sie zu einem gewünschten Verhalten zu bewegen.

Tatsächlich gibt es für die Bilanzpolitik viele Möglichkeiten wie z. B.:
- gesetzliche Wahlrechte,
- Ermessensspielräume etc.

Kennzahlen

Die Bilanzanalyse wird im Allgemeinen als Kennzahlenanalyse durchgeführt.

D

Kennzahlen sind quantitative Maßzahlen z. B. zur Beurteilung der Vermögens-, Finanz- und Ertragslage oder der Ertrags- und Kostenstruktur.

Im Rahmen der Analyse mittels Kennzahlen werden genutzt:
- absolute Kennzahlen,
- relative Kennzahlen sowie
- Kennzahlensysteme.

Absolute

Als *absolute Kennzahlen* sind im Rahmen der Bilanzanalyse zu unterscheiden:
- Einzelzahlen (z. B. Bestand an Maschinen),
- Summen (z. B. Summe Anlagevermögen),
- Differenzen (z. B. Gewinn) sowie
- Mittelwerte (z. B. durchschnittlicher Kassenbestand).

Relative

Als *relative Kennzahlen* sind zu unterscheiden:
- Gliederungszahlen, d. h. Größen, die einander untergeordnet sind, z. B. Anteil Sachaufwand am Gesamtaufwand
- Sachaufwandsquote = (Sachaufwand/Gesamtaufwand) · 100 %
- Beziehungszahlen, d. h. das Verhältnis zweier Zahlen, die sachlich miteinander in Beziehung stehen, z. B. Umsatz je Mitarbeiter
- Umsatz je Mitarbeiter = (Umsatz/Zahl der Mitarbeiter) · 100 %
- Indexzahlen, die die durchschnittliche zeitliche Veränderung bestimmter Größen angeben
- Anlagenindex = (AV in 02/AV in 01) · 100 %.

Betriebsvergleich

In allen Bereichen ist die Durchführung von *Betriebsvergleichen* von großer Bedeutung. Dabei werden der innerbetriebliche Vergleich und der Vergleich zwischen Unternehmen unterschieden.

In beiden Fällen ist
- ein Zeitvergleich (Vergleich von Ist-Zahlen aus verschiedenen Zeitpunkten und Zeiträumen) oder
- ein Soll-Ist-Vergleich (Vergleich von Ist-Werten mit Soll-Werten) nutzbringend.

Kennzahlen vereinen eine Reihe von Vorteilen:
- konzentrierter Überblick,
- Möglichkeiten zum Selbstcontrolling,
- Sensibilisierung für Zusammenhänge von Einflussfaktoren,
- Grundlage für Entscheidungen aller Art,
- Abweichungen der Ist- von der Soll-Vorgabe,
- Grundlage für ein Management-Informationssystem und
- Grundlage für ein Frühwarnsystem.

Kombination von Kennzahlen

Die Kombination von Kennzahlen aus unterschiedlichen Quellen (z. B. FiBu, Software zur Unterstützung der operativen Arbeit) kann sehr hilfreich sein. Dabei ist zu beachten:
- Kennzahlen müssen präzise definiert und dokumentiert werden.
- Kennzahlen müssen leicht zu erfassen sein.
- Kennzahlen müssen einheitlich erfasst werden.
- Idealerweise sollten Kennzahlen automatisch aus den Daten generiert werden, die sowieso erhoben werden. Keine Zahlenfriedhöfe erzeugen.
- Zusammenhänge müssen ausreichend berücksichtigt werden!
- Einzelne Kennzahlen dürfen nicht zu Lasten von Gesamtzusammenhängen überinterpretiert werden.

- Besonderheiten wie z. B. Größenordnung, Trägerkategorie, Zugehörigkeit zu einem Verband müssen in Betracht gezogen werden.
- Viele Aspekte von „Wirtschaftlichkeit" sind nicht quantitativ erfassbar.
- Auch nicht messbare Kriterien wie Unternehmenskultur tragen wesentlich zur Wirtschaftlichkeit bei.
- Werte kommen aus der Vergangenheit und müssen aktualisiert werden. Aktuelle Veränderungen müssen berücksichtigt werden.
- Aus den Kennzahlen und deren Interpretation müssen sich konkrete Strategien und Maßnahmen ableiten lassen.

Zu beachten ist weiterhin:
- Die Notwendigkeit, Angemessenheit sowie Zweckmäßigkeit von Kennzahlen, Berichtswesen etc. muss ständig überprüft werden.
- Werden zu viele Kennzahlen erarbeitet und gepflegt, kann ein enormer Erstellungsaufwand entstehen. Häufig geht auch die Übersicht verloren, weil die Auswertung und Interpretation viel zu umständlich ist.
- Kennzahlen müssen unbedingt in vernünftige Ursache-/Wirkungszusammenhänge gesetzt werden.

Die nachfolgenden finanzwirtschaftlichen Kennzahlen sind auch in Nonprofit-Unternehmen weit verbreitet.

B Die „Macht gesund" AG hat ein Gerät zur Durchführung von medizinischen Diagnosen durch die Patienten erfunden. Es ist eine Art Scanner, mit dem verschiedene Vitalfunktionen etc. überprüft werden, eine echte Marktlücke. Inzwischen liegen die ersten „Zahlen" vor, vgl. Heister 2001.

Informationen über die „Macht gesund" AG	**1. Jahr in €**	**2. Jahr in €**
Anlagevermögen	968.838	1.127.052
Umlaufvermögen	780.585	900.220
davon:		
Forderungen aus Lieferungen und Leistungen	129.198	188.909
Liquide Mittel	57.994	72.474
Eigenkapital	463.272	570.307
Rückstellungen	921.223	991.973
Erhöhung der Rückstellungen	54.156	70.750
Fremdkapital	364.928	464.992
davon:		
Langfristige Verbindlichkeiten (= FK i. e. S.)	162.720	236.650
Kurzfristige Verbindlichkeiten	202.208	228.342
Gesamtvermögen/Gesamtkapital	1.749.423	2.027.272
Umsatz	2.811.905	4.094.254
Ertrag	3.086.874	4.349.218

Aufwand	3.032.251	4.183.951
davon:		
Fremdkapitalzinsen	5.370	7.809
Abschreibungen	132.452	210.416
Jahresüberschuss vor Steuern	54.623	165.267
Anzahl der produzierten Geräte	28.450	32.390
Anzahl der Mitarbeiter	7.107	7.959

Rentabilität

Die *Eigenkapitalrentabilität* gibt die Verzinsung des Eigenkapitals an und ist deswegen vor allem aus Sicht der Eigentümer der „Macht gesund" AG wichtig.

Eigenkapitalrentabilität = (Jahresüberschuss vor Steuern / Eigenkapital) · 100 %

B

	1. Jahr	2. Jahr
Jahresüberschuss vor Steuern	54.623	
Eigenkapital	463.272	
Eigenkapitalrentabilität	11,79 %	

Die *Gesamtkapitalrentabilität* zeigt, ob das Unternehmen insgesamt rentabel betrieben wird.

Gesamtkapitalrentabilität = (Jahresüberschuss v. Steuern + Fremdkapitalzinsen) / Gesamtkapital) · 100 %
Kapitalgewinn = Jahresüberschuss + Fremdkapitalzinsen
Gesamtkapital = Eigenkapital + Fremdkapital

B

	1. Jahr	2. Jahr
Jahresüberschuss vor Steuern	54.623	
+ Fremdkapitalzinsen	5.370	
= Kapitalgewinn	59.993	
Gesamtkapital	1.749.423	
Gesamtkapitalrentabilität	3,43 %	

Die *Umsatzrentabilität* gibt an, wie groß der Anteil des Gewinns am Umsatzerlös ist.

Umsatzrentabilität = (Jahresüberschuss vor Steuern / Umsatz) · 100 %

B

	1. Jahr	2. Jahr
Jahresüberschuss vor Steuern	54.623	
Umsatz	2.811.905	
Umsatzrentabilität	1,94 %	

Die *Eigenkapitalrentabilität* ist eine Zielgröße und zeigt
- wie sich das eingebrachte Eigenkapital in der Wirtschaftsperiode verzinst hat und
- ob für den Unternehmer/Gesellschafter die Geldanlage im Unternehmen rentabler ist als etwa auf dem langfristigen Kapitalmarkt.

Die *Gesamtkapitalrentabilität* ist eher Vergleichsgröße als eine Zielgröße und zeigt:
- den Sacherfolg der Unternehmung, unabhängig von der Zusammensetzung der Kapitalstruktur (Erfolg aus Eigenkapital und Fremdkapital) und
- die insgesamt erwirtschaftete Rendite an, d. h., wie sich jeder in der Unternehmung eingesetzte Euro verzinst hat,

Die *Umsatzrentabilität* ist eine Vergleichsgröße (für Zeit- und Betriebsvergleiche), aber nur in geringem Umfang auch eine Zielgröße und
- zeigt die Gewinnspanne auf (und damit die Anfälligkeit der Unternehmung z. B. bei Kostensteigerungen),
- erlaubt allerdings auch nur beschränkte Schlussfolgerungen, da man die Unternehmensziele nicht kennt (z. B. Marktanteilsausbau unter Verzicht auf Gewinn).

Fazit: Je höher die Produktivität einzelner Faktoren (Material, Arbeit, Kapital) ist bzw. je höher die Rentabilität und/oder die Wirtschaftlichkeit ist, desto günstiger ist dies für das Unternehmen.

Anstatt des Begriffes „Rentabilität" wird häufig auch der Begriff „Rendite" benutzt.

ROI Der *Return on Investment* (ROI) lässt Aussagen über den Rückfluss des investierten Kapitals zu.

Return on Investment = Jahresüberschuss vor Steuern / Gesamtkapital · 100 %

B

	1. Jahr	2. Jahr
Jahresüberschuss vor Steuern	54.623	
Gesamtkapital	1.749.423	
Return on Investment	3,12 %	

Es folgt ein Beispiel zu Produktivität und Wirtschaftlichkeit.

Wirtschaftlichkeit = Ertrag / Aufwand

B

	1. Jahr	2. Jahr
Ertrag	3.086.874	
Aufwand	3.032.251	
Wirtschaftlichkeit	1,02	

Produktivität = Ausbringungsmenge der Faktorkombination / Einsatzmenge an Produktionsfaktoren

	1. Jahr	2. Jahr
Anzahl der produzierten Pkws	28.450	
Anzahl der Mitarbeiter	7.107	
Arbeitsproduktivität	4,0	

B

Weiter geht es zu den Sachzielen, zunächst zu den Finanzzielen.

Im Rahmen der langfristigen Liquiditätsanalyse werden so genannte *Deckungsgrade* verwendet. Der Deckungsgrad zeigt in welchem Umfang die langfristig investierten Vermögensteile durch das Eigenkapital gedeckt sind.

Deckungsgrad A = Eigenkapital / Anlagevermögen · 100 %
Deckungsgrad B = (Eigenkapital + langfristiges Fremdkapital) / Anlagevermögen · 100 %

	1. Jahr	2. Jahr
Eigenkapital	463.272	
Anlagevermögen	968.838	
Deckungsgrad A	47,82 %	

B

Zur Erfassung der kurzfristigen Liquidität werden zwei verschiedene Kennzahlentypen verwendet – die absoluten und die relativen Kennzahlen. Bei der absoluten Liquidität berechnet man einen bestimmten Liquiditätsfonds, dieser umfasst die für das Unternehmen relevanten Bilanzpositionen.

Liquidität

Absolute Liquidität
Liquiditätsstufe 1 = liquide Mittel – kurzfristige Verbindlichkeiten
Liquiditätsstufe 2 = liquide Mittel + Forderungen aus Lieferungen und Leistungen – kurzfristige Verbindlichkeiten
Liquiditätsstufe 3 = Umlaufvermögen – kurzfristige Verbindlichkeiten

	1. Jahr	2. Jahr
Liquide Mittel	57.994	
– kurzfristige Verbindlichkeiten	–202.208	
= Liquiditätsstufe I	–144.214	
Liquide Mittel	57.994	
+ Forderungen aus Lieferungen und Leistungen	129.198	
– kurzfristige Verbindlichkeiten	–202.208	
= Liquiditätsstufe II	–15.016	
Umlaufvermögen	780.585	
– kurzfristige Verbindlichkeiten	–202.208	
= Liquiditätsstufe III	578.377	

B

Cashflow

Zur dynamischen Beurteilung der Liquidität wird der *Cashflow* herangezogen (zeitraumbezogene Kennzahl). Der Cashflow gibt an, wie viel Geld ein Unternehmen erwirtschaftet hat. Die Cashflow-Angaben einzelner Unternehmen sind dabei nicht immer vergleichbar, da eine einheitliche Definition sich bisher nicht herausgebildet hat.

In der Praxis hat sich folgende Berechnung bisher durchgesetzt:

Jahresüberschuss
\+ Abschreibungen
– Zuschreibungen
= Cashflow I
\+ Erhöhung der langfristigen Rückstellungen (z. B. für Pensionen)
– Auflösung der langfristigen Rückstellungen
= Cashflow II

B

	1. Jahr	2. Jahr
Jahresüberschuss vor Steuern	54.623	
+ Abschreibungen	132.452	
= Cashflow I	187.075	
+ Erhöhung der langfristigen Rückstellungen	54.156	
= Cashflow II	241.231	

Kapital- und Vermögensstruktur

Weiter geht es mit der Kapital- und Vermögensstruktur.

Anlagenintensität

Anlagenintensität = Anlagevermögen/Gesamtvermögen · 100 %

B

	1. Jahr	2. Jahr
Anlagevermögen	968.838	
Gesamtvermögen	1.749.423	
Anlagenintensität	55,38 %	

Die Eigenkapitalquote gibt die Außenfinanzierung eines Unternehmens an.

Eigenkapitalquote = Eigenkapital/Gesamtkapital · 100 %

B

	1. Jahr	2. Jahr
Eigenkapital	463.272	
Gesamtkapital	1.749.423	
Eigenkapitalquote	26,48 %	

Ü

Berechnen Sie die entsprechenden Kennzahlen für das 2. Jahr

Lösung

Es ergeben sich für das zweite Jahr folgende Werte:

Ü

	1. Jahr	2. Jahr
Eigenkapitalrentabilität	11,79 %	28,98 %
Gesamtkapitalrentabilität	3,43 %	8,54 %
Umsatzrentabilität	1,94 %	4,04 %
ROI	3,12 %	8,15 %
Wirtschaftlichkeit	1,02	1,04
Arbeitsproduktivität	4,00	4,07
Deckungsgrad A	47,82 %	50,60 %
Liquiditätsstufe I	–144.214	–155.868
Liquiditätsstufe II	–15.016	33.041
Liquiditätsstufe III	578.377	671.878
Cashflow I	187.075	375.683
Cashflow II	241.231	446.433
Anlagenintensität	55,38 %	55,59 %
Eigenkapitalquote	26,48 %	28,13 %

Kennzahlensystem

Eine isoliert betrachtete Kennzahl kann sehr schnell zu Fehlinterpretationen und damit falschen unternehmerischen Entscheidungen führen. Ein Kennzahlensystem enthält ergänzende und sich beeinflussende Größen, die die Interpretation der Ist-Situation erleichtern. Kennzahlensysteme folgen einer klaren und stringenten Logik: Sie bilden Ursache-/Wirkungsbeziehungen ab.

ROI

Das bekannteste Kennzahlensystem ist das *ROI-Schema* (ROI = Return on Investment) nach dem DuPont-System.

ROI = Umsatzrendite · Kapitalumschlag
ROI = (Gewinn / Umsatz) · 100 % · (Umsatz / Kapital)

Return on Investment bedeutet, dass das eingesetzte Kapital einen Rückfluss erwirtschaften soll.

Die Spitzenkennzahl setzt sich aus der Umsatzrentabilität multipliziert mit der Umschlagshäufigkeit des Gesamtkapitals zusammen. Durch diese Erweiterung lassen sich Veränderungen positiver oder negativer Natur besser erkennen. In Simulationen können Auswirkungen auf den ROI durch Veränderungen in Teilbereichen (z. B. Umsatz, Selbstkosten etc.) besser sichtbar gemacht werden.

M

Erstellen Sie Lernkarten zu folgenden Begriffen: Absolute Kennzahlen – Anlagenintensität – Arbeitsproduktivität – Betriebsvergleich – Beziehungszahlen – Bilanzanalyse – Bilanzpolitik – Deckungsgrad – Eigenkapitalquote – Eigenkapitalrentabilität – Gesamtkapitalrentabilität – Indexzahlen – Kennzahlen – Kennzahlensysteme – Liquidität – Produktivität – Relative Kennzahlen – Return on Investment – ROI – Stille Reserven – Umsatzrentabilität – Wirtschaftlichkeit

3 Die Technik der doppelten Buchführung leicht gemacht

Lernziele

Nach dem Durcharbeiten dieses Kapitels
- können Sie in wenigen Worten den Unterschied zwischen den Buchführungssystemen „Kameralistik" und „Doppik" angeben,
- ist Ihnen die Typologie der Geschäftsvorfälle geläufig,
- beherrschen Sie die Verbuchung auf Konten,
- beherrschen Sie spezielle Buchungsvorgänge,
- verstehen Sie es, die Funktionalität von „Konten" in der Buchführung zu nutzen und
- die Grundsätze der Buchungstechnik anzuwenden,
- sind Sie in der Lage Buchungssätze zu bilden und zu interpretieren.

Kameralistik & Doppik

Zwei Methoden der Buchführung (Externes Rechnungswesen) sind zu unterscheiden, nämlich die *Kameralistik* (Haushaltsführung) und die *Doppik* (doppelte Buchführung). Diese unterscheiden sich vordergründig darin, dass im Rahmen der Kameralistik *Einnahmen und Ausgaben* betrachtet werden und im Rahmen der Doppik *Erträge und Aufwendungen*. Außerdem verwendet die Doppik ein System der Verbuchung auf jeweils mindestens zwei Konten, die Kameralistik jedoch ein Gruppierungssystem z. B. mit Teilhaushalten (vgl. Abbildung 3.1).

Vergleich	
Doppik (Jahresabschluss)	**Kameralistik (Jahresrechnung)**
Bilanz, Anlagenspiegel	Vermögensübersicht
Bilanz, Verbindlichkeitenspiegel	Schuldenübersicht
Bilanz	Rücklagenübersicht
Teilfinanzrechnung nach Produktbereichen gegliedert	Rechnungsquerschnitt
Finanzrechnung	Gruppierungsübersicht
Finanzrechnung, Bilanz	Kassenmäßiger Abschluss
Anhang, Lagebericht	Rechenschaftsbericht

Quelle: Fudalla, zur Mühlen & Wöste 2004, Tabelle 4, S. 6

Abb. 3.1: Doppik und Kameralistik

Im Rahmen der „Neuen Steuerung" und anderen Veränderungen (NKF = Neues Kommunales Finanzmanagement etc.) gehen viele öffentliche Institutionen, die bisher kameralistisch gebucht haben, auf die Doppik über (vgl. Fudalla, zur Mühlen & Wöste 2004). Aus diesem Grunde wird hier ausschließlich die Doppik als das wesentlich zukunftsträchtigere System behandelt.

3.1 Verbuchung auf Konten

Der rote Faden

Was bisher erläutert wurde: Bilanz und GuV wurden als wesentliche Elemente des Jahresabschlusses erläutert. Dabei ist zu beachten: Zur am Ende des Geschäftsjahres fertig erstellten Bilanz kommt man auf zwei unterschiedlichen Wegen.

- Ein Weg der Erstellung der Bilanz ist die Zusammenfassung aus den Positionen des Inventars, also: Am Ende des Geschäftsjahres führt man eine Inventur durch, erstellt als Ergebnis der Inventur das Inventar und fasst die Positionen des Inventars zu der Bilanz zusammen.
- Ein anderer Weg ist der über die Konten und Buchungen in der Finanzbuchhaltung, also: Ausgehend von der Eröffnungsbilanz des Geschäftsjahres werden die Geschäftsvorfälle auf den Konten gebucht. Am Ende des Geschäftsjahres wird aus den Kontosalden (z. B. Schlussbeständen) die Schlussbilanz erstellt.

Wie es weitergeht: Nachfolgend werden die Grundlagen der Technik erläutert, mit der über die Konten und Buchungen in der Finanzbuchhaltung vorgegangen wird.

Geschäftsvorfall

Der Schreiner hat eine Inventur durchgeführt. Als Ergebnis der Inventur hat der Schreiner ein Inventar erstellt und die vielen einzelnen Positionen danach zu einer Bilanz zusammengefasst. Die Auswirkung der nun folgenden einzelnen Geschäftsvorfälle erfasst er in der Buchhaltung.

D

Ein **Geschäftsvorfall** oder Geschäftsfall ist das Ereignis im Unternehmen, das bestimmte wirtschaftliche Auswirkungen hat und somit in der Buchhaltung erfasst werden muss. Jeder Geschäftsvorfall beeinflusst die Bilanz.

Das ist insbesondere genau dann der Fall, wenn

- sich das Vermögen oder die Schulden verändern oder
- ein Aufwand oder Ertrag zu verzeichnen ist.

Insofern sind die Bestandswirksamkeit und die Erfolgswirksamkeit von Geschäftsvorfällen zu unterscheiden.

B

Bestandswirksamkeit: Bareinkauf eines Computers, bestandswirksam im Anlagevermögen und bei der Kasse.
Erfolgswirksam: Abschreibung des Computers, erfolgswirksam – Minderung des Eigenkapitals. Bestandswirksam: Minderung des Anlagevermögens.

Grundsatz

Jeder Geschäftsvorfall wird mittels eines Beleges dokumentiert. Eine der wichtigsten Grundregeln der Finanzbuchhaltung lautet:

Keine Buchung ohne Beleg!

Arten von Geschäftsvorfällen

Nach der Art der *Bilanzveränderung* lassen sich die Geschäftsvorfälle in vier Gruppen einteilen:

- Der *Aktivtausch* betrifft nur die Aktivseite der Bilanz. Der Schreiner kauft Holz (Rohstoffe) im Wert von 1.000,– € bar ein. Dadurch erhöht sich der Bestand an Rohstoffen und verringert sich der Kassenbestand um jeweils 1.000,– €.

- Der *Passivtausch* betrifft nur die Passivseite der Bilanz. Wenn der Schreiner z. B. eine kurzfristige Bankverbindlichkeit in Höhe von 10.000,– € in ein langfristiges Darlehen umwandelt, so sind nur die Passivkonten „Darlehen" und „Verbindlichkeiten" betroffen. Der Bestand an Verbindlichkeiten verringert sich um 10.000,– € und der Bestand an Darlehen erhöht sich um 10.000,– €.
- In eine dritte Gruppe fallen die Geschäftsvorfälle, die sowohl eine Mehrung der Aktivseite der Bilanz als auch eine Mehrung der Passivseite der Bilanz zur Folge haben (*Aktiv-/Passivmehrung*). Der Schreiner kauft eine Maschine für 500,– € auf Ziel. *Ziel* steht für Zieleinkauf (Hinweis: Es gibt auch Zielverkauf.) und bedeutet, dass der Verkäufer ihm zur Begleichung der Rechnung ein Zahlungsziel von z. B. vier Wochen einräumt. Es handelt sich mit anderen Worten um einen kurzfristigen Lieferantenkredit. Dadurch erhöht sich der Bestand an Maschinen, aber auch der Bestand an Verbindlichkeiten um 500,– €.
- Einige Geschäftsvorfälle mindern sowohl das Vermögen als auch die Schulden. Es handelt sich hierbei um eine *Aktiv-/Passivminderung*. Ein solcher Geschäftsvorfall liegt z. B. vor, wenn der Schreiner seine eben beschriebene Verbindlichkeit aus dem Kauf der Maschine per Banküberweisung ausgleicht. In diesem Fall verringern sich sowohl die Positionen „Bank" als auch „Verbindlichkeiten" um jeweils 500,– €.

Typologie

Im Rahmen einer Typologie lassen sich also vier typische Vorgänge unterscheiden:
Aktivtausch = Tauschvorgang auf der Aktivseite der Bilanz
Passivtausch = Tauschvorgang auf der Passivseite der Bilanz
Aktiv-/Passivmehrung = Mehrung auf der Aktiv- und Passivseite
Aktiv-/Passivminderung = Minderung auf der Aktiv- und Passivseite.

Stets in der Waage

Zur Erinnerung: Das *Gleichgewicht der Bilanz* bleibt immer erhalten. Es verändern sich lediglich die Werte der einzelnen Positionen. Die *Bilanzsumme* insgesamt kann gleich bleiben, wachsen oder gemindert werden.

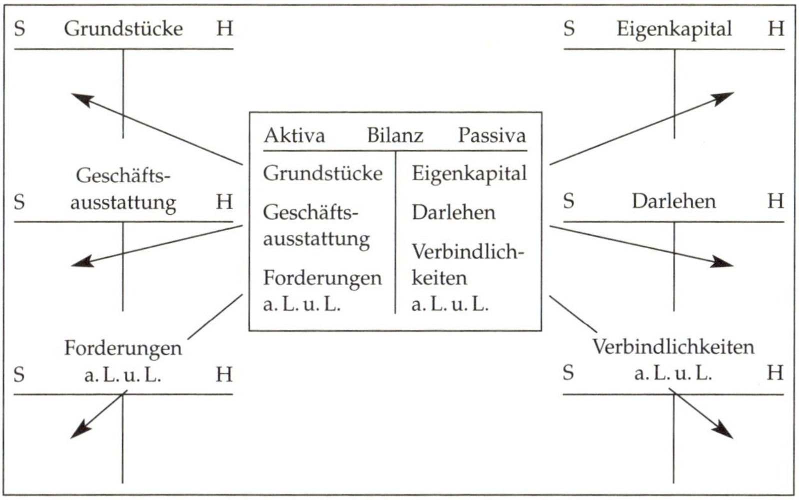

Abb. 3.2: Auflösung der Bilanz in Konten

Auflösung in Konten

Wir haben bisher die Vorstellung nach jedem Geschäftsvorfall die „Bilanz neu zu schreiben“. Es ist grundsätzlich denkbar, dies zu tun und nach jedem Geschäftsvorfall die Bilanz neu zu erstellen. Aber es ist völlig unpraktisch und in der Realität nicht ausführbar. Aus praktischen Gründen löst man deshalb die Bilanz in Konten (T-Konto oder Tabellenform; conto (ital.) = Rechnung, Rechnungsführung) auf und schafft so Einzelabrechnungen für jeden einzelnen Posten der Bilanz. Eine noch tiefer gehende Gliederung der Konten ist jederzeit möglich. Die Abbildung 3.2 verdeutlicht die Auflösung der Bilanz in Konten.

Hinweis: a. L. u. L. bedeutet „aus Lieferungen und Leistungen“; „Geschäftsausstattung“ wird häufig auch als „Betriebs- und Geschäftsausstattung“ bezeichnet und beinhaltet z. B. Büromöbel, PCs etc.

Bestandskonten

Die Konten bezeichnet man als Bestandskonten, weil auf ihnen die Bestände an Vermögen und Kapital geführt werden. Konten werden als T-Konten oder tabellarisch geführt. Die linke Seite der Konten wird als Soll-Seite bezeichnet, die rechte Seite als Haben-Seite.

Soll	Kontennamen **Haben**
€	€

Abb. 3.3: T-Konto

In EDV-Programmen (z. B. Buchhaltungssoftware) werden Konten üblicherweise in Tabellenform – wie in der Abbildung 3.4 – dargestellt.

Buchungstext	**Soll**	**Haben**

Abb. 3.4: Konto in Tabellenform

Aus didaktischen Gründen wird im Buch mit der T-Kontenform gearbeitet.

Differenzierung der Bilanzkonten

Man unterscheidet die Konten auf der Aktivseite der Bilanz (*Aktivkonten)* und die Konten auf der Passivseite der Bilanz (*Passivkonten*). Diese Unterscheidung ist wesentlich, weil durch sie festgelegt wird, welche Seite der Konten bei konkreten Geschäftsvorfällen bebucht wird. Das Vorgehen ist wie folgt:

- Auf den Bestandskonten werden die Anfangsbestände aus der Eröffnungsbilanz eingebucht.
- Unterjährig (d. h. im Laufe des Geschäftsjahres) werden dann die die Konten betreffenden Geschäftsvorfälle gebucht.
- Am Ende des Geschäftsjahres wird der Saldo ermittelt. Die Salden werden dann in die Schlussbilanz eingetragen (Abb. 3.5).

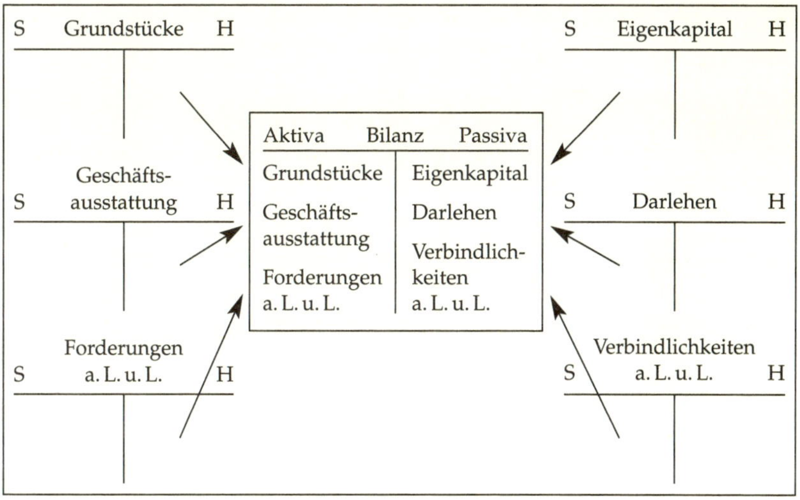

Abb. 3.5: Zusammenfügung der Bilanz aus Konten

Das Vorgehen ist also insgesamt wie folgt:
- Die Eröffnungsbilanz wird erstellt.
- Die Anfangsbestände aus der Eröffnungsbilanz werden auf die Konten gebucht.
- Die im Geschäftsjahr anfallenden Geschäftsvorfälle werden auf den Konten gebucht.
- Die Schlussbestände (Saldierung) werden berechnet.
- Die Schlussbilanz wird erstellt.

Zwei Wege zur Bilanz

Nochmals der Hinweis: Vermögen und Schulden werden auf zweifache Weise ermittelt.
- Zum einen ergeben sich Vermögen und Schulden aus der Bilanz, die aus den im Geschäftsjahr bebuchten Konten erstellt wird.
- Zum anderen ergeben sich Vermögen und Schulden aus der Inventur, also der körperlichen oder buchmäßigen Aufnahme der Vermögensgegenstände.

Abgleich

Im Regelfall stimmen die per Buchführung und per Inventur ermittelten Werte überein. Es kann jedoch durch Schwund zu Abweichungen kommen.

Vorrang der Inventurwerte

Falls Abweichungen auftreten, haben die im Rahmen der Inventur ermittelten Werte Vorrang vor den gebuchten Werten. Die gebuchten Werte sind entsprechend zu korrigieren. Die Inventur wird also durchgeführt, um die gebuchten Werte regelmäßig (mindestens ein Mal pro Geschäftsjahr) zu überprüfen. Das Verhältnis von Inventar und Bilanz wird nachfolgend grafisch dargestellt.

B

Am Ende des Geschäftsjahres weist das Konto Rohstoffe (Holz) in der Schreinerei einen Schlussbestand von 453,– € aus. Bei der Inventur wird festgestellt, dass nur noch 20 Pakete Holz zu je 20,– € (Anschaffungskosten) tatsächlich auf Lager liegen. Der Schreiner erinnert sich, dass ihm der Rest gestohlen wurde. Der Wert in der Bilanz ist durch die Verbuchung von Aufwand (in der Höhe von 53,– €) auf genau 400,– € zu reduzieren.

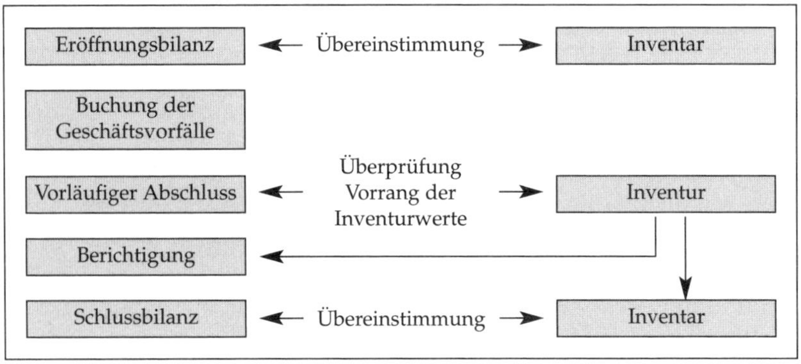

Abb. 3.6: Verhältnis von Inventar und Bilanz

Aktiv- und Passivkonten

Zurück zu den Konten. Die Buchhaltung unterscheidet Aktiv- und Passivkonten. Die relevanten Unterscheidungsmerkmale sind folgende:

Auf den Aktivkonten, die den Positionen der Aktivseite der Bilanz entsprechen, steht/stehen

- der Anfangsbestand im Soll,
- die Mehrungen (Zugänge) im Soll,
- die Minderungen (Abgänge) im Haben
- der Schlussbestand (Saldo) im Haben.

Soll	Aktivkonto		**Haben**
AB	1.000,00 €	Minderung	125,00 €
Mehrung	300,00 €	SB	2.500,00 €
Mehrung	200,00 €		
Mehrung	800,00 €		
Mehrung	325,00 €		
	2.625,00 €		2.625,00 €

Abb. 3.7: Aktivkonto

Auf den Passivkonten, die den Positionen der Passivseite der Bilanz entsprechen, steht/stehen

- der Anfangsbestand im Haben,
- die Mehrungen (Zugänge) im Haben,
- die Minderungen (Abgänge) im Soll und
- der Schlussbestand (Saldo) im Soll.

Soll	Passivkonto		**Haben**
Minderung	1.137,00 €	AB	3.000,00 €
SB	3.000,00 €	Mehrung	425,00 €
		Mehrung	212,00 €
		Mehrung	175,00 €
		Mehrung	325,00 €
	4.137,00 €		4.137,00 €

Abb. 3.8: Passivkonto

Stellt man die Konten in einer Matrix gegenüber, so bedeutet dies:

	Aktive Bestandskonten	**Passive Bestandskonten**
Anfangsbestand	Soll	Haben
Mehrungen	Soll	Haben
Minderungen	Haben	Soll
Schlussbestand	Haben	Soll
	S (Soll): Anfangsbestand, Mehrungen H (Haben): Minderungen, Schlussbestand	S (Soll): Anfangsbestand, Mehrungen H (Haben): Minderungen, Schlussbestand

Abb. 3.9: Buchung von aktiven und passiven Bestandskonten

Folgende Merksätze erleichtern das nachhaltige Lernen der Regeln:

> Die *Mehrungen* stehen immer auf der Seite der Anfangsbestände. Sind z. B. keine Minderungen zu verbuchen, so ergibt sich der Schlussbestand aus den Anfangsbeständen zuzüglich der Mehrungen.
> Die *Minderungen* stehen immer auf der gegenüberliegenden Seite. Hier gilt umgekehrt: Die Minderungen verbrauchen die Anfangsbestände.
> Addiert man die Mehrungen zum Anfangsbestand und saldiert die Minderungen, so erhält man einen Schlussbestand, der im Konto eingetragen wird. In einer Formeldarstellung bedeutet dies:
>
> *Schlussbestand* = Anfangsbestand + Mehrungen – Minderungen
>
> ↘ = *Saldo* kommt von saldare = ergänzen

Abb. 3.10: Merkregeln der Buchungstechnik

B

Der Schreiner hat 600,– € in der Kasse und hat folgende Geschäftsvorfälle zu verbuchen:

Barverkauf eines Schrankes	1.999,– €
Barverkauf von Küchenstühlen	600,– €
Bareinkauf von Büroartikeln	200,– €

Damit verfügt seine Kasse über einen Schlussbestand von
2.999,– € = 600,– € + 1.999,– € + 600,– € – 200,– €.

Die Bebuchung des T-Kontos „Kasse“ ist im Folgenden dargestellt:
1. Die Kasse ist ein Aktivkonto, weil sie auf der linken Seite der Bilanz steht.
2. Der Anfangsbestand von 600,– € wird folglich auf der Aktivseite eingetragen.
3. Die Mehrungen über 1.999,– € und 600,– € werden auf der gleichen Seite wie der Anfangsbestand, also im Soll verbucht.

4. Die Minderung über 200,– € wird auf der gegenüberliegenden Seite verbucht.
5. Die Aktivseite als die wertmäßig stärkere Seite wird addiert.
6. Die Summe wird auf die wertmäßig schwächere Seite übertragen.
7. In einer Nebenrechnung wird der Schlussbestand als Summe – Minderungen ermittelt und eingetragen.
8. Verbleibender Zwischenraum wird ggf. durch einen winkeligen Strich („Buchhalternase") ausgefüllt.

Das Konto sieht wie folgt aus:

Soll	Kasse		**Haben**
AB	600,00 €	Bareinkauf	200,00 €
Barverkauf	1.999,00 €	SB	2.999,00 €
Barverkauf	600,00 €		
	3.199,00 €		3.199,00 €

B Außerdem erneuert der Schreiner seine EDV und geht damit folgende Verbindlichkeiten (Anfangsbestand 6.000,– €) gegenüber der Firma Computer-Großhandel ein:

Einkauf PC auf Ziel	10.000,– €
Einkauf Software auf Ziel	3.000,– €
Einkauf Papier auf Ziel	7.000,– €

Zum Ende des Geschäftsjahres begleicht der Schreiner einen Teil der Verbindlichkeiten und überweist 2.500,– €

Damit verfügt die Kasse über einen Schlussbestand an Verbindlichkeiten von 23.500,– € = 6.000,– € + 10.000,– € + 3.000,– € + 7.000,– € – 2.500,– €.

Das Konto sieht wie folgt aus:

Soll	Verbindlichkeiten		**Haben**
Zahlung	2.500,00 €	AB	6.000,00 €
SB	23.500,00 €	Einkauf	10.000,00 €
		Einkauf	3.000,00 €
		Einkauf	7.000,00 €
	26.000,00 €		26.000,00 €

Untergliederung

Neben den aus der Bilanz entwickelten Konten, die man als *Sachkonten* bezeichnet, führt man als Unterkonten bei den Schuldnern und Gläubigern die Personenkonten für einzelne Gläubiger und Schuldner. Das Sachkonto gegenüber den Schuldnern (Kunden) heißt Forderungen. Das Sachkonto gegenüber den Gläubigern (Lieferanten) heißt Verbindlichkeiten. Manchmal wird der Zusatz a. L. u. L. benutzt, dies bedeutet „aus Lieferungen und Leistungen". Sachkonten können Bestandskonten, Erfolgskonten oder gemischte Konten sein.

Die *Personenkonten* gliedern die Sachkonten „Forderungen" und „Verbindlichkeiten" also weiter auf. Die Summen und Salden aller Schuldnerpersonenkonten (Debitoren) entsprechen der Summe und dem Saldo des Sachkontos „Forderungen aus Lieferungen und Leistungen". Die Summen und Salden aller Gläubigerpersonenkonten (Kreditoren) sind gleich der Summe und dem Saldo des Sachkontos „Verbindlichkeiten aus Lieferungen und Leistungen".

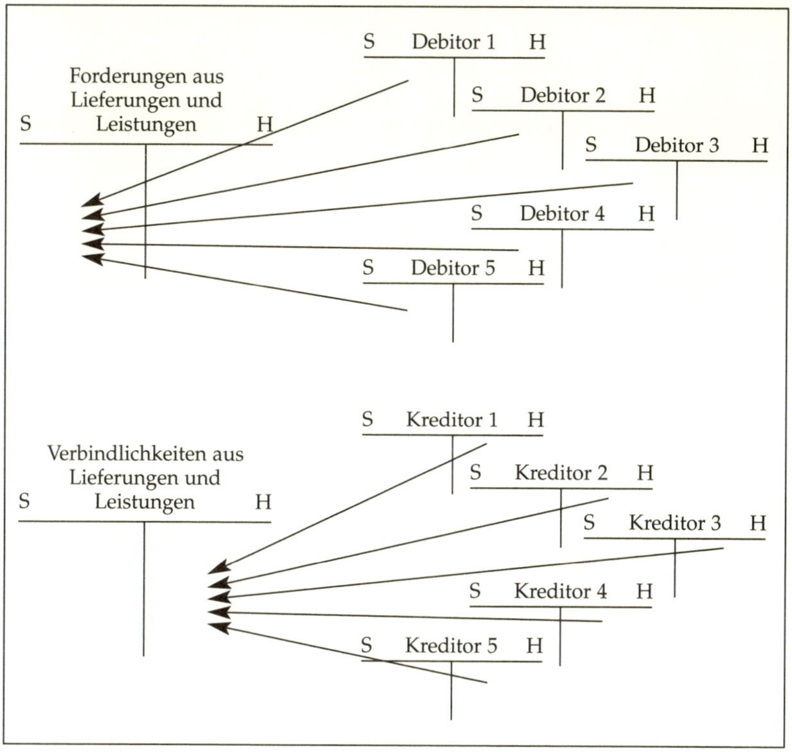

Abb. 3.11: Personenkonten

Ist die Einrichtung z. B. eines Debitorenkontos wegen geringer Umsätze mit einem Kunden nicht sinnvoll, so kann ein *CPD-Konto* (conto pro diverse) als Sammelkonto eingerichtet werden.

Insgesamt gilt also folgende Untergliederung:

- Sachkonten
  - Bestandskonten (Vermögen, Schulden, Eigenkapital),
  - Erfolgskonten (Ertrag, Aufwendungen),
  - gemischte Konten.
- Personenkonten
  - Debitoren (Kunden),
  - Kreditoren (Lieferanten).

Erstellen Sie sich ein kleines Lernposter mit den wichtigsten Inhalten dieses und der folgenden Abschnitte. M

Erstellen Sie Lernkarten zu folgenden Begriffen: Sachkonten – Bestandskonten – Vermögen – Schulden – Eigenkapital – Erfolgskonten – Ertrag – Aufwendungen – gemischte Konten – Personenkonten – Debitoren – Kunden – Kreditoren – Lieferaten M

M Erstellen Sie Lernkarten zu den Begriffen: a. L. u. L. – Aktiv-/Passivmehrung – Aktiv-/Passivminderung – Aktivkonten – Aktivtausch – Art der Bilanzveränderung – bestandswirksam – conto pro diverse – CPD-Konto – Doppelte Buchführung – Doppik – erfolgswirksam – Geschäftsfall – Geschäftsvorfall – Kameralistik – Mischfall – NKF = Neues Kommunales Finanzmanagement – Passivkonten – Passivtausch – Salden – Saldo – T-Konto.

3.2 Mit der Regieanweisung „Buchungssatz" bis hin zum Abschluss

Der rote Faden

Was bisher erläutert wurde: Bisher standen Geschäftsvorfälle und Buchungssätze im Vordergrund.
Wie es weitergeht: Ein weiteres wichtiges Element der Technik der Buchführung stellt der Buchungssatz dar, eine Art „Fachchinesisch" des Buchhalters.

„Die Regieanweisung"

Der *Buchungssatz* ist so etwas wie eine Regieanweisung des Buchhalters für die einzelnen Geschäftsvorfälle und dient der Vereinfachung der Buchführungsarbeit. Der Buchungssatz wird aufgrund des vorliegenden Beleges gebildet (Nochmals: Keine Buchung ohne Beleg!). Der Buchungssatz gibt genaue Auskunft darüber, wie ein Geschäftsvorfall verbucht wird bzw. wurde.

Buchungssätze haben stets die gleiche Form. Diese ergibt sich aus dem System der Doppelten Buchführung, bei dem ja bekanntlich jeder Geschäftsvorfall auf mindestens zwei Konten gebucht wird. Dementsprechend werden im Buchungssatz zunächst die Buchungen im Soll und deren Beträge angegeben, dann die Buchungen im Haben und deren Beträge:

- Wenn jeweils nur eine Buchung im Soll und eine Buchung im Haben vorliegt, so spricht man von einem einfachen Buchungssatz.
- Wenn mehrere Buchungen im Soll und/oder Haben vorliegen, so spricht man von einem zusammengesetzten Buchungssatz.

Ein einfacher Buchungssatz besteht also aus genau einer Buchung im Soll und einer Buchung im Haben. Er hat stets die gleiche Form: Zunächst wird die Buchung im Soll angegeben, dann die Buchung im Haben. Zu jeder Buchung wird der Betrag angegeben. Die Buchung im Soll und die Buchung im Haben wird durch das Wörtchen „an" verknüpft. Also: „Buchung im Soll" in Euro an „Buchung im Haben" in Euro, etwa wie folgt.

Konto	Betrag	an	Konto	Betrag
Kasse	500,00 €	an	Bank	500,00 €

Der Buchungssatz wird durch eine Belegnummer und einen Buchungstext ergänzt. Im Buchungstext finden sich Erläuterungen zum Buchungssatz, z. B. „Rechnung vom 09. 09. 2008". Die Belegnummer weist auf den zugrunde liegenden Beleg hin. Der Buchungssatz gibt also an, auf welchen Konten, welcher Geschäftsvorfall, wann, in welcher Höhe, zu welchem Zweck, entsprechend welchen Belegs verbucht wird. Der Buchhalter bucht stets „Soll an Haben!"

Im Folgenden einige Beispiele zur Einübung des Buchungssatzes (ohne Mehrwertsteuer): **B**

Der Schreiner war auf der Bank und hat dort 1.000,– € vom Konto abgehoben, um die Barkasse aufzufüllen. Es handelt sich um einen *Aktivtausch.*

Konto	Betrag	an	Konto	Betrag
Kasse	1.000,00 €	an	Bank	1.000,00 €

Der Schreiner war wieder auf der Bank. (Anmerkung des Verfassers: Die kriegen schon immer einen Schrecken, wenn er dort auftaucht!). Er hat dort einen kurzfristigen Kredit (12.450,– €) in ein langfristiges Darlehen umgewandelt. Es handelt sich um einen *Passivtausch.*

Konto	Betrag	an	Konto	Betrag
Kurzfr. Verbindlichkeit	12.450,00 €	an	Darlehen	12.450,00 €

Aktiv-Passiv-Mehrung: Der Schreiner hat einen neuen Computer für sein Büro auf Ziel (Kredit) gekauft. Der Computer hat 1.500,– € gekostet. Hinweis: Das betreffende Konto heißt BGA = Betriebs- und Geschäftsausstattung.

Konto	Betrag	an	Konto	Betrag
BGA	1.500,00 €	an	Verbindlichkeiten	1.500,00 €

Aktiv-Passiv-Minderung: Der Schreiner hat letzten Monat den Kredit für den besagten Computer getilgt. Er hat das Geld von seinem Bankkonto an den Kreditgeber überwiesen.

Konto	Betrag	an	Konto	Betrag
Verbindlichkeiten	1.500,00 €	an	Bank	1.500,00 €

Aktivtausch: Der Schreiner kauft eine Maschine zu 4.000,– €, die er mit 1.100,– € aus der Kasse bezahlt. Den Rest – 2.900,– € – überweist er per Banküberweisung.

Konto	Betrag	an	Konto	Betrag
Maschine	4.000,00 €	an	Bank	2.900,00 €
			Kasse	1.100,00 €

Aktivtausch: Der Schreiner kauft Holz im Wert von 627,– € und Schrauben im Wert von 58,– € bar.

Konto	Betrag	an	Konto	Betrag
Rohstoffe	627,00 €	an	Kasse	685,00 €
Hilfsstoffe	58,00 €			

Schema Bei einem einfachen Buchungssatz sind nur zwei Konten durch den Geschäftsvorfall betroffen. Bei der Bildung des Buchungssatzes geht man nach folgendem Schema vor:

- Welches Konto/welche Konten sind betroffen?
- Welchen Charakter hat dieses Konto/haben diese Konten, sind es Aktiv- oder Passivkonten?
- Liegt eine Mehrung oder eine Minderung vor?
- Auf welcher Kontenseite ist zu buchen? (Welches Konto wird somit im Soll gebucht und welches Konto wird im Haben gebucht?)
- Wie lautet der Buchungssatz?

B Ein Darlehen wird in Höhe von 120.000,– € aufgenommen. Der Darlehensbetrag wird auf das Bankkonto überwiesen.

- Welches Konto/welche Konten sind betroffen?
- Betroffen sind die Konten „Darlehen" und „Bank".
- Welchen Charakter hat dieses Konto/haben diese Konten, sind es Aktiv- oder Passivkonten?
- Das Konto „Bank" ist ein Aktivkonto, das Konto „Darlehen" ist ein Passivkonto.
- Liegt eine Mehrung oder eine Minderung vor?
- Bei dem Konto „Bank" liegt eine Mehrung vor, bei dem Konto „Darlehen" liegt eine Mehrung vor.
- Auf welcher Kontenseite ist zu buchen? (Welches Konto wird somit im Soll gebucht und welches Konto wird im Haben gebucht?)
- Bei dem Konto „Bank" liegt eine Mehrung vor. Das Konto „Bank" ist ein Aktivkonto. Eine Mehrung wird bei einem Aktivkonto immer im Soll gebucht. Insofern wird auf dem Aktivkonto „Bank" im Soll gebucht.
- Bei dem Konto „Darlehen" liegt eine Mehrung vor. Das Konto „Darlehen" ist ein Passivkonto. Eine Mehrung wird bei einem Passivkonto immer im Haben gebucht. Insofern wird auf dem Aktivkonto „Bank" im Haben gebucht.
- Wie lautet der Buchungssatz? Der Buchungssatz lautet „Bank an Darlehen 120.000,– €." Der Buchungssatz lautet genau so, weil das Aktivkonto „Bank" im Soll und das Passivkonto „Darlehen" im Haben bebucht wird. Im Buchungssatz wird stets „Soll an Haben" gebucht. Mit anderen Worten: Der Buchungssatz lautet stets: „Sollbuchung" an „Habenbuchung".

Das *Bilden von Buchungssätzen* bereitet am Anfang manchmal Schwierigkeiten. In der Regel legt sich dies aber mit der Zeit. In jedem Fall ist es sehr hilfreich, dies intensiv zu üben.

Grundsätzlich können zusammengesetzte Buchungssätze auch in mehrere einfache Buchungssätze zerlegt werden. Dies ist in der Praxis aber nicht üblich und sollte auch aus didaktischen Gründen nicht vorgenommen werden.

Noch eine Präzisierung zu dem bisher gelernten:

Bei der Bebuchung der T-Konten wird immer das *Gegenkonto* angegeben.

Versuchen wir nun einmal „rückwärts" zu denken. Man spricht hier häufig auch von einem „Deuten" von Buchungen. Wir zeigen Ihnen jetzt ein Konto „Kasse" und Sie erläutern, welche Geschäftsvorfälle dahinter stehen könnten. Das Konto „Kasse" sieht dabei wie folgt aus:

B

Soll	280 Kasse		Haben
EBK	2.500,00 €	Rohstoffe	600,00 €
Forderungen	720,00 €	Postgiro	200,00 €
Bank	1.000,00 €	BGA	1.999,00 €
Maschinen	120,00 €	SBK	1.541,00 €
	4.340,00 €		4.340,00 €

Die Geschäftsvorfälle und Buchungssätze könnten wie folgt lauten:

Eröffnungsbuchung: Wir tragen 2.500,– € aus der Eröffnungsbilanz vor.

Konto	Betrag	an	Konto	Betrag
Kasse	2.500,00 €	an	EBK	2.500,00 €

1. Buchung: Ein Kunde begleicht unsere Forderungen in Höhe von 720,– €. Der Buchungssatz lautet:

Konto	Betrag	an	Konto	Betrag
Kasse	720,00 €	an	Forderungen	720,00 €

2. Buchung: Wir heben 1.000,– € bei der Bank ab und zahlen diese in die Kasse ein. Der Buchungssatz lautet:

Konto	Betrag	an	Konto	Betrag
Kasse	1.000,00 €	an	Bank	1.000,00 €

3. Buchung: Wir verkaufen eine Maschine bar für 120,– €. Der Bestand an Maschinen nimmt ab und der Kassenbestand nimmt zu. Der Buchungssatz lautet:

Konto	Betrag	an	Konto	Betrag
Kasse	120,00 €	an	Maschinen	120,00 €

4. Buchung: Wir kaufen Rohstoffe bar für 600,– €. Der Buchungssatz lautet:

Konto	Betrag	an	Konto	Betrag
Rohstoffe	600,00 €	an	Kasse	600,00 €

5. Buchung: Wir haben ein Soll-Saldo (ein Minus) auf unserem Postgirokonto, das wir nur selten nutzen. Zum Ausgleich dieses Soll-Saldos zahlen wir 200,– € aus der Kasse ein. Der Buchungssatz lautet:

Konto	Betrag	an	Konto	Betrag
Postgiro	200,00 €	an	Kasse	200,00 €

6. Buchung: Wir kaufen einen neuen Computer für 1.999,– € gegen bar:

Konto	Betrag	an	Konto	Betrag
BGA	1.999,00 €	an	Kasse	1.999,00 €

Schlussbuchung: Wir bilden nun den Saldo des Kontos. Dazu addieren wir die wertmäßig größere Seite hier die Aktivseite – zu 4.340,– €. Davon ziehen wir die Buchungen auf der Habenseite ab und erhalten als Saldo den Schlussbestand unserer Kasse in Höhe von 1.541,– €.

Konto	Betrag	an	Konto	Betrag
SBK	1.541,00 €	an	Kasse	1.541,00 €

Hinweis: Wenn Sie nun versuchen, sich Buchungssätze mit einer allgemeinen Logik zu merken, so werden Sie vermutlich eine Bauchlandung erleben. Das kann nicht funktionieren, weil es keinen Trick gibt, der dem System der Doppelten Buchführung gerecht wird.

Sie müssen sich einfach merken, dass die Buchung im Soll vor dem Wörtchen „an" und die Buchung im Haben hinter dem Wörtchen „an" steht.

Wenn Sie also einen Geschäftsvorfall „Bareinkauf von Rohstoffen" haben, dann wird das Rohstoffkonto durch den Bareinkauf gemehrt und das Kassenkonto durch den Bareinkauf gemindert. Da „Rohstoffe" ein Aktivkonto ist, wird die Mehrung im Soll gebucht. Deswegen steht das Konto „Rohstoffe" vor dem Wörtchen „an".

Kasse ist ein Aktivkonto und Minderungen des Aktivkontos stehen im Haben. Also wird das Konto im Haben gebucht. Deswegen steht das Konto „Kasse" im Buchungssatz hinter dem Wörtchen „an".

Der Buchungssatz lautet: „Rohstoffe an Kasse". Eine Aussage wie „Rohstoffe" gehen an die „Kasse" oder ähnliche sind Nonsens. Es gilt ganz einfach nur: Die Konten, die vor dem Wörtchen „an" stehen, werden im Soll gebucht und die Konten, die hinter dem Wörtchen „an" stehen, werden im Haben gebucht. Ob es sich dann um eine Minderung oder Mehrung handelt, das hängt davon ab, ob hier ein Aktivkonto oder ein Passivkonto vorliegt. Sie dürfen nach keinem weiteren Zusammenhang suchen. So einfach ist das!

Bücher

Die T-Konten finden sich in einem anderen Teil der Buchhaltung als die Buchungssätze. Man spricht hier von zwei unterschiedlichen Büchern:

- Einmal wird im *Grundbuch* gebucht. Das Grundbuch nimmt die Geschäftsvorfälle in der Form der Buchungssätze in zeitlicher Reihenfolge auf.
- Weiterhin wird im *Hauptbuch* gebucht. Das Hauptbuch nimmt die T-Konten auf und ordnet diese nach sachlichen Gesichtspunkten.

Kontenplan und -rahmen

Die Konten, die im Rahmen der Buchhaltung bebucht werden, sind in einem so genannten „Kontenplan" enthalten.

D

Der **Kontenplan** gibt eine Übersicht über die zu führenden Konten und ist in der Regel speziell auf ein Unternehmen angepasst. Aus dem Kontenrahmen werden nur jene Konten in den Kontenplan übernommen, die wirklich benötigt werden.

Vom Kontenplan zu differenzieren ist der Kontenrahmen.

> Der **Kontenrahmen** ist ein allgemeiner Organisationsplan für die Buchführung der Betriebe einer Branche. Der Kontenrahmen ist mit anderen Worten eine z. B. branchenspezifische Empfehlung für die unternehmensindividuelle Aufstellung eines Kontenplans.

D

Für die Industrie gibt es einen speziellen Industriekontenrahmen, dessen Gliederung an das Gliederungsschema des HGB für große Kapitalgesellschaften (vgl. §§ 266, 275 HGB) angelehnt ist. Weitere, sehr verbreitete Kontenrahmen sind die von DATEV, von SAP oder der Gesamtkontenrahmen des Handels. Diese werden im Folgenden nicht behandelt.

Nummerierungssystematik

Häufig wird eine bestimmte *Nummerierungssystematik* genutzt, z. B. eine vierstellige Ziffer (exemplarisch 1234). Hierbei steht die 1. Ziffer für die Kontenklasse, die zweite Ziffer für die Kontengruppe, die dritte Ziffer für die Kontenart und die 4. Ziffer für die Kontenunterart. Häufig wird die Kontonummer abgekürzt, so meint etwa die 28 die Kontenklasse 2 und die Kontengruppe 8.

Im erwerbswirtschaftlichen Bereich ist der Aufbau des Kontenplans frei möglich. Es gilt nur:

„ § 238 Buchführungspflicht:

(1) 1. Jeder Kaufmann ist verpflichtet, Bücher zu führen und in diesen seine Handelsgeschäfte und die Lage seines Vermögens nach den Grundsätzen ordnungsmäßiger Buchführung ersichtlich zu machen. 2. Die Buchführung muss so beschaffen sein, dass sie einem sachverständigen Dritten innerhalb angemessener Zeit einen Überblick über die Geschäftsvorfälle und über die Lage des Unternehmens vermitteln kann. 3. Die Geschäftsvorfälle müssen sich in ihrer Entstehung und Abwicklung verfolgen lassen.

(2) Der Kaufmann ist verpflichtet, eine mit der Urschrift übereinstimmende Wiedergabe der abgesendeten Handelsbriefe (Kopie, Abdruck, Abschrift oder sonstige Wiedergabe des Wortlauts auf einem Schrift-, Bild- oder anderen Datenträger) zurückzubehalten."

Quelle: http://bundesrecht.juris.de/hgb/__238.html; 29.04.2008.

Hingegen ist für Teile des Nonprofitbereichs vorgeschrieben, welche Mindestgliederung ein Kontenplan umfassen muss. Solche Bestimmungen sind enthalten z. B. in:

- der Pflegebuchführungsverordnung (Verordnung über die Rechnungs- und Buchführungspflichten der Pflegeeinrichtungen) – http://www.gesetze-im-internet.de/pbv/index.html und
- der Krankenhausbuchführungsverordnung (Verordnung über die Rechnungs- und Buchführungspflichten von Krankenhäusern) – http://bundesrecht.juris.de/khbv/

GoBS

Grundsätzlich werden beim Einsatz von EDV-Anlagen im betrieblichen Rechnungswesen Stammdaten (gleichbleibende Daten), Bewegungsdaten (veränderliche Daten) und Abrufdaten (z. B. Bilanz) unterschieden. In welchem System die Daten erfasst werden, ist nicht vorgeschrieben. Wichtig ist aber, dass die Grundsätze ordnungsmäßiger Buchführung auch für den Einsatz von EDV-Anlagen gelten. Das Bundesministerium der Finanzen hat diesbezüglich die GoBS mit dem Schreiben über die Grundsätze ordnungsmäßiger DV-gestützter Buchführungssysteme (GoBS) präzisiert.

B Beispiel eines Kontenrahmens (Auszug) nach PBV (Pflegebuchführungsverordnung)

Konten-klasse	Konten-gruppe	Konten-unter-gruppe	Text – Erläuterung
0			Ausstehende Einlagen, Anlagevermögen
	00		Ausstehende Einlagen auf das gezeichnete oder festgesetzte Kapital
	01		Grundstücke und grundstücksgleiche Rechte
		010	Bebaute Grundstücke
		011	Betriebsbauten
		012	Außenanlagen
	02		Grundstücke und grundstücksgleiche Rechte mit Wohnbauten
		020	Bebaute Grundstücke
		021	Wohnbauten
		022	Außenanlagen
...	...	...	...

Quelle für die Pflegebuchführungsverordnung:
http://www.gesetze-im-internet.de/pbv/ index.html

Internetquelle

Die GoBS finden Sie im Wortlaut, indem Sie im Internet in einer Suchmaschine den Begriff „GoBS" eingeben.

Aus den GoBS ergeben sich Einzelheiten zur Beleg-, Journal- und Kontenfunktion, zur vollständigen, formal richtigen, zeitgerechten, verarbeitungsmäßig erfassten und gespeicherten Buchung der Geschäftsvorfälle, zum internen Kontrollsystem, zur Datensicherheit sowie zur Dokumentation und Prüfbarkeit der DV-Buchführung von einem sachverständigen Dritten. Zum Beispiel

- sind Daten mit Belegfunktion grundsätzlich sechs Jahre aufzubewahren,
- die Verfahrensdokumentation zur DV-Buchführung gehört zu den Arbeitsanweisungen und sonstigen Unterlagen i. S. des § 257 Abs. 1 HGB bzw. § 147 Abs. 1 AO.

M Erstellen Sie Lernkarten zu den Begriffen: Belegnummer – Buchungssatz – Buchungstext – Gegenkonto – Grundbuch – Hauptbuch – Kontenplan – Kontenrahmen – Nummerierungssystematik

3.3 Die Eröffnung der Konten

Der rote Faden

Was bisher erläutert wurde: Sie kennen sich mit Konten aus, Sie haben die Regieanweisung begriffen und nun?
Wie es weitergeht: Nun müssen wir zunächst einmal Konten eröffnen, bevor es losgeht!

Zu Beginn eines jeden Geschäftsjahres werden die Anfangsbestände aus der Eröffnungsbilanz, die mit der Schlussbilanz des vorangehenden Geschäftsjahres übereinstimmt (Bilanzidentität), auf den Konten – mittels einer Buchung – vorgetragen.

Im Hauptbuch werden dazu die Konten „EBK = Eröffnungsbilanzkonto" und „SBK = Schlussbilanzkonto" eingerichtet. Über diese Konten werden die Eröffnung und der Abschluss der Bestandskonten gebucht.

Der Buchungssatz für die Eröffnungsbuchungen sieht z. B. bei der Kasse (angenommen 2.000,– € Kassenbestand) wie folgt aus:

Konto	Betrag	an	Konto	Betrag
Kasse	2.000,00 €	an	EBK	2.000,00 €

Die Schlussbuchung (nach einigen Geschäftsvorfällen, die hier nicht näher dargestellt sind) wird wie folgt vorgenommen. Wir bilden nun den Saldo des Kontos. Dazu addieren wir die wertmäßig größere Seite – hier die Aktivseite – zu angenommen 4.340,– €. Davon ziehen wir die Buchungen auf der Habenseite ab und erhalten als Saldo den Schlussbestand unserer Kasse in der Höhe von hier angenommen 1.541,– €.

Konto	Betrag	an	Konto	Betrag
SBK	1.541,00 €	an	Kasse	1.541,00 €

Die Buchungssätze zur Eröffnung und zum Abschluss der Konten können wie folgt generalisiert werden:

Eröffnungsbuchungen

Buchungssätze zur Eröffnung der Konten:
- Aktivkonten an Eröffnungsbilanzkonto (EBK)
- Eröffnungsbilanzkonto (EBK) an Passivkonten

Buchungssätze zum Abschluss der Konten:
- Schlussbilanzkonto (SBK) an Aktivkonten
- Passivkonten an Schlussbilanzkonto (SBK)

Buchungstechnisch geht die Eröffnung der Konten also über das Eröffnungsbilanzkonto, dem Spiegelbild der Eröffnungsbilanz. Rein aus buchungstechnischen Gründen muss das Eröffnungsbilanzkonto ein Spiegelbild der Eröffnungsbilanz darstellen: Alle Aktivkonten führen ihren Anfangsbestand im Soll. Deshalb muss die Gegenbuchung auf dem Eröffnungsbilanzkonto im Haben erfolgen. Im Folgenden das Beispiel eines EBK.

Soll	EBK		**Haben**
Eigenkapital	305.314,00 €	Betriebsgebäude	257.382,00 €
Darlehen	37.000,00 €	Maschinen	100.000,00 €
Verbindlichkeiten	47.213,00 €	Rohstoffe	32.145,00 €
	389.527,00 €		389.527,00 €

Abb. 3.12: Eröffnungsbilanzkonto

Im Laufe des Geschäftsjahres werden dann die Geschäftsvorfälle gebucht. Die Schlussbestände werden gegebenenfalls aufgrund der Inventurwerte korrigiert und auf dem Schlussbilanzkonto abgeschlossen. Aus dem Schlussbilanzkonto wird die Schlussbilanz erstellt. Im Folgenden beispielhaft ein Schlussbilanzkonto, wie es sich entwickelt haben könnte.

Soll	SBK		**Haben**
Betriebsgebäude	257.382,00 €	Eigenkapital	292.058,00 €
Maschinen	96.000,00 €	Darlehen	33.000,00 €
Rohstoffe	24.000,00 €	Verbindlichkeiten	52.324,00 €
	377.382,00 €		377.382,00 €

Abb. 3.13: Schlussbilanzkonto

Das Eröffnungsbilanzkonto ist ein *Spiegelbild* der Eröffnungsbilanz, das Schlussbilanzkonto ist ein *Ebenbild* der Schlussbilanz.

Zusammenfassung: Aufgrund der Eröffnungsbilanz werden die Anfangsbestände auf den Bestandskonten Grundstücke, Maschinen gebucht. Man spricht häufig davon, dass die Eröffnungsbestände vorgetragen werden. Dann werden die Geschäftsvorfälle des Geschäftsjahres gebucht.

3.4 Erfolgswirksame Buchungsvorfälle

Der rote Faden

Was bisher erläutert wurde: Mit Bestandsbuchungen kennen Sie sich nun sehr gut aus, es fehlen aber die erfolgswirksamen Buchungen.
Wie es weitergeht: Im Folgenden beschäftigen wir uns mit erfolgwirksamen Buchungen, also solchen, die das Eigenkapital beeinflussen.

Der Schreiner kauft Rohstoffe ein. Das haben wir schon verbucht. Aber damit ist es ja nicht getan. Nur durch den Einkauf alleine wird sich der Schreiner niemals die Butter auf dem Brot verdienen! Nein, der Schreiner fügt Rohstoffe und Hilfsstoffe unter Zuhilfenahme von Betriebsstoffen zusammen und produziert daraus ganz tolle Sachen, z. B. Tische, Schränke etc. Dadurch entsteht jedoch ein Aufwand, der das Eigenkapital mindert. Ist doch klar, im Extremfall: Wenn der Schreiner Holz einkauft und daraus nichts produziert, sondern das Holz im Lager vergammeln lässt, dann reduziert sich natürlich sein Eigenkapital, weil er das Holz irgendwann wegwerfen und aus der Bilanz „ausbuchen" muss. Dadurch wird dann sein Vermögen geringer und über die Bilanzgleichung auch sein Eigenkapital. Wenn er aber aus dem Holz Tische produziert und dadurch den Aufwand wieder verdient und vielleicht sogar noch „einen Schnaps drauf", also etwas mehr, dann vergrößert er sein Eigenkapital, weil er ja entsprechende Umsatzerlöse bei seinen Kunden erwirtschaftet, die sich auch als „Cash in de Täsch" auf seinem Bankkonto wiederfinden. Schauen wir uns einmal an, wie das buchungstechnisch funktioniert!

Die Geschäftsvorfälle, die wir bisher herangezogen haben, haben immer nur die Bestände an Vermögen oder Schulden verändert, nicht jedoch das Eigenkapital. Das ist jedoch wirklichkeitsfremd, weil es in der Regel Zielsetzung eines Unternehmens ist, Gewinne zur Mehrung des Eigenkapitals zu erzielen und natürlich Verluste zu vermeiden, die das Eigenkapital mindern. Oder zumindest das Eigenkapital zu erhalten.

Betrachten wir zunächst einmal das Eigenkapitalkonto. Das *Eigenkapitalkonto* ist ein Passivkonto, das sich durch Entnahmen und Einlagen und durch Aufwendungen und Erträge verändert. Sowohl für Entnahmen und Einlagen als auch für Aufwendungen und Erträge werden in der Buchführung Unterkonten eingerichtet. Dadurch wird nämlich die Übersichtlichkeit der Buchführung wesentlich erhöht. Ohne eine Trennung der Entnahmen und Einlagen von den Aufwendungen und Erträgen würde keine Übersicht über das echte Betriebsergebnis erreicht.

Auf dem Eigenkapitalkonto (allgemeiner könnte man auch von dem Kapitalkonto sprechen) erscheinen somit im Regelfall unterjährig (d. h. im Laufe des Geschäftsjahres) keine Buchungen. Erst beim Jahresabschluss übernimmt das Kapitalkonto die Salden der Unterkonten.

Jeder Verbrauch stellt einen Werteverzehr und somit einen Aufwand dar, der einen möglichen Gewinn des Unternehmens mindert, bzw. für sich alleine genommen einen Verlust darstellt. Erfolgswirksame Geschäftsvorfälle haben einen Einfluss auf den Gewinn und Verlust des Unternehmens. Sie verändern mit ihrem gesamten Wert das Eigenkapital des Unternehmens. Erfolgswirksam sind z. B. die Umsatzerlöse, Mieterträge, Personalaufwand, Abschreibungen etc.

Erfolgsunwirksame Geschäftsvorfälle haben keinen Einfluss auf den Gewinn oder Verlust des Unternehmens. Sie verändern das Eigenkapital des Unternehmens nicht.

Da die erfolgswirksamen Geschäftsvorfälle das Eigenkapital mindern oder erhöhen, könnten sie theoretisch direkt auf dem Eigenkapitalkonto gebucht werden. Das ist aber nicht zweckmäßig. Deshalb wird ein Unterkonto des Kapitalkontos zur Verbuchung der Aufwendungen und Erträge eingerichtet, nämlich das Gewinn- und Verlustkonto (GuV), das wiederum selber in Unterkonten aufgeteilt wird, auf denen die Aufwendungen und Erträge verbucht werden. Diese Konten werden dann über das GuV-Konto abgeschlossen. Erfolgswirksame Konten sind somit zu behandeln wie das Kapitalkonto: Buchungen im Soll mindern das Kapital, Buchungen im Haben mehren das Kapital. Erfolgswirksame Konten haben keinen Anfangsbestand. Der Saldo wird ermittelt und auf das GuV-Konto gebucht.

Soll GuV	**Haben**
Rohstoffaufwand	Umsatzerlöse
Aufwand für Hilfsstoffe	Verkauf von Waren
Personalaufwand	Mieterträge
Materialaufwand	Zinserträge

Erfolgswirksame Konten und GuV

Abb. 3.14: GuV-Konto

Aufwandskonten werden in der Regel im Soll gebucht, Ertragskonten im Haben. Aufwand wird deshalb im Soll gebucht, weil jeder Aufwand das Eigenkapital mindert. Ertrag wird im Haben gebucht, weil jeder Ertrag das Eigenkapital mehrt. Wenn im Aufwandskonto im Haben oder im Ertragskonto im Soll gebucht wird, handelt es sich gewöhnlich um Korrekturbuchungen (Storno).

Buchungsbeispiele

(1) Die Rechnung einer Honorarkraft wird gebucht:
Personalaufwand an Verbindlichkeiten

(2) Verkauf von Fertigerzeugnissen auf Ziel:
Forderungen an Umsatzerlöse
Hinweis: Verkauf von Fertigerzeugnissen (= Produkte des Unternehmens) und Dienstleistungen wird immer über das Konto „Umsatzerlöse" gebucht, niemals über das Konto „Fertigerzeugnisse". Dieses Konto wird später behandelt.

(3) Mieter zahlt seine Miete bar:
Kasse an Mieterträge
(4) Reisekostenabrechnung eines Mitarbeiters, bar:
Reiseaufwand an Kasse
(5) Abschluss aller erfolgswirksamen Konten:
GuV an Aufwandskonto
Ertragskonto an GuV
(6) Abschluss des GuV-Kontos:
Bei Verlust: Eigenkapital an GuV
Bei Gewinn: GuV an Eigenkapital

Wenn die Erträge in der Summe höher sind als die Aufwendungen, so verzeichnet das Unternehmen einen Gewinn. Im entgegengesetzten Fall einen Verlust. Entsprechendes schlägt sich im GuV-Konto nieder. In der Abbildung 3.15 sind die zwei Varianten skizziert.

Soll	GuV	**Haben**
Aufwendungen (Minderungen des Kapitals)		Erträge (Mehrungen des Kapitals)
		Saldo = Verlust

Soll	GuV	**Haben**
Aufwendungen (Minderungen des Kapitals)		Erträge (Mehrungen des Kapitals)
Saldo = Gewinn		

Abb. 3.15: Verlust und Gewinn in der GuV

Das Bild von der Eröffnungsbilanz zur Schlussbilanz wird nun etwas umfangreicher.

- Die Aufwands- und Ertragskonten werden bebucht und auf das GuV-Konto abgeschlossen.
- Das GuV-Konto wird über das Kapitalkonto abgeschlossen.
- Das Privatkonto wird über das Kapitalkonto abgeschlossen.
- Das Kapitalkonto wird saldiert und über das Schlussbilanzkonto abgeschlossen.
- Die anderen Bestandskonten werden saldiert und über das Schlussbilanzkonto abgeschlossen.

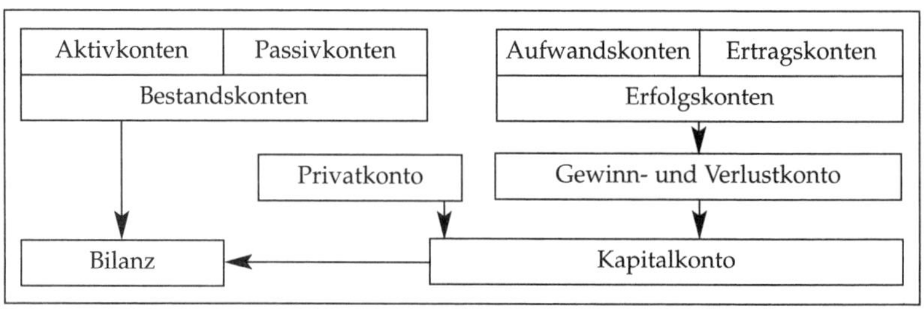

Abb. 3.16: Der Weg zur Bilanz

Von der Eröffnungs- zur Schlussbilanz – Lernposter 2 (siehe auch Abschnitt 2.2)

B

Lernposter 2: Von der Eröffnungs- zur Schlussbilanz

Aktiva	Eröffnungsbilanz		**Passiva**
Grundstücke	179.000,00 €	Eigenkapital	329.000,00 €
Gebäude	150.000,00 €	Darlehen	70.000,00 €
Maschinen	49.000,00 €	Verbindlichkeiten	45.000,00 €
Fuhrpark	30.000,00 €		
Rohstoffe	31.000,00 €		
Kasse	3.000,00 €		
Bank	2.000,00 €		
	444.000,00 €		444.000,00 €

Soll	Eröffnungsbilanzkonto		**Haben**
Eigenkapital	329.000,00 €	Grundstücke	179.000,00 €
Darlehen	70.000,00 €	Gebäude	150.000,00 €
Verbindlichkeiten	45.000,00 €	Maschinen	49.000,00 €
		Fuhrpark	30.000,00 €
		Rohstoffe	31.000,00 €
		Kasse	3.000,00 €
		Bank	2.000,00 €
	444.000,00 €		444.000,00 €

Soll	Hilfsstoffebestand		**Haben**
EBK	– €	Hilfsstoffeaufwand	200,00 €
Verbindlichkeiten	1.000,00 €	SBK	800,00 €
	1.000,00 €		1.000,00 €

Soll	Verbindlichkeiten		**Haben**
Bank	1.000,00 €	EBK	45.000,00 €
SBK	45.000,00 €	Hilfsstoffebestand	1.000,00 €
	46.000,00 €		46.000,00 €

Soll	Bank		**Haben**
EBK	2.000,00 €	Verbindlichkeiten	1.000,00 €
		Aufwand Strom	800,00 €
		SBK	200,00 €
	2.000,00 €		2.000,00 €

Soll	Kasse		**Haben**
EBK	3.000,00 €	Maschinen	2.000,00 €
Umsatzerlöse	4.000,00 €	SBK	5.000,00 €
	7.000,00 €		7.000,00 €

Soll		Maschinen	Haben
EBK	49.000,00 €	SBK	51.000,00 €
Kasse	2.000,00 €		
	51.000,00 €		51.000,00 €

Soll		Aufwand Strom/Wasser	Haben
Bank	800,00 €	GUV	800,00 €
	800,00 €		800,00 €

Soll		Rohstoffaufwand	Haben
Rohstoffbestand	2.000,00 €	GuV	2.000,00 €
	2.000,00 €		2.000,00 €

Soll		Rohstoffbestand	Haben
AB	31.000,00 €	Rohstoffaufwand	2.000,00 €
		SBK	29.000,00 €
	31.000,00 €		31.000,00 €

Soll		Hilfsstoffeaufwand	Haben
Hilfsstoffebestand	200,00 €	GuV	200,00 €
	200,00 €		200,00 €

Soll		Umsatzerlöse	Haben
GuV	4.000,00 €	Kasse	4.000,00 €
	4.000,00 €		4.000,00 €

Soll		GuV	Haben
Aufwand Strom	800,00 €	Umsatzerlöse	4.000,00 €
Rohstoffaufwand	2.000,00 €		
Hilfsstoffeaufwand	200,00 €		
EK	1.000,00 €		
	4.000,00 €		4.000,00 €

Soll		EK	Haben
SBK	330.000,00 €	EBK	329.000,00 €
		GuV	1.000,00 €
	330.000,00 €		330.000,00 €

Soll	Schlussbilanzkonto		Haben
Grundstücke	179.000,00 €	Eigenkapital	330.000,00 €
Gebäude	150.000,00 €	Darlehen	70.000,00 €
Maschinen	51.000,00 €	Verbindlichkeiten	45.000,00 €
Fuhrpark	30.000,00 €		
Rohstoffe	29.000,00 €		
Hilfsstoffe	800,00 €		
Kasse	5.000,00 €		
Bank	200,00 €		
	445.000,00 €		445.000,00 €

Aktiva	Schlussbilanz		Passiva
Grundstücke	179.000,00 €	Eigenkapital	330.000,00 €
Gebäude	150.000,00 €	Darlehen	70.000,00 €
Maschinen	51.000,00 €	Verbindlichkeiten	45.000,00 €
Fuhrpark	30.000,00 €		
Rohstoffe	29.000,00 €		
Hilfsstoffe	800,00 €		
Kasse	5.000,00 €		
Bank	200,00 €		
	445.000,00 €		445.000,00 €

Buchungsfahrplan

Daraus ergibt sich folgender Buchungsfahrplan:

1. Aufstellen der Eröffnungsbilanz
2. Vortragen der Anfangsbestände auf den Aktiv- und Passivkonten
3. Buchen der Geschäftsvorfälle
4. Ermittlung der Schlussbestände und Abstimmung mit den Inventurwerten
5. Abschluss der Aufwands- und Ertragskonten über die GuV
6. Abschluss der GuV und ggf. des Privatkontos über das Eigenkapital
7. Aufstellen der Schlussbilanz

Nachfolgend werden wichtige spezielle Aspekte des Rechnungswesens behandelt.

3.5 Spezielle Aspekte

Der rote Faden

Was bisher erläutert wurde: Die Grundlagen des Jahresabschlusses und der Technik der Buchführung sind nun erläutert.
Wie es weitergeht: Jetzt geht es beispielhaft um spezielle Geschäftsvorfälle und deren Verbuchung.

3.5.1 Erbringung von Dienstleistungen und Verkauf

Der rote Faden

Was bisher erläutert wurde: Erläutert wurden bisher überwiegend Veränderungen im Vermögen.
Wie es weitergeht: Jetzt werden die Leistungserbringung und der Verkauf berücksichtigt.

Erbringung von Leistungen

Im Rahmen der Erbringung von Dienstleistungen und der Herstellung von Produkten werden Materialien verbraucht, in der Schreinerei sind das z. B. Holz, Schrauben und Leim. Bei Verbrauchsmaterialien unterscheidet man Roh-, Hilfs- und Betriebsstoffe.

- Rohstoffe werden als Hauptbestandteile in die Produkte eingearbeitet, z. B. Holz.
- Hilfsstoffe gehen auch in die Produkte ein, sind aber von mengen- und/oder wertmäßig untergeordneter Bedeutung (z. B. Schrauben).
- Betriebsstoffe werden im Rahmen der Produktion verbraucht, z. B. Wasser, Schmiermittel.

Im Krankenhaus werden Einmalhandschuhe, Einmalspritzen, Unterlagen (für das Patientenbett) verbraucht, in der Einrichtungsküche Nahrungsmittel, in dem städtischen Betrieb etwa Streusalz, im Theaterbetrieb Holzlatten zum Bau von Bühnenelementen.

Einsatzstoffe

Jedes Unternehmen setzt Rohstoffe/Materialien ein, deren Bestand auf einem Bestandskonto (z. B. Rohstoffbestand) und deren wertmäßiger Verzehr auf einem erfolgswirksamen Konto (z. B. Rohstoffaufwand) als Aufwand zu buchen sind. Viele Unternehmen setzen hierfür extra ein Lagerwirtschaftsprogramm ein. Manche Unternehmen lassen sich die Rohstoffe auch Just-in-time, also für die Produktion absolut zeitgerecht liefern und verbrauchen diese sofort. Just-in-time bedeutet, dass sie jeden Tag so viele Rohstoffe geliefert bekommen, wie sie für die Produktion benötigen.

In einer Großküche wird der Materialverbrauch per Materialentnahmeschein gebucht, d. h., wenn der Koch einen Sack Mehl benötigt, füllt er einen Materialentnahmeschein aus. Aufgrund des Materialentnahmescheins erhält er von einem Lagerarbeiter die entsprechende Menge Mehl. Der Materialentnahmeschein wird dann um den Wert (Einkaufspreis) des Mehls ergänzt und zur Buchhaltung weitergegeben. Dort wird die Materialentnahme dann als Aufwand verbucht.

Inventurmethode

Häufig wird zur Ermittlung des Aufwands stattdessen die Inventurmethode angewendet. Das Vorgehen ist wie folgt: Anfangsbestand und Zugänge werden je nach Anfall unterjährig (also im Laufe des Geschäftsjahres) gebucht. Bei einer Inventur wird der Endbestand der Materialien ermittelt. Der Verbrauch ergibt sich aus der Berechnung:

  Anfangsbestand
\+ Zugänge
– Endbestand
= Verbrauch

Buchung

Folgende Buchungssätze sind relevant:

- Eröffnungsbuchung am Anfang des Geschäftsjahres: Materialbestand an EBK
- Zugang (Zieleinkauf): Materialbestand an Verbindlichkeiten
- Endbestand: SBK an Materialbestand
- Verbrauch: Materialaufwand an Materialbestand.

B

Die Schreinerei mit Holz, die Küche mit Mehl etc.:
Anfangsbestand 01. 01. 2008 500,– €. Zugang 01. 03. 2008 700,– €.
Zugang 05. 09. 2008 800,– €. Endbestand 31. 12. 2008 300,– €.
Materialbestand an EBK 500,– €.

Materialbestand an Verbindlichkeiten 700,– €.
Materialbestand an Verbindlichkeiten 800,– €.
SBK an Materialbestand 300,– €.
Materialaufwand an Materialbestand 1.700,– €.
Das Materialaufwandskonto wird mit dem Buchungssatz GuV an Materialaufwand über die GuV abgeschlossen.

Just-in-time

Bei anderen Unternehmen wird jede Warenlieferung sofort – Just-in-time – als „verbraucht" in den Aufwand gebucht. Diese halten meistens eine kleine „Eiserne Reserve" als Notbestand, wenn einmal die Just-in-time-Lieferung ausbleibt.

Buchung: Folgender Buchungssatz ist relevant:
Materialaufwand an Verbindlichkeiten

B

Der oben angegebene Materialzugang über 700,– € wird Just-in-time angeliefert und sofort verbraucht. Zieleinkauf.

Materialaufwand an Verbindlichkeiten 700,– €.

Retrograde Methode

Es ist aber auch denkbar, den Verbrauch aufgrund von Stücklisten zu ermitteln. Dabei geht man von den produzierten Erzeugnissen und erbrachten Dienstleistungen aus und ermittelt, welche und wie viele Materialien verbraucht wurden z. B. bei einer bestimmten Operation im Krankenhaus. Buchhalterisch wird gebucht wie bei der Materialentnahme mit Materialentnahmeschein. Der Unterschied liegt lediglich darin, wie die Information bezüglich der Materialentnahme gewonnen wird. Bei der Stücklistenmethode steht sie einfach gemäß der Stückliste fest.

Bewertung der Methoden

Die *Vor- und Nachteile* lassen sich wie folgt festhalten:

1. Ermittlung des Verbrauchs durch Materialentnahmeschein
   Vorteile: Es sind mehr und detailliertere Informationen für das Controlling etc. verfügbar, Kontrollmöglichkeit bzgl. Plan- und Ist-Bestand.
   Nachteile: Arbeitsaufwand Lagerwirtschaft
2. Ermittlung des Verbrauchs durch Inventurmethode
   Vorteile: weniger arbeitsaufwendig
   Nachteile: weniger Informationen
3. Ermittlung des Verbrauchs durch Stückliste
   Vorteile: weniger arbeitsaufwendig für Lagerwirtschaft
   Nachteile: Die Methode ist nur bei Produktionsprozessen im Bereich Mehrfachfertigung und bei konstanter Materialzusammensetzung sinnvoll.
   Zur Orientierung: Der Werteverzehr von abnutzbaren Vermögensgegenständen des Anlagevermögens wird per Abschreibung berücksichtigt. Aber dazu kommen wir später noch.
   Weiterhin ist hier die Umsatzsteuer aus didaktischen Gründen noch nicht berücksichtigt. Die Behandlung dieses Themas erfolgt im nächsten Kapitel.

Ü

Nachfolgende gemischte Geschäftsvorfälle zur Übung. Zum Kontenplan vgl. 8.1.

1. Der Schreiner verbraucht für die Produktion von Tischen Holz im Wert von 25.000,– €. Bitte beachten Sie: Nach einem Regierungswechsel wurde die Mehrwertsteuer abgeschafft.

Konto	Betrag	an	Konto	Betrag
6000 Rohstoffaufwendungen	25.000,– €	an	2000 Rohstoffe	25.000,– €

2. Ein Mitarbeiter bekommt Lohn 2.500,– €.

Konto	Betrag	an	Konto	Betrag
6200 Löhne	2.500,– €	an	2800 Bank	2.500,– €

3. Der Sachbearbeiter im Pflegeheim bezahlt eine Lieferantenrechnung über insgesamt 35.800,– € per Banküberweisung.

Konto	Betrag	an	Konto	Betrag
4400 Verbindlichk.	35.800,– €	an	2800 Bank	35.800,– €

4. Der Maschinenwartungsdienst hat die Sägemaschine kontrolliert und ein Verschleißteil ausgetauscht. Der Schreiner erhält die Rechnung, die er per Bank ausgleicht, 730,– €.

Konto	Betrag	an	Konto	Betrag
6160 Fremdinstandhaltung	730,– €	an	2800 Bank	730,– €

5. Lastschrift der Bank für die Feuerversicherungsprämie 30,– €.

Konto	Betrag	an	Konto	Betrag
6900 Versicherungsbeiträge	30,– €	an	2800 Bank	30,– €

6. Der Schreiner verkauft 2 Tische (je 105,– €) und 8 Stühle für je 60,– € auf Ziel.

Konto	Betrag	an	Konto	Betrag
2400 Forderungen	690,– €	an	5000 Umsatzerlöse	690,– €

7. Der Schreiner bekommt eine Zinsgutschrift von 255,– € auf sein Bankkonto.

Konto	Betrag	an	Konto	Betrag
2800 Bank	255,– €	an	5710 Zinserträge	255,– €

8. Der Chef kauft seiner Sekretärin per Bankscheck einen neuen Computerschreibtisch für 780,– €.

Konto	Betrag	an	Konto	Betrag
0860 BGA	780,– €	an	2800 Bank	780,– €

9. Der Leiter der Einrichtung tilgt einen Teil des Darlehens per Bank in Höhe von 14.750,– €.

Konto	Betrag	an	Konto	Betrag
4250 Darlehen	14.750,– €	an	2800 Bank	14.750,– €

10. Der Schreiner erhält aus der Vermietung zweier Wohnungen 3.560,– €.

Konto	Betrag	an	Konto	Betrag
2800 Bank	3.560,– €	an	5400 Mieten	3.560,– €

11. Ein Teil der Hilfsstoffe in Höhe von 50,– € wird für die Produktion von 12 Tischen benötigt.

Konto	Betrag	an	Konto	Betrag
6020 Hilfsstoff-aufwendungen	50,– €	an	2020 Hilfsstoffe	50,– €

Erstellen Sie Lernkarten zu folgenden Begriffen: Betriebsstoffe – Hilfsstoffe – Inventurmethode – Just-in-time-Methode – Materialentnahmeschein-Methode – Materialverbrauch (Methoden) – Rohstoffaufwand – Rohstoffbestand – Rohstoffe – Stücklistenmethode **M**

Erkundigen Sie sich in der betrieblichen Praxis nach der Verbuchung entsprechender Geschäftsvorfälle. **M**

3.5.2 Mehrwertsteuer nach dem Umsatzsteuergesetz

Der rote Faden

Was bisher erläutert wurde: Die oben dargestellten kaufmännischen Vorgänge waren bis zum jetzigen Zeitpunkt, zumindest aus der Sicht eines Konsumenten, einfach herrlich. Es gab keine Mehrwertsteuer.
Wie es weitergeht: Jetzt wird die Mehrwertsteuer nach dem Umsatzsteuergesetz berücksichtigt.

Umsatzsteuer/ Vorsteuer

Auf alle Produkte und Leistungen wird im erwerbswirtschaftlichen Bereich Mehrwertsteuer erhoben. Beim Einkauf heißt die Mehrwertsteuer Vorsteuer, beim Verkauf ist die Mehrwertsteuer die Umsatzsteuer. Der Rechnungsbetrag ohne Mehrwertsteuer ist der Nettobetrag, der Rechnungsbetrag mit Mehrwertsteuer ist der Bruttobetrag.

Der Mehrwertsteuersatz beträgt derzeit 19 %. Einige Umsätze sind nach § 4 UStG von der Umsatzsteuer befreit (z. B. Umsätze aus ärztlicher Tätigkeit). Bei anderen gilt ein ermäßigter Steuersatz von 7 % (z. B. Bücher).

Viele Umsätze im Nonprofit-Bereich sind insbesondere nach § 4 UStG umsatzsteuerbefreit. Insofern gibt es Besonderheiten bezüglich Vorsteuer und Umsatzsteuer zu beachten. Eine Umsatzsteuer wird nicht fällig und eine Vorsteuer darf nicht abgezogen werden.

Häufig ist es so, das bestimmte Bereiche (häufig kleineren Umfangs) dennoch dem Umsatzsteuergesetz unterliegen, insbesondere die „Wirtschaftlichen Geschäftsbetriebe", z. B. Kaffeeautomaten in Krankenhäusern. Hier wollen wir beiden Aspekten, also sowohl der Verbuchung mit Umsatzsteuer als auch der Verbuchung ohne Umsatzsteuer Rechnung tragen.

In der Kostenrechnung spielt die Umsatzsteuer keine Rolle, da sie in der Buchhaltung einen durchlaufenden Posten darstellt.

Die Mehrwertsteuer besteuert grundsätzlich den Wert, der von den Unternehmen, die an der Produktion und Distribution eines Gutes oder einer Leistung beteiligt sind, geschaffen wird. Es wird unterstellt, dass dieser Mehrwert, am Preis gemessen werden kann. Der Mehrwert ist also die Differenz zwischen dem Verkaufspreis und dem Einkaufspreis. Relevant ist dabei der Preis, der von dem Käufer nach der letzten Produktionsstufe, also dem Endverbraucher, gezahlt wird. Die Mehrwertsteuer wird vom Endverbraucher alleine bezahlt.

Das ist erhebungstechnisch insbesondere mit dem in Deutschland praktizierten System sehr gut zu gewährleisten. Ein Beispiel soll dies verdeutlichen.

B Nehmen wir doch einfach eine Serie von Tischen, die der Schreiner für eine kleine Möbelkette produziert. Greifen wir einen Tisch heraus, eine Spezialanfertigung.

Der Schreiner kauft für die Produktion des Tisches Holz in einer speziellen Holzhandlung. Diese Holzhandlung wird von einem Sägewerk beliefert, das Holz aus eigenen Baumbeständen produziert. Die Tannen kommen also direkt aus dem Wald und werden im Sägewerk zu Brettern verarbeitet. Nehmen wir einmal an, das Holz habe einen Nettowert (Wert ohne Umsatzsteuer) von 200,– €. Das Sägewerk verkauft das zu Brettern geschnittene Holz an eine Holzgroßhandlung. Dabei wird der Nettowert des Holzes in Rechnung gestellt (200,– €) und der Großhandel als Kunde des Sägewerks zusätzlich mit einer Mehrwertsteuer in Höhe von 19 % belastet, also 38,– €. Die Mehrwertsteuer in Höhe von 38,– € wird von dem Großhändler an das Finanzamt als Umsatzsteuer abgeführt.

Im zweiten Schritt verkauft die Holzgroßhandlung die Bretter an den Schreiner. Für die Leistungen wie Transport, Lagerung etc. berechnet die Holzgroßhandlung 100,– € zzgl. zum Verkaufspreis. Der Schreiner erhält also eine Rechnung über 300,– € (netto) und zahlt zusätzlich 19 % Mehrwertsteuer, also insgesamt 357,– €.

Die Holzgroßhandlung führt jedoch nicht die 57,– € Mehrwertsteuer an das Finanzamt als Umsatzsteuer ab. Sondern die Holzgroßhandlung darf die 38,– € als Vorsteuer abziehen. Das bedeutet, die Vorsteuer wird dem Unternehmen vom Finanzamt erstattet.

Der Schreiner produziert nun den Tisch und verkauft ihn für 500,– € netto. Ein ganz besonderer Tisch, für den noch 19 % Mehrwertsteuer, also 95,– € als Umsatzsteuer fällig werden. Der Schreiner führt an das Finanzamt 95,– € vermindert um 57,– € Vorsteuer, also 38,– € ab. Die 95,– € zahlt der Endverbraucher.

Produktionsstufe	Einkaufspreis (netto)	Verkaufspreis (netto)	Mehrwert	Vorsteuer	Umsatzsteuer	an Finanzamt
Sägewerk		200,–	200,–		38,–	38,–
Holzgroßhandel	200,–	300,–	100,–	38,–	57,–	19,–
Schreiner	300,–	500,–	200,–	57,–	95,–	38,–
Endverbraucher	500,–			Zahlt MWSt = 95,–		

Abb. 3.17: Mehrwertsteuer (in Euro)

Verbuchung Buchhalterisch wird die Mehrwertsteuer wie folgt behandelt. In der Buchhaltung wird ein Bestandskonto für die Vorsteuer und ein Bestandskonto für die Umsatzsteuer eingerichtet. Das Bestandskonto für die Vorsteuer finden Sie auf der Aktivseite der Bilanz, es stellt eine Forderung gegenüber dem Finanzamt dar. Das Bestandskonto für die Umsatzsteuer finden Sie auf der Passivseite der Bilanz, es stellt eine Verbindlichkeit gegenüber dem Finanzamt dar.

Bei allen Verkäufen und Einkäufen wird die Vorsteuer bzw. Umsatzsteuer gebucht.

D

Die **Vorsteuer** ist die Mehrwertsteuer beim Einkauf.
Die **Umsatzsteuer** ist die Mehrwertsteuer beim Verkauf.

Eigenverbrauch

Aber auch beim Eigenverbrauch wird Mehrwertsteuer fällig.

Folgendes ist zu beachten: Aus dem Bruttobetrag einer Rechnung wird der Anteil „Umsatzsteuer" wie folgt herausgerechnet:

brutto/netto

Nettobetrag = Bruttobetrag · 100/119 (/ meint: geteilt durch)
Steueranteil = Bruttobetrag · 19/119

Zahllast

Wenn in einem Umsatzsteuervoranmeldezeitraum mehr Vorsteuer gezahlt wird als Umsatzsteuer vereinnahmt wurde, dann spricht man von einem Vorsteuerüberhang. Dieser bleibt entweder auf dem Konto stehen und wird mit dem nächsten Zeitraum verrechnet oder er wird von den Finanzbehörden überwiesen.

Steuerbefreiung

In vielen Nonprofit-Bereichen liegen Steuerbefreiungen vor. Dabei ist die Unterscheidung der Sphären von gemeinnütziger Organisation in die ideelle Sphäre, den Zweckbetrieb und den wirtschaftlichen Geschäftsbetrieb von Bedeutung.

„Im Bereich der *Krankenhäuser* und *Pflegeeinrichtungen* sind insbesondere die Leistungen der folgenden Zweckbetriebe befreit:

- Krankenhäuser mit üblichen Leistungen (Die Unterbringung von Kranken muss notwendig, üblich oder zweckmäßig sein, mit den Kranken gewidmeter individuellen ärztlichen Tätigkeit, Akut-Krankenhäuser, Kurkliniken u. a.);
  Übliche Umsätze sind u. a.:
  - Aufnahme, Betreuung, Behandlung, Versorgung von Patienten,
  - Beherbergung und Verpflegung des Personals,
  - Lieferung von Getränken, zusätzlichen Lebensmitteln, Zeitschriften an Patienten, in geringem Umfang an Nichtpatienten,
  - Überlassung von Einrichtungen und Personal an Ärzte des Krankenhauses.

  Nicht übliche Umsätze – damit nicht steuerfrei, aber mit ermäßigtem Steuersatz und anteiligem Vorsteuerabzug versehen – sind u. a.:
  - Lieferung von Körperersatzstücken durch die orthopädische Werkstatt des Krankenhauses ohne Zusammenhang mit einer Heilbehandlung,
  - Verpflegung von Gästen und Besuchern,
  - Lieferung von Arzneimitteln an Besucher oder andere Apotheken, aber *üblich* (steuerfrei) an Personal,
  - Vermietung/Lieferung von Wirtschaftsgütern an andere Anstalten.
- Diagnosekliniken u. Ä. unter ärztlicher Aufsicht, wenn mindestens 40 % der Leistungen im Vorjahr an Sozialhilfeempfänger, Sozialversicherte u. a. gingen,
- Alten-, Altenwohn-, Pflegeheimzweckbetriebe, bzw. ambulante Pflegezweckbetriebe oder Zweckbetriebe zur vorübergehenden Pflege, wenn mindestens 40 % der Leistungen im Vorjahr an minderbemittelte Personen gingen,
- Lieferungen (und Eigenverbrauch) von Anlagegütern (Hilfsgeschäfte), die ausschließlich (mehr als 90 %) steuerfrei im Unternehmen genutzt wurden." (Koch 2004, S. 103 f.)

M

Erstellen Sie Lernkarten zu folgenden Begriffen: Bruttobetrag – Eigenverbrauch, ermäßigter Steuersatz – Mehrwert – Mehrwertsteuer – Mehrwertsteuer beim Einkauf – Mehrwertsteuer beim Verkauf – Nettobetrag – Steueranteil – Steuersatz – Umsatzsteuer – Umsatzsteuerbefreiung – Umsatzsteuervoranmeldezeitraum – Vorsteuer

M

Erkundigen Sie sich in der betrieblichen Praxis nach der Verbuchung entsprechender Geschäftsvorfälle.

3.5.3 Anlage- und Umlaufvermögen

Der rote Faden

Was bisher erläutert wurde: Ja, eine Mehrwertsteuer ist nun leider eingeführt worden.
Wie es weitergeht: Das entspricht der Realität, also erwirtschaften wir fleißig Vermögen.

Schwebende Geschäfte

Beim Anlage- und Umlaufvermögen ist die Besonderheit der schwebenden Geschäfte zu beachten.

D

> **Schwebende Geschäfte** sind Geschäfte, die noch von keiner Seite – etwa durch Warenlieferung oder durch Bezahlung der Forderung – erfüllt sind. Schwebende Geschäfte dürfen nicht gebucht werden.

B

Der Schreiner hat wieder mehr Glück als Verstand gehabt. Er kann in der Nachbarstadt eine gebrauchte Säge kaufen. Der Preis für die Säge beträgt 1.000,– €. Weiterhin fallen Frachtkosten in Höhe von 130,– € an. Für den Abbau und den Aufbau der Säge berechnet ein beauftragter Maschinenbauer 250,– €. Alle Preise sind Nettopreise. Die Maschine soll in drei Wochen geliefert werden. Der Kaufpreis ist erst nach Lieferung fällig. Der Schreiner würde die Maschine gerne schon auf das Konto Anlagevermögen buchen, kann davon aber gerade noch abgehalten werden.

Schwebende Geschäfte, die von keiner Seite, also in unserem Fall weder durch Lieferung der Säge noch durch Zahlung des Kaufpreises erfüllt sind, dürfen von der Buchhaltung erst eingebucht werden, wenn das Geschäft von mindestens einer Seite erfüllt ist.

Rabatte

Rabatte wie Mengenrabatte, Sonderrabatte, Rabatte an Wiederverkäufer etc. werden in der Buchhaltung nicht erfasst. Gebucht wird nur der Rechnungsbetrag, der sich z. B. wie folgt errechnet:

Listenpreis
– Rabatt
= Nettobetrag
+ Umsatzsteuer
= Rechnungsbetrag

D

> Die **Anschaffungskosten** sind – nach § 255 Abs. 1 HGB – wie folgt zu bestimmen:
> Anschaffungspreis in Euro (Rechnungsbetrag ohne USt. bei umsatzsteuerpflichtigen Bereichen und mit USt. bei umsatzsteuerbefreiten Bereichen – dies gilt auch für die nachfolgenden Positionen)
> + Anschaffungsnebenkosten (Transport, Versicherung, Zölle, Steuern (z. B. Grunderwerbssteuer), Montage, Umbau, Notar- und Grundbuchkosten, Provisionen)

+	Nachträgliche Anschaffungskosten (Erweiterungskosten etc.)
–	Anschaffungspreisminderungen (Skonti, Rabatte, Boni, Rückvergütungen)
=	Anschaffungskosten

Die Säge wird geliefert. Der Schreiner verbucht die oben angegebenen Anschaffungskosten im umsatzsteuerpflichtigen Bereich. B

Anschaffungspreis	1.000,00 €
Frachtkosten	130,00 €
Ab- und Aufbau	250,00 €
Anschaffungskosten (netto)	1.380,00 €
Mehrwertsteuer	262,20 €

Verbuchung:
Maschine 1.380,00 €
Vorsteuer 262,20 € an Verbindlichkeiten 1.642,20 €

Nicht zu aktivieren sind: Innerbetriebliche Lagerkosten, Innerbetriebliche Transportkosten, Innerbetriebliche Verwaltungskosten und Anlaufkosten (Probeläufe von Anlagen).

Folgende wichtige Unterscheidung ist zu beachten:

- Die umsatzsteuerlich nicht abzugsfähige Vorsteuer gehört zu den Anschaffungs- und Herstellungskosten (§ 9b Abs. 1 Satz 1 EStR).
- Die umsatzsteuerlich abzugsfähige Vorsteuer gehört hingegen nicht dazu (§ 9b Abs. 1 EStG).

Im umsatzsteuerbefreiten Bereich ist auch die Mehrwertsteuer zu aktivieren:

19 % · 1.380,00 € = 262,20 € B
Verbuchung:
Maschine an Verbindlichkeiten 1.642,20 €

Erstellen Sie Lernkarten zu folgenden Begriffen: Aktivierungsverbote – Anschaffungskosten – Anschaffungsnebenkosten – Anschaffungspreis – Anschaffungspreisminderungen – Boni – Listenpreis – Mengenrabatte – Nachträgliche Anschaffungskosten – Rabatte – Rabatte an Wiederverkäufer – Rechnungsbetrag – Rückvergütungen – Schwebenden Geschäfte – Skonti – Sonderrabatte – Umsatzsteuerlich abzugsfähige Vorsteuer – Umsatzsteuerlich nicht abzugsfähige Vorsteuer M

Erkundigen Sie sich in der betrieblichen Praxis nach der Verbuchung entsprechender Geschäftsvorfälle. M

3.5.4 Abschreibung

Der rote Faden

Was bisher erläutert wurde: Den Zugang von Anlage- und Umlaufvermögen können Sie jetzt buchen. Aber wie steht es mit dem Werteverzehr? Nun, den Werteverzehr von Umlaufvermögen (Verbrauch, Aufwand) haben Sie auch im Griff. Jetzt geht es also nur noch um den Werteverzehr von Anlagevermögen, also um die Abschreibung.
Wie es weitergeht: Nachfolgend wird die Verbuchung der Abschreibung erläutert.

Abschreibungsplan

Die Abschreibung ist in einem Abschreibungsplan festzulegen. Grundsätzlich ist der Abschreibungsplan formal nichts anderes als eine Tabelle, in der

Anschaffungsjahr und Anschaffungspreis, die Jahre der Nutzung mit der geplanten Abschreibung (Abschreibungsbetrag, Abschreibungssatz) und ein entsprechend geplanter Restbuchwert aufgeschrieben werden.

Der *Abschreibungsbetrag* ist die auf ein Geschäftsjahr (Wirtschaftsjahr) entfallende Abschreibung.

Der *Abschreibungssatz* gibt das Verhältnis des Abschreibungsbetrages zu den Anschaffungs- oder Herstellungskosten an.

Zur Berechnung des Abschreibungsbetrages gibt es verschiedene Methoden. Die wichtigsten Abschreibungsmethoden sind die lineare Abschreibung, die geometrisch-degressive Abschreibung und die Abschreibung nach Maßgabe der Leistung. Im Folgenden werden die unterschiedlichen Methoden erläutert und dabei jeweils gleich ein Abschreibungssatz als Beispiel genannt.

Die lineare Abschreibung

Lineare Abschreibung

Bei der *linearen Abschreibung* werden stets gleich bleibende Abschreibungsbeträge verrechnet. Die Anschaffungskosten (ggf. abzüglich eines Restbuchwertes), werden also über die Nutzungsdauer in gleichen Raten verteilt.

Abschreibungssatz = Abschreibungsbetrag · 100 / Anschaffungs- oder Herstellungskosten

Oder vereinfacht:

Abschreibungssatz = 100 % / Nutzungsdauer in Jahren
Abschreibungsbetrag = Anschaffungs- oder Herstellungskosten / betriebsgewöhnliche Nutzungsdauer

B

Nehmen wir zuerst einmal die Abschreibung auf den kleinen Lieferwagen des Schreiners. Der Schreiner hat den Lieferwagen im Januar letzten Jahres für 6.000,– € gebraucht gekauft. Zu diesem Zeitpunkt hatte der Lieferwagen eine Restnutzungsdauer von 5 Jahren. Der Anschaffungspreis ist also planmäßig über die folgenden 5 Jahre zu verteilen. Die Abschreibung beträgt 1.200,– € pro Jahr (im Fachjargon sagt man häufig auch per anno): 6.000,– € / 5 Jahre = 1.200,– € pro Jahr. Der Abschreibungssatz beträgt in diesem Fall = 100 % / 5 Jahre = 20 % pro Jahr.

Jahr	Abschreibung (€)	(Rest-)Buchwert (€)
1	1.200	4.800
2	1.200	3.600
3	1.200	2.400
4	1.200	1.200
5	1.200	–

Die geometrisch-degressive Abschreibung (Wahlrecht)

Geometrisch-degressive Abschreibung

Für bewegliche Wirtschaftsgüter des Anlagevermögens kann eine Abschreibung auch in fallenden Jahresbeträgen (geometrisch-degressiv) vorgenommen werden. Im Gesetz steht darum: „Bei beweglichen Wirtschaftsgütern des Anlagevermögens kann der Steuerpflichtige statt der Absetzung für Abnutzung in gleichen Jahresbeträgen die Absetzung für Abnutzung in fallenden Jahresbeträgen bemessen. Die Absetzung für Abnutzung in fallenden Jahresbeträgen kann nach einem unveränderlichen Hundertsatz vom jeweiligen Buchwert (Restwert) vorgenommen werden; der dabei anzuwendende Hundertsatz darf höchstens das Zweifache des bei der Absetzung für Abnutzung in gleichen Jahresbeträgen in Betracht kommenden Hundertsatzes betragen und 20 % nicht übersteigen. § 7a Abs. 8 EStG gilt entsprechend. Bei Wirtschaftsgütern, bei denen die Absetzung für Abnutzung in fallenden Jahresbeträgen bemessen wird, sind Absetzungen für außergewöhnliche technische oder wirtschaftliche Abnutzung nicht zulässig." (§ 7 Abs. 2 Satz 1 EStG). Bei der degressiven Abschreibung wird mit einem festen Prozentsatz vom jeweiligen Buchwert abgeschrieben. Da der Buchwert von Jahr zu Jahr abnimmt, nimmt entsprechend auch der Abschreibungsbetrag von Jahr zu Jahr ab.

Abschreibungssatz = 100 % / Nutzungsdauer · 2 , höchstens aber 20 %
Abschreibungsbetrag = Aktueller Buchwert · Abschreibungssatz

Anwendungsbereich *Steuerbilanz:* nur bewegliche abnutzbare Anlagegüter, also keine immateriellen (z. B. Geschäfts- oder Firmenwert) und unbewegliche Wirtschaftsgüter des Anlagevermögens, die nicht Gebäude oder selbstständige Gebäudeteile sind.

B

Ein altes Auto ist abzuschreiben. Die Anschaffungskosten von 1.800,– € können auf die Nutzungsdauer von 4 Jahren verteilt werden. Wir haben uns entschieden, das Auto degressiv abzuschreiben. Die Abschreibung ist dann mit 360,– € anzusetzen.

Hinweis: Linear wären 450,– € pro Jahr anzusetzen. Zweifach linear ergeben 900,– €. Erlaubt sind aber nur 20 % von 1.800,– €, also 360,– €. Hier wäre die lineare Abschreibung vorteilhafter."

Abschreibung nach Maßgabe der Leistung

Abschreibung nach Maßgabe der Leistung

Eine dritte Abschreibungsmethode ist die *Abschreibung nach Maßgabe der Leistung*: „Bei beweglichen Wirtschaftsgütern des Anlagevermögens, bei denen es wirtschaftlich begründet ist, die Absetzung für Abnutzung nach Maßgabe der Leistung des Wirtschaftsguts vorzunehmen, kann der Steuerpflichtige dieses Verfahren statt der Absetzung für Abnutzung in gleichen Jahresbeträgen anwenden, wenn er den auf das einzelne Jahr entfallenden Umfang der Leistung nachweist. Absetzungen für außergewöhnliche technische oder wirtschaftliche Abnutzung sind zulässig."

Geringwertige Anlagegüter

Geringwertige Anlagegüter, also solche Anlagegüter mit Anschaffungskosten bis 410,– € (netto), können entweder über die Nutzungsdauer abgeschrieben werden, oder alternativ voll im Jahr der Anschaffung. Geringwertige Wirtschaftsgüter (GWG) müssen selbstständig nutzbar, bewertbar und abnutzbar sein. Buchhalterisch werden die GWGs bei Anschaffung zunächst auf dem Konto „0890 Geringwertige Wirtschaftsgüter" gebucht und dann am Ende des Geschäftsjahres umgebucht.

Geringwertige Wirtschaftsgüter (GWG) mit Anschaffungskosten bis 60,– € (netto) können im Zeitpunkt des Erwerbs sofort als Aufwand verbucht werden.

Und noch etwas Besonderes muss beachtet werden. Wenn ein Vermögensgegenstand (Wirtschaftsgut) abgeschrieben ist, heißt das noch lange nicht, dass dieser nicht noch im Unternehmen gebraucht wird. Eine Maschine, die bereits komplett abgeschrieben ist, wird in der Bilanz mit einem Erinnerungswert von einem Euro geführt. Die Abschreibung des letzten planmäßigen Abschreibungsjahres wird dann entsprechend bemessen.

In der Praxis besonders relevant ist die degressive Abschreibung mit Wechsel zur linearen. Das Steuerrecht gestattet den Übergang von der degressiven zur linearen Afa. „Der Übergang von der Absetzung für Abnutzung in fallenden Jahresbeträgen zur Absetzung für Abnutzung in gleichen Jahresbeträgen ist zulässig. In diesem Fall bemisst sich die Absetzung für Abnutzung vom Zeitpunkt des Übergangs an nach dem dann noch vorhandenen Restwert und der Restnutzungsdauer des einzelnen Wirtschaftsguts. Der Übergang von der Absetzung für Abnutzung in gleichen Jahresbeträgen zur Absetzung für Abnutzung in fallenden Jahresbeträgen ist nicht zulässig." (§ 7 Abs. 3 EStG). Die Zielsetzungen, die damit verfolgt werden, sind einfach zu erläutern. Zum einen wird erreicht, dass das Anlagegut am Ende der Nutzungsdauer voll abgeschrieben ist und keinen buchhalterischen Restwert mehr hat, zum anderen ist der lineare Abschreibungsbetrag ab dem Zeitpunkt des Wechsels höher als der degressive.

M Erstellen Sie Lernkarten zu folgenden Begriffen: Abschreibung nach Maßgabe der Leistung – Abschreibungsbetrag – Abschreibungsmethoden – Abschreibungsplan – Abschreibungssatz – betriebsgewöhnliche Nutzungsdauer – geometrisch-degressive Abschreibung – lineare Abschreibung.

M Erkundigen Sie sich in der betrieblichen Praxis nach der Verbuchung entsprechender Geschäftsvorfälle.

3.5.5 Personalaufwendungen

Der rote Faden

Was bisher erläutert wurde: Wichtiges, aber etwas fehlt.
Wie es weitergeht: Genau – das Personal! Nachfolgend wird erläutert, wie die Verbuchung der Personalaufwendungen funktioniert.

Wie erfolgt eigentlich die Verbuchung von Personalaufwendungen? Nun: Der Arbeitgeber zahlt seinen Mitarbeitern als Entgelt für die geleistete Arbeit Lohn (für Arbeiter) oder Gehalt (für Angestellte). Vom Bruttoentgelt muss er jedoch die Beträge einbehalten und weiterleiten, die der Fiskus als Lohnsteuer und die Sozialversicherungsträger als Renten-, Kranken- und Arbeitslosenversicherungsbeitrag beanspruchen. Für die beiden großen Kirchen wird zusätzlich die Kirchensteuer einbehalten. Nur das Nettogehalt gelangt schließlich zur Auszahlung.

Die Beiträge zur Sozialversicherung werden zur Hälfte vom Arbeitgeber und zur Hälfte vom Arbeitnehmer getragen. In diesem Zusammenhang spricht man vom Arbeitnehmeranteil und vom Arbeitgeberanteil. Ca. 20 % des Bruttogehaltes werden also vom Arbeitnehmer getragen und ebensoviel vom Arbeitgeber. Darüber hinaus zahlt der Arbeitgeber die Beiträge zur Berufsgenossenschaft komplett.

B Ein Buchhalter bucht das Gehalt eines Mitarbeiters. Dieser Mitarbeiter erhält 2.000,– € Bruttogehalt. 200,– € sind an Lohnsteuer abzuführen. Der Arbeitnehmeranteil zur Sozialversicherung beträgt 600,– €.

Buchung bei der *Gehaltszahlung:*

Konto	Betrag	an	Konto	Betrag
63 Gehälter	2000,– €	an	280 Bank 483 Lohnsteuerverb. 484 Verbindl. Sozialv.	1.200,– € 200,– € 600,– €
64 Soziale Abgaben	600,– €	an	484 Verbindl. Sozialv.	600,– €

Buchung bei der *Zahlung der Abgaben:*

Konto	Betrag	an	Konto	Betrag
483 Lohnsteuerverb. 484 Verbindl. Sozialv.	200,– € 1.200,– €	an	280 Bank	1.400,– €

Ggf. auch am Ende des Geschäftsjahres Verbuchung als „Sonstige Verbindlichkeiten".

Ein Mitarbeiter erhält einen Vorschuss (200,– €). Dieser wird bei der Gehaltszahlung automatisch abgezogen:

Buchung der *Vorschusszahlung:*

Konto	Betrag	an	Konto	Betrag
265 Forderungen an Mitarbeiter	200,– €	an	288 Kasse	200,– €

Buchung bei der *Gehaltszahlung:*

Konto	Betrag	an	Konto	Betrag
63 Gehälter	2000,– €	an	265 Forderungen an Mitarbeiter 280 Bank 483 Lohnsteuerverb. 484 Verbindl. Sozialv.	200,– € 1.000,– € 200,– € 600,– €
64 Soziale Abgaben	600,– €	an	484 Verbindl. Sozialv.	600,– €

Buchung bei der *Zahlung der Abgaben:*

Konto	Betrag	an	Konto	Betrag
483 Lohnsteuerverb. 484 Verbindl. Sozialv.	200,– € 1200,– €	an	280 Bank	1.400,– €

Ggf. auch am Ende des Geschäftsjahres Verbuchung als „Sonstige Verbindlichkeiten".

Nehmen wir an, bei dem Mitarbeiter ist auch zu berücksichtigen, dass er eine Wohnung in dem Verwaltungsgebäude der Einrichtung gemietet hat, die einen Mietwert von 300,– € hat. Diese 300,– € sind natürlich als Mieterträge zu erfassen. Sie werden monatlich vom Gehalt abgezogen. Bauen wir dies wieder in unser Beispiel ein:

Buchung bei der *Gehaltszahlung:*

Konto	Betrag	an	Konto	Betrag
63 Gehälter	2000,– €	an	540 Mieterträge 280 Bank 483 Lohnsteuerverb. 484 Verbindl. Sozialv.	300,– € 900,– € 200,– € 600,– €
64 Soziale Abgaben	600,– €	an	484 Verbindl. Sozialv.	600,– €

Buchung bei der *Zahlung der Abgaben:*

Konto	Betrag	an	Konto	Betrag
483 Lohnsteuerverb. 484 Verbindl. Sozialv.	200,– € 1200,– €	an	280 Bank	1.400,– €

Ggf. auch am Ende des Geschäftsjahres Verbuchung als „Sonstige Verbindlichkeiten".

M Erstellen Sie Lernkarten zu folgenden Begriffen: Arbeitgeberanteil – Arbeitnehmeranteil – Beiträge zur Sozialversicherung – Vorschuss

M Erkundigen Sie sich in der betrieblichen Praxis nach der Verbuchung entsprechender Geschäftsvorfälle.

3.5.6 Zeitliche Abgrenzungen

Der rote Faden

Was bisher erläutert wurde: Geschäftsvorfälle/Buchungen, die das Geschäftsjahr betreffen.
Wie es weitergeht: Aber was ist mit denen, die über das Geschäftsjahr hinausgehen?

Periodengerechte Erfolgsermittlung

§ 252 Abs. 1 Nr. 5 HGB schreibt vor: „Aufwendungen und Erträge des Geschäftsjahres sind unabhängig von den Zeitpunkten der entsprechenden Zahlungen im Jahresabschluss zu berücksichtigen."

Dahinter steckt das Ziel des Jahresabschlusses, den periodengerechten Jahreserfolg zu ermitteln. Dazu ist es notwendig, die Aufwendungen und Erträge dem Geschäftsjahr zuzuordnen, zu dem sie wirtschaftlich gehören, unabhängig vom, Zeitpunkt der Ausgabe oder Einnahme.

B Sobald wir die Kfz-Versicherung im Dezember überweisen oder als Verbindlichkeit passivieren, liegt eine *Ausgabe* vor. Da die Kfz-Versicherung aber für volle 12 Monate bezahlt wird, gehört nur 1/12 des Betrages in das alte Geschäftsjahr, 11/12 dagegen in das neue Geschäftsjahr. Dabei unterstellen wir natürlich, dass das Geschäftsjahr mit dem Kalenderjahr übereinstimmt. 1/12 des Betrages ist also Aufwand im alten Geschäftsjahr, hingegen 11/12 Aufwand erst im neuen Geschäftsjahr. Die Zielsetzung des Jahresabschlusses ist, den Erfolg periodengerecht zu ermitteln. Dazu ist es im konkreten Beispiel notwendig, 1/12 als Aufwand im alten Geschäftsjahr zu berücksichtigen und 11/12 im neuen Geschäftsjahr.

Die Situation kann auch genau umgekehrt eintreten. Wenn wir z. B. eine Miete, die für ein Jahr im Voraus bezahlt wird (Stichtag 1. 12.), erst im Januar überweisen, dann gehört noch 1/12 der Miete in das alte Geschäftsjahr und nur 11/12 in das neue Geschäftsjahr.

D Die Verbuchung dieser Vorgänge nennt man **zeitliche Abgrenzungen**. Die zeitlichen Abgrenzungen werden im Rahmen der Abschlussbuchungen vorgenommen.

Sonstige Verbindlichkeiten

Auf dem Konto 489 „Sonstige Verbindlichkeiten" werden Aufwendungen des alten Geschäftsjahres verbucht, die erst im neuen Geschäftsjahr zu Ausgaben führen. Die Buchung lautet:

Aufwandskonto an Sonstige Verbindlichkeiten

Der Schreiner mietet im Dezember immer einen kleinen Raum nahe der Einrichtung an. Hier findet die jährliche Verkaufsausstellung zu Weihnachten statt. Die Miete beträgt 1.000,– €. Der Schreiner zahlt aber immer erst im Januar des folgenden Jahres. B

Wenn das Geschäftsjahr vom 01. 01. bis 31. 12. läuft, wird wie folgt gebucht:

Im laufenden Geschäftsjahr werden die 1.000,– € als „Sonstige Verbindlichkeiten" gebucht.

Im neuen Geschäftsjahr wird der Betrag dann von „Sonstige Verbindlichkeiten" bei entsprechender Mietzahlung gebucht.

Aufwandsbuchung im *alten Geschäftsjahr*:

Konto	Betrag	an	Konto	Betrag
670 Mietaufwendungen	1.000,– €	an	489 Sonst. Verbindlichkeiten	1.000,– €
802 GuV	1.000,– €	an	670 Mietaufwendungen	1.000,– €
489 Sonst. Verbindlichkeiten	1.000,– €	an	801 Schlussbilanzkonto	1.000,– €

Buchung der Ausgabe im *neuen Geschäftsjahr*:

Konto	Betrag	an	Konto	Betrag
800 EBK	1.000,– €	an	489 Sonst. Verbindlichkeiten	1.000,– €
489 Sonst. Verbindlichkeiten	1.000,– €	an	280 Bank	1.000,– €

Betrachten wir die Buchungen auf den Konten des Hauptbuches.

Buchungen im alten Geschäftsjahr:

S	670 Mietaufwendungen		H
489	1.000	802	1.000

S	489 Sonst. Verbindlichkeiten		H
801	1.000	670	1.000

S	802 GuV		H
670	1.000		

S	801 SBK		H
		489	1.000

Buchungen im neuen Geschäftsjahr:

S	280 Bank		H
		489	1.000

S	489 Sonst. Verbindlichkeiten		H
280	1.000	800 (AB)	1.000

Abb. 3.18: Konten des Hauptbuches (AB = Anfangsbestand)

Auf 266 „Sonstige Forderungen" werden Erträge des alten Geschäftsjahres verbucht, die erst im neuen Geschäftsjahr zu Einnahmen führen. Die Buchung lautet:

Sonstige Forderungen an Ertragskonto

B Eine Einrichtung hat eine kleine Wohnung an einen Studenten vermietet. Der Student ist am 01. 11. 2007 eingezogen. Es ist jedoch mit ihm vereinbart, dass er die Miete für November und Dezember erst im Januar 2008 zahlen muss. Die Miete beträgt monatlich 400,– €.

Bevor wir buchen, stellen wir fest: Die Miete für die Monate November und Dezember stellt einen Ertrag des laufenden Geschäftsjahres dar. Dieser Ertrag führt jedoch erst im neuen Geschäftsjahr zu einer Einnahme. Aus diesem Grunde müssen wir die Miete für November und Dezember (insgesamt 800,– €), als „Sonstige Forderung" erfassen.

Ertragsbuchung im *alten Geschäftsjahr:*

Konto	Betrag	an	Konto	Betrag
266 Sonst. Forderungen	800,– €	an	540 Mieterträge	800,– €
540 Mieterträge	800,– €	an	802 GuV	800,– €
801 SBK	800,– €	an	266 Sonst. Forderungen	800,– €

Buchungen der Einnahme im *neuen Geschäftsjahr:*

Konto	Betrag	an	Konto	Betrag
266 Sonst. Forderungen	800,– €	an	800 EBK	800,– €
280 Bank	800,– €	an	266 Sonst. Forderungen	800,– €

Betrachten wir die Buchungen noch auf den Konten des Hauptbuches (vgl. Abbildung 3.19).

Buchungen im alten Geschäftsjahr:

S	540 Mieterträge		H
802	800	269	800

S	266 Sonst. Forderungen		H
540	800	801	800

S	802 GuV		H
		540	800

S	801 SBK		H
269	800		

Buchungen im neuen Geschäftsjahr:

S	280 Bank		H
269	800		

S	266 Sonst. Forderungen		H
800 (AB)	800	280	800

Abb. 3.19: Weitere Konten des Hauptbuches (AB = Anfangsbestand)

Wie wird denn gebucht, wenn die Aufwendungen und Erträge zu einem Anteil das alte Geschäftsjahr und zu einem Anteil das neue Geschäftsjahr betreffen? In diesem Fall müssen die Aufwendungen bzw. Erträge jeweils entsprechend ihres Anteils berücksichtigt werden.

Die Feuerversicherung wird erst am 1. Januar fällig, obwohl sie bereits ab 1. Oktober für ein Jahr gilt. Wir zahlen insgesamt 2.100,– €, also pro Monat 175,– €. B

Aufwandsbuchung im *alten Geschäftsjahr:*

Konto	Betrag	an	Konto	Betrag
690 Versicherungsprämien	525,– €	an	489 Sonst. Verbindlichkeiten	525,– €
802 GuV	525,– €	an	690 Versicherungsprämien	525,– €
489 Sonst. Verbindlichkeiten	525,– €	an	801 Schlussbilanzkonto	525,– €

Buchung der Ausgabe im *neuen Geschäftsjahr:*

Konto	Betrag	an	Konto	Betrag
800 EBK	525,– €	an	489 Sonst. Verbindlichkeiten	525,– €
489 Sonst. Verbindlichkeiten 690 Versicherungsprämien	525,– € 1.575,– €	an	280 Bank	2.100,– €

Im Folgenden erhalten Sie einen Überblick über die zeitlichen Abgrenzungen. **Überblick**
Die bisher behandelten Abgrenzungen werden als antizipative – das kommt von antizipere = vorwegnehmen – bezeichnet.

Charakter der Abgrenzung	Altes Jahr	Neues Jahr	Auswirkung altes Jahr	Konto/Bilanzposition
antizipativ	Aufwand	Ausgabe	Aufwandserhöhung	Sonstige Verbindlichkeiten
	Ertrag	Einnahme	Ertragserhöhung	Sonstige Forderungen
transitorisch	Ausgabe	Aufwand	Aufwandsminderung	Aktive RAP
	Einnahme	Ertrag	Ertragsminderung	Passive RAP

Abb. 3.20: Überblick über zeitliche Abgrenzungen

Der Begriff „transitorisch" kommt von transire – hinübergehen.

Auf 293 „Aktive Rechnungsabgrenzung" (ARA) werden Aufwendungen gebucht, die bereits im alten Geschäftsjahr vorausbezahlt oder verbucht wurden, die wirtschaftlich jedoch in das neue Geschäftsjahr gehören.

Die Buchung lautet:

Aktive Rechnungsabgrenzung (ARA) an Aufwandskonto

Auf 490 „Passive Rechnungsabgrenzung" (PRA) werden alle Einnahmen des alten Geschäftsjahres verbucht, die wirtschaftlich Erträge des nächsten Geschäftsjahres sind.

Die Buchung lautet:

Ertragskonto an Passive Rechnungsabgrenzung (PRA)

Immer dann, wenn bereits im alten Geschäftsjahr Ausgaben entstehen bzw. Einnahmen gebucht werden, die erst im folgenden Geschäftsjahr zu Aufwand oder Ertrag werden, sind aktive oder passive Rechnungsabgrenzungsposten zu buchen.

B Der Schreiner zahlt die Versicherungsprämie für die Rechtschutzversicherung jeweils am 01. 07. des Jahres für 12 Monate im Voraus. Die Rechnung lautet auf 1.800,–€. Die Hälfte dieser Ausgabe ist dem alten Geschäftsjahr zuzurechen, die andere Hälfte ist ins neue Geschäftsjahr abzugrenzen.

Aufwandsbuchung im alten Geschäftsjahr:

Konto	Betrag	an	Konto	Betrag
690 Versicherungsprämien	1.800,– €	an	280 Bank	1.800,– €

Abgrenzung für das neue Geschäftsjahr:

Konto	Betrag	an	Konto	Betrag
293 ARA	900,– €	an	690 Versicherungsprämien	900,– €
802 GuV	900,– €	an	690 Versicherungsprämien	900,– €
801 Schlussbilanzkonto	900,– €	an	293 ARA	900,– €

Aufwandsbuchung im neuen Geschäftsjahr:

Konto	Betrag	an	Konto	Betrag
293 ARA	900,– €	an	800 EBK	900,– €
690 Versicherungsprämien	900,– €	an	293 ARA	900,– €

Die ersten beiden Buchungssätze können auch wie folgt zusammengefasst werden:

Verbuchung im alten Geschäftsjahr:

Konto	Betrag	an	Konto	Betrag
690 Versicherungsprämien 293 ARA	900,– € 900,– €	an	280 Bank	1.800,– €

Passive Rechnungsabgrenzung B

Eine kleine Schlosserei hat einen Teil der Werkstatt, der gut von der Tischlerei abgetrennt werden kann, gemietet. Der Mieter hat am 01.12. die Miete für drei Monate im Voraus gezahlt. Pro Monat zahlt der Mieter 300,– €.

Ertragsbuchung im alten Geschäftsjahr:

Konto	Betrag	an	Konto	Betrag
280 Bank	900,– €	an	540 Mieterträge	900,– €

Abgrenzung für das neue Geschäftsjahr:

Konto	Betrag	an	Konto	Betrag
540 Mieterträge	600,– €	an	490 PRA	600,– €
540 Mieterträge	300,– €	an	802 GuV	300,– €
490 PRA	600,– €	an	801 Schlussbilanzkonto	600,– €

Aufwandsbuchung im neuen Geschäftsjahr:

Konto	Betrag	an	Konto	Betrag
800 EBK	600,– €	an	490 PRA	600,– €
490 PRA	600,– €	an	540 Mieterträge	600,– €

Die ersten beiden Buchungssätze können auch wie folgt zusammengefasst werden:

Verbuchung im alten Geschäftsjahr:

Konto	Betrag	an	Konto	Betrag
280 Bank	900,– €	an	540 Mieterträge 490 PRA	300,– € 600,– €

Erstellen Sie Lernkarten zu folgenden Begriffen: Aktive Rechnungsabgrenzung – ARA – Passive Rechnungsabgrenzung – PRA – Sonstige Forderungen – Sonstige Verbindlichkeiten – Zeitliche Abgrenzungen M

Erkundigen Sie sich in der betrieblichen Praxis nach der Verbuchung entsprechender Geschäftsvorfälle. M

4 Der Jahresabschluss – tiefer getaucht

Der rote Faden

Was bisher erläutert wurde: Nachdem die Ziele des Rechnungswesens erläutert wurden, haben Sie die wesentlichen Bereiche des Jahresabschlusses im zweiten Kapitel kennen gelernt. Im vorangehenden dritten Kapitel wurden Sie mit der Technik der Buchführung vertraut gemacht.
Wie es weitergeht: Hier geht es nun darum, wichtige Details der Jahresabschlusserstellung bzw. einzelner Teile/Positionen kennen zu lernen, die für die Jahresabschlusserstellung von Bedeutung sind. Zunächst werden Ihnen die GoB = Grundsätze ordnungsmäßiger Buchführung erläutert.

Bitte beachten Sie: Nachfolgend werden einige wichtige ausgewählte Aspekte zum Jahresabschluss behandelt. Weitere Details entnehmen Sie bitte der einschlägigen Fachliteratur, wie zum Beispiel dem Bilanz-Handbuch von Winnefeld 2006.

4.1 Grundsätze ordnungsmäßiger Buchführung (GoB)

D

Die **Grundsätze ordnungsmäßiger Buchführung** sind Regeln für die Ordnungsmäßigkeit der Buchführung und des Jahresabschlusses. Sie sind zum Teil in Gesetzen aufgeschrieben und zum Teil auch nicht.

Gegenstand

Der Begriff „Grundsätze ordnungsmäßiger Buchführung" (GoB) ist ein *unbestimmter Rechtsbegriff*, der einen Tatbestand nur sehr allgemein umschreibt und beschreibt, mit anderen Worten ein unscharfer Rechtsbegriff. Er bedarf im Einzelfall der Konkretisierung und Auslegung. Nicht nur bei eintretenden Neuerungen (z. B. durch internationale Rechnungslegung, Möglichkeit der elektronischen Archivierung von Belegen) ist eine *Fortentwicklung der GoB notwendig* und durch die Konstruktion als unbestimmter Rechtsbegriff auch möglich.

Bei dieser Konstruktion handelt es sich keinesfalls um eine Gesetzeslücke. Vielmehr handelt es sich um einen planvollen Verweis des Gesetzgebers auf
- die im HGB (z. B. § 252 HGB) gesetzlich angeführten und dort z. T. ansatzweise konkretisierten GoB,
- induktive Ableitungen aus der tatsächlichen Ausübung der „ordentlichen" Kaufleute und
- deduktive Ableitungen aus den Zielen des Jahresabschlusses etc.

Die GoB gelten *rechtsformunabhängig* für alle Kaufleute, es gibt keine rechtsformspezifischen GoB. Die Gewinnung und Weiterentwicklung der GoB erfolgt nach der Methode der Hermeneutik, also einer Auslegung der Bilanzierungsvorschriften mittels unterschiedlicher Quellen.

Die Quellen der GoB sind im Einzelnen:
- die praktische Übung ordentlicher Kaufleute,
- die Rechtsordnung mit Gesetzen, Verordnungen und Rechtsprechung,
- Erlasse, Empfehlungen und Gutachten von Behörden und Verbänden,
- wissenschaftliche Veröffentlichungen (vgl. Kotsch-Faßhauer 2004, S. 48).

Klassifizierung

Die GoB lassen sich wie folgt einteilen (vgl. Winnefeld 2006, D 1).

- Grundsätze ordnungsmäßiger Buchführung,
- Grundsätze ordnungsmäßiger Inventur,
- Grundsätze ordnungsmäßiger Bilanzierung sowie
- Grundsätze ordnungsmäßiger Bewertung.

Nachfolgend ein kurzer Überblick über Buchführungs- und Bilanzierungsgrundsätze.

Buchführungsgrundsätze i. e. S.

Die Grundsätze ordnungsmäßiger Buchführung i. e. S. sind im Wesentlichen:

- Grundsatz der Richtigkeit und Willkürfreiheit: § 239 Abs. 2 HGB und § 146 Abs. 1 AO.
  In den Handelsbüchern wird der sachlich richtige Inhalt der Buchungsbelege wiedergegeben.
- Grundsatz der Klarheit und Übersichtlichkeit: § 239 Abs. 2 HGB und § 146 Abs. 1 AO.
  Der Kontenplan ist hinreichend tief gegliedert. Der Inhalt der Geschäftsvorfälle ist verständlich. Das Gegenkonto wird angegeben. Das Datum der Buchung wird angegeben. Die Buchungen werden fortlaufend dokumentiert. Unklare Geschäftsvorfälle werden separat dargestellt.
- Grundsatz der Vollständigkeit: § 239 Abs. 2 HGB und § 146 Abs. 1 AO.
  Die Belegführung muss lückenlos sein.
- Grundsatz der Stetigkeit: § 265 Abs. 1 HGB.
  Die gewählten Elemente müssen beibehalten werden, d. h. gleiche Konteninhalte und gleicher Kontenplan.
- Grundsatz der zeitgerechten Buchung: § 239 Abs. 2 HGB und § 146 Abs. 1 AO.
  Kassenvorgänge täglich buchen. Zielein- und -verkäufe bis spätestens zum Ende des Folgemonats. Alle anderen nach Art des Geschäftsvorfalls und Verhältnisse des Unternehmens.
- Grundsatz der Belegbarkeit der Buchung: § 239 Abs. 4 HGB.
  Keine Buchung ohne Beleg!

Wichtig ist die in § 238 Abs. 1 S. 2 und 3 HGB und § 145 Abs. 1 AO kodifizierte Generalklausel: Die Buchführung muss innerhalb eines angemessenen Zeitraumes einem sachverständigen Dritten (Betriebsprüfer, Steuerberater, Wirtschaftsprüfer) einen Überblick über die Geschäftsvorfälle und die Lage des Unternehmens verschaffen können.

Grundsätze ordnungsmäßiger Bilanzierung

Die Grundsätze ordnungsmäßiger Bilanzierung sind:

- Transparenzprinzip
  - Grundsatz der Bilanzklarheit
  - Grundsatz der Übersichtlichkeit
- Einzelabbildungsgrundsätze
  - Bruttoausweisprinzip
  - Grundsatz der Einzelbewertung
  - Grundsatz der Einzelbilanzierung
- Grundsatz der Bilanzwahrheit
  - Grundsatz der Richtigkeit und Vollständigkeit
  - Grundsatz der Willkürfreiheit
- Grundsatz der Unternehmensfortführung (Going Concern)
- Grundsätze des Zusammenhangs von Bilanzen
  - Grundsatz der Bilanzidentität

  - Grundsatz der formellen Bilanzkontinuität
  - Grundsätze der materiellen Bilanzkontinuität
- Grundsätze zeitgerechter Bilanzierung
  - Erhellungsprinzip
  - Grundsatz zeitgerechter Bilanzaufstellung
  - Periodisierungsprinzip
  - Stichtagsprinzip
- Nominalwertprinzip
  - Anschaffungs-/Herstellungskostenprinzip
  - Prinzip nomineller Kapitalerhaltung
- Vorsichtsprinzip
  - Allgemeines Vorsichtsprinzip
  - Höchstwertprinzip
  - Imparitätsprinzip
  - Niederstwertprinzip
  - Realisationsprinzip
- Wirtschaftlichkeitsgrundsätze
  - Grundsatz der Wirtschaftlichkeit.

Im Folgenden werden wichtige *Grundsätze ordnungsmäßiger Bilanzierung* näher erläutert.

Vollständigkeitsgebot

Das *Vollständigkeitsgebot* besagt: „Der Jahresabschluss hat sämtliche Vermögensgegenstände, Schulden, Rechnungsabgrenzungsposten, Aufwendungen und Erträge zu enthalten, soweit gesetzlich nichts anderes bestimmt ist" (§ 246 Abs. 1 HGB). Der Jahresabschluss muss innerhalb der einem ordnungsmäßigen Geschäftsgang entsprechenden Zeit aufgestellt werden (§ 243 Abs. 3 HGB, Grundsatz zeitgerechter Bilanzaufstellung). Als Richtschnur für den Kaufmann kann gelten, dass der Jahresabschluss binnen Jahresfrist nach dem Bilanzstichtag aufgestellt sein muss. Eine Gewinnermittlung aufgrund ordnungsmäßiger Buchführung liegt nicht vor, wenn der Steuerpflichtige die Bilanz nicht innerhalb eines Jahres nach dem Bilanzstichtag aufstellt. Für die Kapitalgesellschaft gilt § 264 HGB Abs. 1: „Die gesetzlichen Vertreter einer Kapitalgesellschaft haben den Jahresabschluss (§ 242) um einen Anhang zu erweitern, der mit der Bilanz und der Gewinn- und Verlustrechnung eine Einheit bildet, sowie einen Lagebericht aufzustellen. Der Jahresabschluss und der Lagebericht sind von den gesetzlichen Vertretern in den ersten drei Monaten des Geschäftsjahrs für das vergangene Geschäftsjahr aufzustellen. Kleine Kapitalgesellschaften (§ 267 Abs. 1) brauchen den Lagebericht nicht aufzustellen; sie dürfen den Jahresabschluss auch später aufstellen, wenn dies einem ordnungsmäßigen Geschäftsgang entspricht, jedoch innerhalb der ersten sechs Monate des Geschäftsjahres."

Grundsatz zeitgerechter Bilanzierung

Stichtag

Als Stichtag für die Bilanzerstellung gilt der *Schlusstag des Geschäftsjahres*, im Zweifelsfall 24.00 Uhr (§ 242 Abs. 1 HGB, *Stichtagsprinzip*). Die an diesem Tag herrschende „Realität" ist maßgeblich. Zu der Frage, welcher Informationsstand relevant ist, gibt das Erhellungsprinzip weitere Hinweise.

Erhellungsprinzip

Zwischen dem Bilanzstichtag und dem eigentlichen Tag der Bilanzerstellung vergeht in der Regel einige Zeit. Deshalb ist es mehr als natürlich, dass Informationen, die in dieser Zeit bekannt werden können, den zu erstellenden Jahresabschluss beeinflussen (*Erhellungsprinzip*, § 252 Abs. 1 Nr. 4 HGB). Dabei kann es sich um *wertaufhellende* oder *wertbeeinflussende Informationen* handeln.

Werterhellende Informationen

Werterhellende Informationen sind Informationen, die zwischen dem Bilanzstichtag und dem Tag der Bilanzerstellung bekannt werden und das alte Geschäftsjahr betreffen. Sie sind in den Jahresabschluss des alten Geschäftsjahres einzubeziehen (ggf. Korrektur der Positionen).

B Ein Unternehmen mit Bilanzstichtag 31. 12. 2008 erfährt am 13. 02. 2009, noch vor der Bilanzerstellung am 15. 03. 2009, vom Konkurs eines Kunden am 15. 11. 2008. Die gegenüber diesem Kunden bestehenden Forderungen sind in der Bilanz zum 31. 12. 2008 abzuschreiben.

Wertbeeinflussende Informationen

Wertbeeinflussende Informationen beziehen sich auf einen wirtschaftlichen Sachverhalt nach dem Bilanzstichtag. Diese Informationen sind erst im folgenden Jahresabschluss zu berücksichtigen.

B Ein solcher Fall liegt vor, wenn ein Unternehmen am 15. 02. 2009 vom Konkurs eines Kunden mit einer offenen Forderung vom 06. 01. 2009 erfährt.

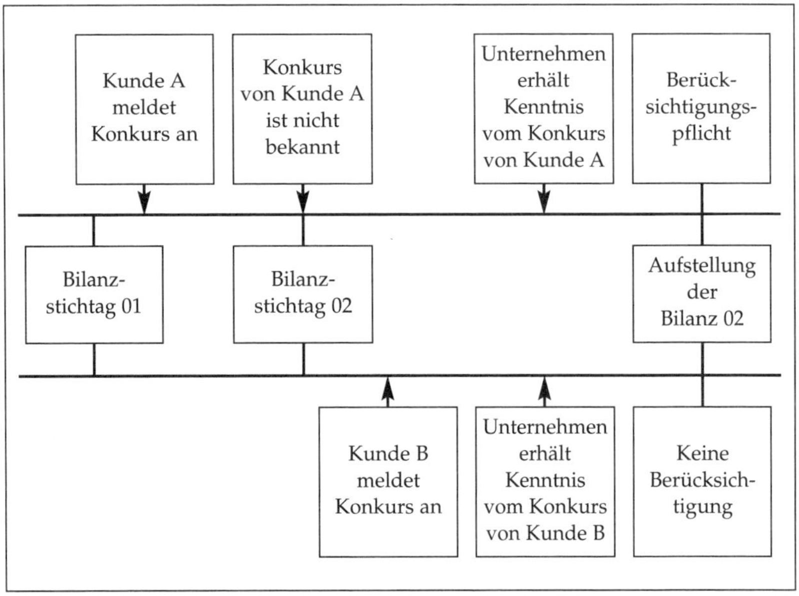

Abb. 4.1: Das Erhellungsprinzip

Sind im abgelaufenen Geschäftsjahr Aufwendungen oder Erträge angefallen, die aber erst in der folgenden Periode zu Zahlungen führen, so sind diese bereits im Jahresabschluss des abgelaufenen Geschäftsjahres als Rückstellungen oder Rechnungsabgrenzungsposten zu berücksichtigen (*Periodisierungsprinzip*, § 252 Abs. 1 Nr. 5 HGB).

B Ein Unternehmen verkauft in diesem Geschäftsjahr eine neue Modellreihe. Eingehende Beschwerden von Kunden lassen erwarten, dass im folgenden Geschäftsjahr eine Reihe Garantien fällig werden. Bereits im laufenden Geschäftsjahr – dem Geschäftsjahr der Umsatzerzielung – ist aus diesem Grunde eine Rückstellung für Garantieleistungen zu bilanzieren.

Ein Unternehmen hat sämtliche Feuerversicherungen zum 01.07. abgeschlossen und zahlt diese einen Monat im Voraus. Insofern sind – angenommen das Geschäftsjahr endet zum 31.12. – 50 % der Versicherungsprämien als Aufwand im alten Geschäftsjahr und 50 % als Aufwand im neuen Geschäftsjahr zu buchen. Die Abgrenzung der Prämien wird mittels Rechnungsabgrenzungsposten gewährleistet, wie in Abschnitt 3.5.6 aufgezeigt.

Das Nominalwertprinzip

Das Prinzip nomineller Kapitalerhaltung besagt, dass weder inflatorische noch deflatorische Geldwertänderungen berücksichtigt werden dürfen. Nicht akzeptiert wird substanzielle Kapitalerhaltung. Eine Bilanzierung zu Wiederbeschaffungskosten ist nicht möglich.

Die nominelle Kapitalerhaltung wird maßgeblich durch das *Anschaffungskosten-/Herstellungskostenprinzip* erreicht. Die historischen Anschaffungskosten/ Herstellungskosten bilden die Obergrenze der Bewertung (§ 253 Abs. 1 HGB).

Grundsatz der Unternehmensfortführung

Für den Bilanzansatz und die Bewertung von Vermögensgegenständen und Schulden ist grundsätzlich von der Fortführung der Unternehmenstätigkeit (Going Concern, § 252 Abs. 1 Nr. 2 HGB) und nicht z. B. von der Liquidation des Unternehmens auszugehen.

Somit sind alle Vermögensgegenstände zu aktivieren, die in zurückliegenden Perioden zu einer Auszahlung geführt haben und in der Zukunft Einzahlungen erwarten lassen. Die Schulden sind zu passivieren, die in zukünftigen Perioden zu einer finanziellen Verpflichtung des Unternehmens führen, aber bereits in vergangenen Perioden verursacht wurden. Veränderungen der Werte von Vermögensgegenständen und Schulden sind durch Abschreibungen auf der Aktivseite und Zuschreibungen auf der Passivseite zu berücksichtigen.

Die Ausweisgrundsätze (Transparenzprinzipien)

Der Grundsatz der Bilanzklarheit verlangt, dass die Bilanzaussagen den Bilanzadressaten in einer Weise vermittelt werden, dass bei ihm keine Zweifel auftreten (§ 243 Abs. 2 HGB).

Nach dem *Grundsatz der Übersichtlichkeit* ist eine formale Bilanzgestaltung gefordert, die es einem mit bilanziellen Fragen durchschnittlich vertrauten Bilanzleser ermöglicht, die relevanten Zusammenhänge ohne größere Schwierigkeiten, d. h. ohne komplizierte Rechen- und Denkprozesse zu verstehen. Wesentlich ist die Einhaltung des Gliederungsschemas.

Einzelabbildungsgrundsätze

Vermögensgegenstände und Schulden sind nach § 240 Abs. 1 HGB – dem Grundsatz der Einzelbilanzierung – einzeln zu bilanzieren, d. h. einzeln auszuweisen. Im Inventar sind die Werte der einzelnen Vermögensgegenstände und Schulden anzugeben. Für die Bilanz bedeutet dies, über die Bilanzierung jedes einzelnen Bilanzobjektes ist separat zu entscheiden und die Bildung von Bilanzierungseinheiten ist entsprechend angemessen zu treffen. Es kommt auf die wirtschaftliche Betrachtung als Funktionseinheit an. Deshalb sind Stühle eines Hörsaals oder Einheiten eines Computers nicht getrennt zu bilanzieren. Vereinfachungen/Ausnahmen gibt es z. B. bei dem Vorratsvermögen und bei Pauschalwertberichtigungen von Forderungen.

Gemäß dem *Grundsatz der Einzelbewertung* sind die Vermögensgegenstände und Schulden zum Bilanzstichtag einzeln zu bewerten (§ 252 Abs. 1 Nr. 3 HGB). Erleichterungen bietet z. B. der Festwertansatz.

Das *Bruttoausweisprinzip* (*Saldierungsverbot*) ist in § 246 Abs. 2 HGB verankert. Werterhöhungen einzelner Vermögensgegenstände dürfen z. B. nicht mit Wertminderungen anderer Vermögensgegenstände verrechnet werden. Aktivposten dürfen nicht mit Passivposten verrechnet werden. Grundstücksrechte dürfen nicht mit Grundstückslasten verrechnet werden. Drohende Verluste dürfen nicht mit zu erwartenden Gewinnen verrechnet werden (Kompensationsverbot).

Das Vorsichtsprinzip

Die wirtschaftliche Lage des Unternehmens soll vorsichtig dargestellt werden. Das Vorsichtsprinzip (§ 252 Abs. 1 Nr. 4 HGB) konkretisiert sich wie in der Abbildung 4.2 dargestellt:

Lernposter 3: Das Vorsichtsprinzip

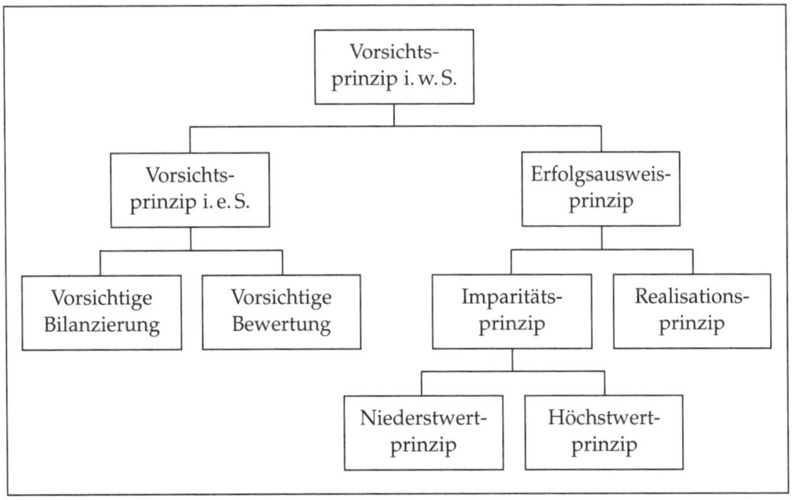

Abb. 4.2: Das Vorsichtsprinzip – Lernposter 3

Das allgemeine Vorsichtsprinzip

Das Reinvermögen = Rohvermögen – Schulden ist eher pessimistisch auszuweisen. Das bedeutet, dass Aktiva eher niedriger anzusetzen sind und Passiva eher höher. Dabei werden zum Schutze der Gläubiger Stille Reserven gebildet.

Als Aktivum darf nur bilanziert werden, was sich im Gegenständlichen konkretisiert, im Rechtsverkehr einen feststehenden Inhalt und im Geschäftsverkehr einen bestimmten Wert hat, also nicht eine bloße Chance, der Wert des Kundenstamms etc. Das Prinzip führt zur Definition des „Vermögensgegenstandes". Ausprägung findet es in Bilanzierungsverboten, z. B. für selbst geschaffene, immaterielle Anlagewerte (§ 248 Abs. 2 HGB). Weitere Ausprägung: Es müssen Rückstellungen gebildet werden.

Bezüglich der Bewertung von Vermögenswerten oder Schulden verlangt das Vorsichtsprinzip, bei Schätzungen im Bereich der Aktiva die untere Grenze und bei Passiva die obere Grenze zu wählen. Beispiel: Schätzung der Nutzungsdauer für Abschreibung, Höhe der Rückstellung.

Für alle bilanzierenden Kaufleute ist das Gebot zu einer vorsichtigen Bewertung als Grundsatz ausdrücklich in § 252 Abs. 1 Nr. 4 HGB kodifiziert. Für Einzelkaufleute und Personengesellschaften ist die Wertuntergrenze bei Aktiva weitgehend ins Ermessen der Bilanzierenden gestellt (§ 253 Abs. 4 HGB: „Im Rahmen vernünftiger kaufmännischer Beurteilung"). Für Kapitalgesellschaften besteht diese Bewertungsfreiheit nicht (§ 279 Abs. 1 Satz 1 HGB), um einen Schutz der Anteilseigner zu gewährleisten. Für alle Bilanzierenden wird eine vorsichtige Bewertung auf der Passivseite durch die

Möglichkeit eröffnet, Rückstellungen in Höhe des Betrages einzusetzen, „der nach vernünftiger kaufmännischer Beurteilung notwendig ist" (§ 253 Abs. 1 Satz 2 HGB).

Das Realisationsprinzip

Gewinne dürfen nur dann im Jahresabschluss berücksichtigt werden, wenn sie am Bilanzstichtag realisiert sind (§ 252 Abs. 1 Nr. 4 2. Halbsatz HGB).

B

Ein Unternehmen hat in 1990 ein Grundstück zu Anschaffungskosten von umgerechnet 200.000,– € erworben. Bis heute ist der Wert des Grundstücks auf 500.000,– € gestiegen. Das Grundstück darf in der Bilanz höchstens mit den Anschaffungskosten angesetzt werden, nicht aber zu dem höheren Zeitwert.

Jedoch: Das Grundstück wird im laufenden Geschäftsjahr verkauft. Der sich ergebende Gewinn wird im Jahresabschluss ausgewiesen.

Das Imparitätsprinzip

Alle vorhersehbaren Risiken und Verluste, die bis zum Abschlussstichtag entstanden sind, sind zu berücksichtigen (§ 252 Abs. 1 Nr. 4 HGB).

Auf der Passivseite sind zukünftig höhere Verpflichtungen des Unternehmens durch den Ansatz der Schulden mit einem höheren Wert zu berücksichtigen.

Auch für drohende Verluste aus einem abgeschlossenen, aber noch von keiner Seite erfüllten (schwebenden) Geschäft sind Rückstellungen zu bilden.

B

Der am Markt erzielbare Verkaufspreis für CD-ROM-Laufwerke, die sich z. Zt. auf dem Versandweg befinden, fällt unter die Anschaffungskosten. Das Unternehmen muss eine Rückstellung für drohende Verluste aus schwebenden Geschäften bilden. Die Höhe der Rückstellung bemisst sich aus der Differenz zwischen dem möglichen Verkaufspreis und den zu zahlenden Anschaffungskosten.

Niederstwertprinzip

Dieser Grundsatz verlangt, dass bei zwei für die Bewertung von Aktiva in Betracht kommenden Werten der niedrigere zu wählen ist. Kodifiziert ist das Prinzip in gemilderter und strenger Ausprägung:

Das *strenge Niederstwertprinzip* gilt für die Bewertung von Umlaufvermögen aller Kaufleute. Danach muss bei der Wahl zwischen Anschaffungs-/Herstellungskosten einerseits und niedrigerem Börsen-/Marktpreis bzw. beizulegendem Wert zwingend der niedrigere angesetzt werden (vgl. § 253 Abs. 3 HGB).

Das *gemilderte Niederstwertprinzip* betrifft das Anlagevermögen (vgl. § 253 Abs. 2 HGB) und verlangt den niedrigeren Wertansatz (zwischen ggf. fortgeführten Anschaffungs-/Herstellungskosten und beizulegendem Wert) nur unter bestimmten Bedingungen, nämlich bei einer voraussichtlich dauernden Wertminderung. Es gilt für alle Bilanzierenden. Bei vorübergehender Wertminderung wird in diesen Fällen keine Abwertungspflicht, sondern ein Abwertungswahlrecht eingeräumt. Letzteres wird beschränkt (§ 279 Abs. 1 Satz 2 HGB).

Das Höchstwertprinzip

Dies ist die Entsprechung im Bereich der Passiva. Von zwei Ansätzen für Verbindlichkeiten (z. B. Nennwert oder Rückzahlungsbetrag) ist der höhere zu wählen.

Die Wirtschaftlichkeitsgrundsätze

Nicht zivilrechtliche Kriterien, sondern wirtschaftliche Gründe sind nach dem Grundsatz der wirtschaftlichen Zugehörigkeit relevant für die Zurechnung zum Vermögen des Bilanzierenden.

Der *Grundsatz der Wirtschaftlichkeit* besagt, dass Kosten/Nutzen-Aspekte bei der Bilanzierung beachtet werden müssen. Deshalb kann z. B. ein Festwert gewählt werden, wenn der „Gesamtwert für das Unternehmen von nachrangiger Bedeutung ist" (§ 240 Abs. 3 HGB).

Der *Grundsatz des Nichtausweises schwebender Geschäfte* besagt, dass schwebende Geschäfte nicht bilanziert werden dürfen.

M Erstellen Sie Lernkarten zu folgenden Begriffen: Allgemeines Vorsichtsprinzip – Anschaffungs-/Herstellungskostenprinzip – Bruttoausweisprinzip – deduktive Ableitungen – Einteilung der GoB – Einzelabbildungsgrundsätze – Erhellungsprinzip – GoB – Grundsatz der Belegbarkeit der Buchung – Grundsatz der Bilanzidentität – Grundsatz der Bilanzklarheit – Grundsatz der Bilanzwahrheit – Grundsatz der Einzelbewertung – Grundsatz der Einzelbilanzierung – Grundsatz der formellen Bilanzkontinuität – Grundsatz der Klarheit und Übersichtlichkeit – Grundsatz der Richtigkeit und Vollständigkeit – Grundsatz der Richtigkeit und Willkürfreiheit – Grundsatz der Stetigkeit – Grundsatz der Übersichtlichkeit – Grundsatz der Unternehmensfortführung (Going Concern) – Grundsatz der Vollständigkeit – Grundsatz der Willkürfreiheit – Grundsatz der Wirtschaftlichkeit – Grundsatz der zeitgerechten Buchung – Grundsatz des Nichtausweises schwebender Geschäfte – Grundsatz wirtschaftlicher Zugehörigkeit – Grundsatz zeitgerechter Bilanzaufstellung – Grundsätze der materiellen Bilanzkontinuität – Grundsätze des Zusammenhangs von Bilanzen – Grundsätze ordnungsmäßiger Bilanzierung – Grundsätze ordnungsmäßiger Buchführung – Grundsätze zeitgerechter Bilanzierung – Höchstwertprinzip – Imparitätsprinzip – induktive Ableitungen – Niederstwertprinzip – Nominalwertprinzip – Periodisierungsprinzip – Prinzip nomineller Kapitalerhaltung – Realisationsprinzip – Stichtagsprinzip – Transparenzprinzip – Vorsichtsprinzip – Wirtschaftlichkeitsgrundsätze.

Ü Ein Unternehmer hat spekuliert. Er hält gekaufte Wertpapiere im Umlaufvermögen, 100 Aktien zu einem Kurs von 100,– €.

1. Am Bilanzstichtag ist der Wert der Aktie um 50 % gestiegen.
2. Am Ende des folgenden Geschäftsjahres sind die Aktien noch nicht wieder verkauft. Ihr Kurs ist gefallen und beträgt 35,– € je Aktie.
   Wie sind die Entwicklungen in der Bilanz zu berücksichtigen?

Lösung

1. Der am Abschlussstichtag beizulegende Wert beträgt 10.000,– €, obwohl man dafür bei einem Verkauf am Bilanzstichtag 15.000,– € erhalten würde. Für die Aktien entstanden Anschaffungskosten in Höhe von 10.000,– € über die er nicht hinausgehen darf, weil nur solche Beträge berücksichtigt werden dürfen, die am Abschlussstichtag realisiert sind (Realisationsprinzip, § 252 Abs. 1 Nr. 4 HGB).
2. Vorhersehbare Verluste sind zu berücksichtigen (Imparitätsprinzip, § 252 Abs. 1 Nr. 4 HGB). Im Umlaufvermögen ist der niedrigere Börsenkurs zwingend zu nehmen (strenges Niederstwertprinzip, § 253 Abs. 3 HGB).

Ü Gegen welchen Grundsatz verstoßen jeweils die folgenden Tatbestände?

1. In der Bilanz wurden nicht alle bilanzierungsfähigen Vermögensgegenstände aufgenommen.
2. Verschiedene Grundstücke werden zusammengefasst und im Jahresabschluss als Gesamtheit bewertet.
3. Bei der Bewertung der Vermögensgegenstände wird davon ausgegangen, dass das Unternehmen kurzfristig aufgelöst werden soll.
4. Drohende Verluste aus schwebenden Geschäften wurden in der Handelsbilanz nicht berücksichtigt.

Lösung

1. Der Tatbestand verstößt gegen das Vollständigkeitsgebot in § 246 Abs. 1 HGB.
2. Der Tatbestand verstößt gegen den Grundsatz der Einzelbewertung (§ 252 Abs. 1 Nr. 3 HGB).
3. Der Tatbestand verstößt gegen den Grundsatz der Unternehmensfortführung (§ 252 Abs. 1 Nr. 2 HGB).
4. Der Tatbestand verstößt gegen das Vorsichtsprinzip (Imparitätsprinzip) in § 252 Abs. 1 Nr. 1.

4.2 Bilanzierung dem Grunde und der Höhe nach

Der rote Faden

Was bisher erläutert wurde: Im vorhergehenden Kapitel wurden die Grundsätze der Buchführung und Bilanzierung, also die GoB, die Regeln für die Ordnungsmäßigkeit der Buchführung und des Jahresabschlusses erläutert.
Wie es weitergeht: Nun geht es um die abstrakte Bilanzierungsfähigkeit und die konkrete Bilanzierungsfähigkeit. Die abstrakte Bilanzierungsfähigkeit unterteilt sich in die Bilanzierung dem Grunde und der Höhe nach und beinhaltet weiterhin die Frage nach dem Bilanzierungsort. Die konkrete Bilanzierungsfähigkeit beinhaltet weitere Aspekte.

D

Unter der **Bilanzierungsfähigkeit** versteht man die Eigenschaft, in einer Bilanz angesetzt (aufgeführt) zu werden.

Diese Eigenschaft hängt von zwei Aspekten ab.

Der erste Aspekt ist die abstrakte Bilanzierungsfähigkeit. Diese ist im Handelsrecht gegeben, wenn es sich um einen Vermögensgegenstand, eine Schuld oder einen Abgrenzungs- oder Hilfsposten (z. B. Bilanzierungshilfe) handelt. Damit ist nichts anderes ausgedrückt, als dass – unabhängig von der Prüfung des konkreten Einzelfalles – eine grundsätzliche Ansatzmöglichkeit oder -pflicht gegeben ist und kein Ansatzverbot besteht.

D

Dem **Grunde** nach bedeutet, ob ein Vermögensgegenstand oder eine Schuld überhaupt bilanziert werden darf, bilanziert werden kann oder bilanziert werden muss.

Der **Höhe** nach bedeutet, mit welchem Wert ein Vermögensgegenstand angesetzt wird.

Der zweite Aspekt ist die konkrete Bilanzierungsfähigkeit. Danach wird geprüft, ob im konkreten Fall, z. B. bei einem ganz konkreten Vermögensgegenstand, eine Bilanzierungsfähigkeit gegeben ist und kein Bilanzierungsverbot vorliegt.

Diese Aspekte werden nachfolgend konkretisiert.

4.2.1 Abstrakte Bilanzierungsfähigkeit

Der rote Faden

Was bisher erläutert wurde: Die ganz abstrakten Begriffe wie z. B. Bilanzierungsfähigkeit wurden kurz erläutert.
Wie es weitergeht: Jetzt müssen diese mit Leben gefüllt werden.

Bilanzierung

Bevor ein Posten in der Bilanz angesetzt wird, sind grundsätzlich drei Fragen zu klären, deren Zusammenhang in der Abbildung 4.3 erläutert ist (Coenenberg 2005, Abb. 2.1 S. 78).

Lernposter 4: Bilanzansatz-Entscheidung

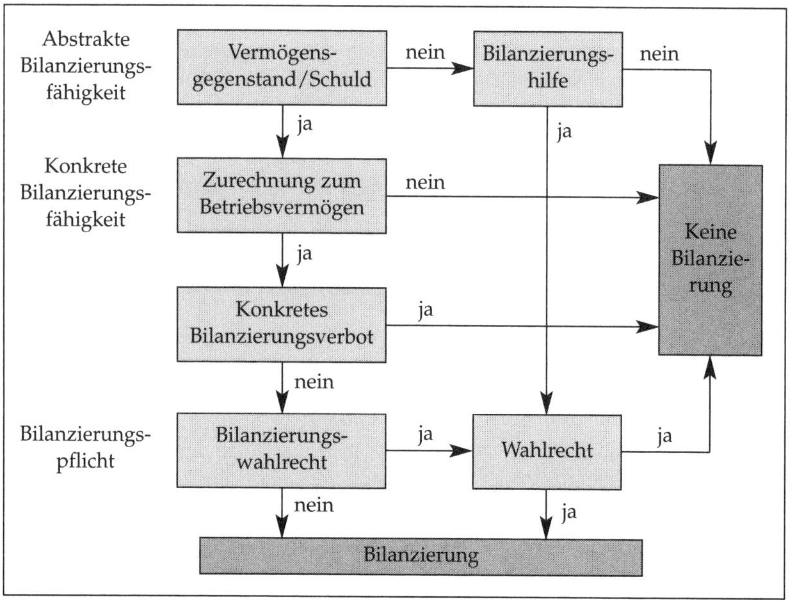

Abb. 4.3: Bilanzansatz-Entscheidung – Lernposter 4

Die Fragen lauten:

- Frage 1: Ist der Posten bilanzierungsfähig? (= Bilanzierung dem Grunde nach = Frage nach dem formalen Bilanzinhalt).
  - Wird diese Frage verneint, so ist der Posten nicht in der Bilanz anzusetzen, er erscheint nicht in der Bilanz.
  - Wird diese Frage bejaht, so ist zu unterscheiden, ob eine Bilanzierungspflicht oder ein Bilanzierungswahlrecht vorliegt.
    - Liegt eine Bilanzierungspflicht vor, so ist der Posten in der Bilanz anzusetzen.
    - Liegt ein Bilanzierungswahlrecht vor, so liegt es im Ermessen des Bilanzierenden, ob er den Posten bilanziert.
- Frage 2: Mit welchem Wert (Betrag) ist der Posten in der Bilanz anzusetzen? (= Bilanzierung der Höhe nach = Frage nach der Bewertung, also dem materiellen Bilanzinhalt).
  - Wahlrechte und Schätzungsspielräume sind besonders zu beachten.
  - Die Frage der Bewertung ist im Allgemeinen eng mit der Frage des Bilanzierungsortes (siehe unten) verbunden.
- Frage 3: Wo ist der Posten in der Bilanz auszuweisen? (= Bilanzierung der Stelle nach = Frage nach dem in Frage kommenden Gliederungspunkt)?
  - Welches ist die korrekte Bezeichnung des Postens?
  - Welches ist die korrekte Einordnung des Postens?

Im Folgenden wird die Bilanzierung dem Grunde nach näher erläutert.

Abstrakte Bilanzierungsfähigkeit

Abstrakt bilanzierungsfähig sind *Vermögensgegenstände* und *Schulden*. Weiterhin sind *Eigenkapitalposten* und *Rechnungsabgrenzungsposten* zu bilanzieren. Darüber hinaus dürfen zur periodengerechten Abgrenzung des Aufwandes *Bilanzierungshilfen* und *Sonderposten* angesetzt werden.

Vermögen

Der Begriff „Vermögensgegenstand" ist nicht abschließend im Gesetz definiert. Angaben finden sich in § 240 Abs. 1 HGB und § 247 Abs. 1 HGB. Auch eine abschließende Aufzählung der Vermögensgegenstände ist nicht vorhanden. Der Begriff Vermögensgegenstand ist vielmehr aus den GoB abzuleiten. Danach umfasst ein Vermögensgegenstand nicht nur Sachen und Rechte sondern ganz allgemein:

- wirtschaftliche Werte, die für das Unternehmen einen zukünftigen Nutzen erwarten lassen,
- die selbstständig bewertbar sind und
- selbstständig verkehrsfähig, d. h. einzeln veräußerbar sind. Sie dürfen nicht nur Ausfluss des allgemeinen Unternehmensrisikos sein.

Selbstständig bewertbar bedeutet, dass in der Regel Aufwendungen vorliegen. Vergleicht man den Begriff Vermögensgegenstand mit dem bürgerlich-rechtlichen Begriff Gegenstände (d. h. Sachen und Rechte), so stellt man fest, dass der Begriff Vermögensgegenstände darüber hinausgeht und auch andere Werte wie ungeschützte Erfindungen, Know-how, Nutzungsmöglichkeiten umfasst.

D

Schulden werden definiert als:

- bestehende oder hinreichend sicher erwartete Belastungen des Vermögens,
- die auf einer rechtlichen oder wirtschaftlichen Leistungsverpflichtung des Unternehmens beruhen und
- selbstständig bewertbar, d. h. als solche abgrenzbar und z. B. nicht nur Ausfluss des allgemeinen Unternehmerrisikos sind.

Rückstellung

Schulden, die sowohl dem Grunde als auch der Höhe nach sicher sind, werden als *Verbindlichkeiten* bezeichnet; Schulden, die dem Grunde und/oder der Höhe nach unsicher sind werden als *Rückstellungen* bezeichnet.

Rechnungsabgrenzung

Ebenfalls bilanzierungsfähig sind *Rechnungsabgrenzungsposten (RAP).* Sie sind weder Vermögengenstände noch Schulden. Rechnungsabgrenzungsposten werden zum Zwecke der periodengerechten Erfolgsermittlung gebildet. Dabei werden Zahlungen auf zwei Rechnungsperioden verteilt. Typische Beispiele für Rechnungsabgrenzungsposten sind Versicherungsprämien, Miete, Pacht, Beiträge zu Berufsvereinigungen, Zinsen, Kfz-Steuern. Zu unterscheiden sind transitorische und antizipative Rechnungsabgrenzungsposten (transire = hinübergeben, antizipare = vorwegnehmen).

transitorisch

Die *transitorischen Rechnungsabgrenzungsposten* sind die Geschäftsvorfälle, bei denen der jeweilige Zahlungsvorgang vor dem Abschlussstichtag liegt, während der Ertrag bzw. Aufwand das neue Geschäftsjahr betrifft. Sie sind als aktive und passive RAP auszuweisen.

antizipativ

Die *antizipativen Rechnungsabgrenzungsposten* sind unter den Positionen „Sonstige Forderungen" und „Sonstige Verbindlichkeiten" auszuweisen. Sie umfassen Erträge/Aufwendungen, die erst nach dem Bilanzstichtag zu Einzahlungen bzw. Auszahlungen führen.

Die *aktiven und passiven Rechnungsabgrenzungsposten* sind in § 250 HGB definiert.

Bilanzierungswahlrecht

Ein Bilanzierungswahlrecht besteht für:

- Zölle und Verbrauchssteuern auf Vorräte, die als Aufwand berücksichtigt wurden, z. B. Tabaksteuer, Mineralölsteuer, Biersteuer,
- als Aufwand berücksichtigte Umsatzsteuer auf Anzahlungen und
- das Disagio auf Verbindlichkeiten.

Weitere Positionen in der Bilanz sind die Positionen des Eigenkapitals. Diese unterscheiden sich je nach der Rechtsform.

Eigenkapital

Das Eigenkapital stellt eine so genannte *Residualgröße* dar. Es wird aus der Bilanzgleichung Eigenkapital = Vermögensgegenstände – Schulden ermittelt.

Sonderposten

Sonderposten mit Rücklagenanteil werden gebildet, damit Handels- und Steuerbilanz nicht auseinander fallen. Der Sonderposten mit Rücklagenanteil trägt dazu bei, Steuern zu sparen oder auf einen späteren Zeitpunkt zu verschieben. Er wird gebildet für

- *steuerfreie Rücklagen* und
- *steuerliche Sonderabschreibungen*, soweit die Abschreibung indirekt vorgenommen wurde (§ 281 Abs. 1 HGB).

Bilanzierungshilfen

In der Bilanz können Bilanzierungshilfen ausgewiesen werden. *Bilanzierungshilfen* sind keine „richtigen" Vermögensgegenstände oder Schulden, sondern Posten, die aufgrund einer speziellen gesetzlichen Vorschrift bilanzierungsfähig sind:

- Aufwendungen für die Ingangsetzung und Erweiterung des Geschäftsbetriebes (§ 269 HGB),
- Aktive latente Steuern (zukünftige Steuerentlastungen) (§ 274 Abs. 2 HGB),
- Entgeltlich erworbener Geschäfts- oder Firmenwert (§ 255 Abs. 4 HGB).

Bilanzierungshilfen kommen nur auf der Aktivseite der Bilanz vor und stellen kein eigentliches Haftungspotenzial dar. Sie müssen gesondert ausgewiesen und im Anhang erläutert werden. In der Höhe der Bilanzierungshilfe besteht eine Ausschüttungssperre (Letzteres gilt nicht für den entgeltlich erworbenen Geschäfts- oder Firmenwert).

Nach dem Steuerrecht ist der Ansatz von Bilanzierungshilfen nur insoweit zugelassen, als gleichzeitig positive oder negative Wirtschaftsgüter vorliegen. Dies trifft beim entgeltlich erworbenen Geschäfts- oder Firmenwert zu, der handelsrechtlich eine Bilanzierungshilfe darstellt, steuerlich aber ein Wirtschaftsgut ist.

M

Erstellen Sie Lernkarten zu folgenden Begriffen: Ansatzpflicht – Ansatzverbot – antizipativer Rechnungsabgrenzungsposten – Bilanzierung dem Grunde nach – Bilanzierung der Höhe nach – Bilanzierungsfähigkeit – Bilanzierungshilfe – Bilanzierungsort – konkrete Bilanzierungsfähigkeit – RAP – Rechnungsabgrenzungsposten – Residualgröße – Schuld – transitorische Rechnungsabgrenzungsposten – Vermögensgegenstand.

4.2.2 Konkrete Bilanzierungsfähigkeit

Der rote Faden

Was bisher erläutert wurde: Wie Sie prüfen, ob überhaupt eine grundsätzliche Bilanzierungsfähigkeit vorliegt.
Wie es weitergeht: Die Frage lautet, ob im konkreten Einzelfall eine Bilanzierungsfähigkeit vorliegt.

D

Unter konkreter Bilanzierungsfähigkeit versteht man, ob:

- ein Vermögensgegenstand zum **betrieblich genutzten Vermögen** gehört,
- der Vermögensgegenstand überhaupt zum **Betriebsvermögen** und nicht zum **Privatvermögen** gehört,
- es sich nicht bloß um reine **Erhaltungsmaßnahmen** handelt.

Wirtschaftliche Zugehörigkeit

Die Beurteilung, ob ein Vermögensgegenstand konkret zu bilanzieren ist, wird nicht nach rechtlichen, sondern nach wirtschaftlichen Gesichtspunkten getroffen. Nach § 39 Abs. 2 Nr. 1 AO sind Wirtschaftsgüter demjenigen zuzurechnen, der als Nichteigentümer die tatsächliche Herrschaft über ein Wirtschaftsgut in der Weise ausübt, dass er den Eigentümer im Regelfall für die gewöhnliche Nutzungsdauer von der Einwirkung auf das Wirtschaftsgut wirtschaftlich ausschließen kann (§ 39 Abs. 2 Nr. 1 AO). Dies ist z. B.

- der Erwerber, auch wenn der Vermögensgegenstand unter *Eigentumsvorbehalt* geliefert wurde (§ 246 Abs. 1 Satz 2 HGB),
- der Sicherungsgeber bei vereinbartem *Sicherungseigentum* (es sei denn bei Bareinlagen, § 246 Abs. 1 Satz 2 und 3 HGB),
- der Eigenbesitzer beim *Eigenbesitz.*

Erläuterungen:

- Der Eigentumsvorbehalt dient als Kreditsicherheit. Das Eigentum geht juristisch erst über, wenn der Kaufpreis geleistet wird.
- Die Sicherungsübereignung dient als Kreditsicherheit. Ein Schuldner überträgt das Eigentum an einer beweglichen Sache zur Sicherung der Forderung. Der Gläubiger wird Treuhänder.

Als besondere Geschäfte sind weiterhin zu betrachten:

- *Kommissionsgeschäfte:* Ein Kommissionär (Beauftragter) kauft oder verkauft im eigenen Namen, aber im Auftrag und für Rechnung einer zweiten Person (Kommittent). Kommissionswaren werden immer beim Kommittenten bilanziert.
- *Leasing.*

Betriebsvermögen

Der Kaufmann darf nur das Vermögen und die Schulden seines Betriebes und nicht die seiner Privatsphäre bilanzieren. Kapitalgesellschaften besitzen keine Privatsphäre.

Eine Sonderstellung nehmen *Gebäude* ein. Gebäude werden nicht als Einheit behandelt, sondern das Gebäude wird entsprechend seiner Nutzung in verschiedene Teile aufgeteilt.

Für Grundstücke gilt: Die betrieblich genutzten Teile eines Grundstücks stellen notwendiges Betriebsvermögen dar. Privat genutzte Grundstücke sind dem Privatvermögen zuzurechnen. Grund und Boden und ein darauf errichtetes Gebäude können nur einheitlich – entweder als Betriebs- oder Privatvermögen – klassifiziert werden.

Herstellungsaufwand und Erhaltungsaufwand

Aufwendungen für Instandhaltung-, Instandsetzung oder Unterhaltung müssen im Einzelnen darauf untersucht werden, ob durch sie ein im Geschäftsjahr wirksamer Aufwand oder eine Vermögensmehrung eingetreten ist. Aus dem Steuerrecht sind hierzu die Begriffe Herstellungsaufwand und Erhaltungsaufwand von besonderer Bedeutung (R 157 EStR).

Herstellungsaufwand – und damit eine bilanzierungspflichtige Vermögensmehrung – liegt vor nach R 157 EStR Abs. 3: „Nach der Fertigstellung des Gebäudes ist Herstellungsaufwand anzunehmen, wenn Aufwendungen durch den Verbrauch von Gütern und die Inanspruchnahme von Diensten für die Erweiterung oder für die über den ursprünglichen Zustand hinausgehende wesentliche Verbesserung eines Gebäudes entstehen (§ 255 Abs. 2 Satz 1 HGB). Herstellungsaufwand liegt somit vor, wenn ein Gebäude oder ein sonstiges Wirtschaftsgut wesentlich in seiner Substanz vermehrt, in seinem Wesen erheblich verändert oder über seinen bisherigen Zustand hinaus deutlich verbessert wird. Herstellungsaufwand ist zu aktivieren und mit Hilfe der AfA einheitlich mit dem Restbuchwert auf die betriebsgewöhnliche Nutzungsdauer zu verteilen."

Erhaltungsaufwand liegt vor nach R 157 EStR Abs. 1: „Aufwendungen für die Erneuerung von bereits vorhandenen Teilen, Einrichtungen oder Anlagen sind regelmäßig Erhaltungsaufwand. Zum Erhaltungsaufwand gehören z. B. Aufwendungen für den Einbau messtechnischer Anlagen zur verbrauchsabhängigen Abrechnung von Heiz- und Wasserkosten oder für den Einbau einer privaten Breitbandanlage und einmalige Gebühren für den Anschluss privater Breitbandanlagen an das öffentliche Breitbandnetz bei stehenden Gebäuden."

Zum Erhaltungsaufwand zählen die Aufwendungen, die
- die Wesensart des Gegenstandes nicht verändern und
- den Gegenstand im ordnungsmäßigen Zustand erhalten sollen und
- regelmäßig in ungefähr gleicher Höhe wiederkehren.

B Die Umstellung einer Heizungsanlage ist grundsätzlich Erhaltungsaufwand (auch wenn statt Ölöfen eine Zentralheizung eingebaut wird), Aufwendungen für einen Austauschmotor sind auch dann nur Erhaltungsaufwand, wenn das Fahrzeug bereits abgeschrieben ist. Dabei sind Sonderregelungen zu beachten.

Bilanzierungspflicht

Der in § 246 HGB kodifizierte Grundsatz der Vollständigkeit bestimmt, dass alle Vermögensgegenstände, Schulden und Rechnungsabgrenzungsposten anzusetzen sind, soweit nicht eine andere gesetzliche Vorschrift besteht. Damit besteht für alle bilanzierungsfähigen Vermögensgegenstände und Schulden eine Bilanzierungspflicht, solange nicht spezielle gesetzliche Vorschriften ein Wahlrecht einräumen oder ein Bilanzierungsverbot vorschreiben.

Bilanzierungsverbote

Konkrete *Bilanzierungsverbote* liegen insbesondere vor für:
- Aufwendungen für die Gründung und Eigenkapitalbeschaffung (§ 248 Abs. 1 HGB),
- nicht entgeltlich erworbene immaterielle Vermögensgegenstände des Anlagevermögens (§ 248 Abs. 2 HGB),
- Aufwendungen für den Abschluss von Versicherungsverträgen (§ 248 Abs. 3 HGB) und
- andere als in § 249 Abs. 1 und 2 HGB genannte Rückstellungsarten.

Bilanzierungswahlrecht

Folgende handelsrechtliche *Aktivierungswahlrechte* sind wesentlich:
- als Aufwand berücksichtigte Zölle und Verbrauchssteuern (§ 250 Abs. 1 Nr. 1 HGB),
- als Aufwand berücksichtigte Umsatzsteuer auf am Abschlussstichtag auszuweisende oder von den Vorräten offen abgesetzte Anzahlungen (§ 250 Abs. 1 Nr. 1 HGB),
- Disagio (§ 250 Abs. 3 HGB),
- derivativer Geschäfts- oder Firmenwert (§ 255 Abs. 4 HGB) (wird in der Literatur unterschiedlich als Bilanzierungshilfe oder auch nicht eingeordnet),
- Aufwendungen für die Ingangsetzung und Erweiterung des Geschäftsbetriebes (Bilanzierungshilfe, § 269 HGB),
- Rechnungsabgrenzungsposten für latente Steuern (Bilanzierungshilfe, § 274 Abs. 2 HGB).

Folgende handelsrechtliche *Passivierungswahlrechte* sind wesentlich:
- Sonderposten mit Rücklageanteil (§§ 247 Abs. 3, 273 HGB),
- Rückstellungen für unterlassene Aufwendungen für Instandhaltung, die im folgenden Geschäftsjahr nach Ablauf der ersten 3 Monate nachgeholt wird (§ 249 Abs. 1 HGB),
- Aufwandsrückstellungen (§ 249 Abs. 2 HGB),
- Pensionsrückstellungen für Altzusagen (Verpflichtung vor dem 01. 01. 1987 eingegangen, Art. 28 EGHGB),
- Wertaufholungsrücklagen bei Kapitalgesellschaften (§ 58 Abs. 2 a AktG, § 29 Abs. 4 GmbHG).

Erstellen Sie Lernkarten zu folgenden Begriffen: Erhaltungsaufwand – Herstellungsaufwand M

Der Schreiner hat mit der Firma Torben Transport einen Kaufvertrag über Lieferung eines neuen LKW gegen einen Preis von 100.000,– € abgeschlossen. Vorgesehener Liefertermin: Ende des Geschäftsjahres. Welche bilanziellen Auswirkungen ergeben sich, wenn die Lieferung erst im neuen Geschäftsjahr erfolgt? Ü

Lösung

Liefert Torben Transport erst nach dem Bilanztag, so wirkt sich der Kauf nicht mehr im Jahresabschluss der beiden Firmen aus, obwohl sie gegenseitige Forderungen haben bzw. sich gegenseitig etwas schulden. Das Vollständigkeitsgebot bezieht sich also nicht auf beiderseitig unerfüllte Schuldverhältnisse (schwebende Geschäfte). Man geht zunächst von der Annahme aus, dass Leistung und Gegenleistung sich entsprechen, übersieht dabei allerdings, dass die Liquiditätsverhältnisse doch stark beeinflusst werden können. Erst die einseitige Erfüllung des Vertrages wirkt sich in der Buchführung aus; es sei denn, ein Verlust droht. Dann sind Rückstellungen für drohende Verluste aus schwebenden Geschäften zu bilden.

Der Schreiner hat bereits für das folgende Geschäftsjahr seinen Rohstoffbedarf eingekauft und wartet gespannt auf die Lieferungen, bevor er bereit ist zu zahlen. Aufgrund fallender Rohstoffpreise erwartet er hohe Verluste aus den bereits geschlossenen Verträgen. Darf er Rückstellungen bilden? Wenn ja, welcher Art? Ü

Lösung

Für drohende Verluste aus schwebenden Geschäften besteht ein Passivierungsgebot, d. h. er muss eine Rückstellung bilden.

4.3 Bewertung von Bilanzpositionen

Der rote Faden

Was bisher erläutert wurde: Wir wissen jetzt, ob eine Bilanzierung abstrakt und konkret in Frage kommt.
Wie es weitergeht: Jetzt geht es darum zu entscheiden, zu welchem Wert z. B. der Vermögensgegenstand angesetzt wird/werden darf.

Bilanzierung der Höhe nach

Die Bilanzierung der Höhe nach (Bewertung) ist der nächste Schritt der Bilanzierungsentscheidung. Die Bewertung beeinflusst ebenso wie die Bilanzansatzentscheidung die *Bilanzsumme.* Wenn der Wert eines Vermögensgegenstandes höher angesetzt wird, steigt die Bilanzsumme, wird der Wert eines Vermögensgegenstandes niedriger angesetzt, so sinkt die Bilanzsumme.

Die Bewertungsvorschriften sind weitgehend in den § § 252–256 HGB *kodifiziert* und für Kapitalgesellschaften in den §§ 279–283 HGB eingeschränkt.

Der deutsche Jahresabschluss ist in Euro aufzustellen. Die Vermögensgegenstände und Schulden (bzw. positive und negative Wirtschaftsgüter), die auf eine Fremdwährung lauten, sind einzeln in Euro umzurechnen. Maßgeblich sind im Allgemeinen die Kurse des Tages, an dem der Geschäftsvorfall in die Buchführung aufgenommen wird.

Wertansätze

Grundlegende *Wertansätze* sind
- die Anschaffungskosten (vgl. § 255 Abs. 1 HGB) und
- die Herstellungskosten (vgl. § 255 Abs. 2 HGB).

Wertkorrekturen

Wertkorrekturen werden vorgenommen durch:
- planmäßige Abschreibung (§ 253 Abs. 2 S. 1 HGB),
- außerplanmäßige Abschreibungen (§ 253 Abs. 2 S. 3 HGB),
- Abschreibungen wegen zukünftiger Wertschwankungen (§ 253 Abs. 3 S. 3 HGB)
- Niederstwerte (§ 253 Abs. 3 S. 1 und 2 HGB),
- Ermessensabschreibungen (§ 253 Abs. 4 HGB) sowie
- Beibehaltungswahlrechte (§ 253 Abs. 5 HGB).

Entsprechende Wertkorrekturen nach oben können sich durch *Zuschreibungen* ergeben.

Gerade im Bereich der Bewertung sind die unterschiedlichen Zielsetzungen der Handelsbilanz (geprägt durch das Vorsichtsprinzip) und der Steuerbilanz (geprägt durch Ermittlung des „tatsächlichen, steuerbaren Gewinns") zu beachten.

Die Anschaffungs- bzw. Herstellungskosten bilden die absolute Obergrenze der Bewertung, d. h. hier orientiert sich das Handelsrecht am Prinzip der nominellen Kapitalerhaltung. Eine Bewertung zu Wiederbeschaffungskosten ist nicht gestattet.

Die Anschaffungs- bzw. Herstellungskosten gelten als Bewertungsmaßstab für alle Vermögensgegenstände des Anlagevermögens. Ausgenommen davon ist nur der Geschäfts- oder Firmenwert.

Hinweis: Die Bilanzierungshilfe „Aufwendungen für die Ingangsetzung und Erweiterung des Geschäftsbetriebs" gehört nicht zum Anlagevermögen. Dies gilt auch für die Positionen „Aktive latente Steuern" und „Rechnungsabgrenzungsposten".

Anschaffungskosten

Für alle fremdbezogenen (von außen bezogenen) Gegenstände sind die Anschaffungskosten, also die Aufwendungen, die geleistet werden, um den Vermögensgegenstand zu erwerben und ihn in einen betriebsbereiten Zustand zu versetzen, der relevante Wertmaßstab. Bilanziell wird die Anschaffung als eine reine Umschichtung von Vermögen behandelt (also erfolgsneutral), was am Buchungssatz z. B. „Maschine an Kasse" bereits deutlich wird.

Als Anschaffungskosten sind im mehrwehrtsteuerpflichtigen Bereich lediglich *Nettopreise* (= Bruttopreise – Mehrwertsteuer) anzusetzen, also der Kaufpreis abzüglich der als Vorsteuer abzugsfähigen Mehrwertsteuer. Im mehrwertsteuerbefreiten Bereich sind Bruttopreise anzusetzen.

Lernposter 5: Anschaffungskosten

Anschaffungspreis
- Rechnungspreis ohne Umsatzsteuer

+ Anschaffungsnebenkosten
- Transportkosten
- Versicherungskosten
- Zölle
- Steuern (z. B. Börsenumsatzsteuer)
- Montagekosten, Umbaukosten
- Notarkosten, Grundbuchkosten
- Provisionen

+ Nachträgliche Anschaffungskosten
- Herstellungsaufwand

– Anschaffungspreisminderungen
- Skonti
- Rabatte, Boni
- Rückvergütungen

Nicht einzubeziehen:
- Innerbetriebliche Lagerkosten
- Innerbetriebliche Transportkosten
- Innerbetriebliche Verwaltungskosten
- Anlaufkosten (Probeläufe von Anlagen)

Abb. 4.4: Anschaffungskosten – Lernposter 5

Anschaffungspreisminderungen wie Subventionen, Zuschüsse Dritter, Rabatte, Boni und Skonti sind abzuziehen.

Zu den handels- und steuerrechtlich aktivierungspflichtigen *Anschaffungsnebenkosten* zählen neben den Aufwendungen zum Erwerb des Vermögensgegenstandes auch Aufwendungen für die Versetzung in den Zustand der Betriebsbereitschaft (soweit einzeln zuordenbar) und nachträgliche Anschaffungskosten. Im Einzelnen sind darunter z. B. folgende Kosten zu zählen:
- Transport,
- Versicherung des Transports,
- Abladen,
- Aufstellung,
- Montage,
- Fundamente,

- Beurkundung von Kaufverträgen,
- Provisionen/Vermittlungsgebühren,
- Zölle,
- Steuern und sonstige Abgaben sowie
- bei Grundstücken auch Abriss von Gebäuden, selbst wenn kein neues Gebäude errichtet wird.

Aktiviert werden dürfen nur solche Anschaffungsnebenkosten, die dem Vermögensgegenstand einzeln zugerechnet werden können.

Nicht aktivierungsfähig sind damit *Verwaltungsgemeinkosten*, also etwa Kosten für die Ermittlung des günstigsten Angebotes.

Nicht aktiviert werden dürfen die *Kosten der Geldbeschaffung* (Zinsen, Finanzierungskosten, Kosten der Kreditbeschaffung). Eine Ausnahme besteht für den Fall, dass Kredite als Anzahlungen oder Vorauszahlungen zur Finanzierung von z. B. Anlagen mit längerer Bauzeit verwendet werden. In diesem Fall ersetzt ein vom Bilanzierenden aufgenommener Kredit Betriebskapital des Lieferanten. Es wird unterstellt, dass dadurch die produktionsbedingten Kosten beim Lieferanten gesenkt werden und es entsprechend zu einer Verminderung des Preises, d. h. der Anschaffungskosten der Anlage, kommt. Dann dürfen die Kreditzinsen handels- und steuerrechtlich in die Anschaffungskosten einbezogen werden.

Im Rahmen von Umbau- oder Ausbauarbeiten anfallende Kosten sind als *nachträgliche Anschaffungskosten* zu aktivieren. Dabei sind die oben dargestellten Kriterien zur Unterscheidung von Erhaltungs- und Herstellungsaufwand zu berücksichtigen.

B Kauf einer Maschine:
Kaufpreis netto 80.000,– € mit 2 % Skonto, 19 % USt.
Rechnungsbetrag inkl. MWSt 95.200,– €
Frachtrechnung inkl. MWSt 2.380,– €
Montagerechnung (Montage inkl. MWSt) 1.190,– €
Zu aktivieren sind: 78.400,– + 2.000,– + 1.000,– = 81.400,– €

Der *Wertmaßstab* der Anschaffungskosten ist ein *pagatorischer*, also aufwandsgleicher Wertmaßstab. Kalkulatorische Wertmaßstäbe können nicht berücksichtigt werden.

Bei *unentgeltlichem Erwerb* gilt: Unentgeltlich zugewandte Vermögensgegenstände sind aktivierungspflichtig. In Handels- und Steuerbilanz ist der Wert anzusetzen, der normalerweise für die Anschaffung hätte aufgewendet werden müssen.

Unentgeltlich erworbene immaterielle Vermögensgegenstände des Anlagevermögens (AV) dürfen nicht aktiviert werden.

Ein besondere Regelung existiert für die *Anschaffungskosten bei Zuschüssen und Subventionen*: Zuschüsse, die nicht zurückzuzahlen sind, mindern in der Handelsbilanz grundsätzlich die Anschaffungskosten. Zuschüsse können auch als Passivposten bilanziert werden (Sonderposten für Investitionszuschüsse zum Anlagevermögen) und sind entsprechend der Abschreibung des Anlagegutes aufzulösen.

Herstellungskosten

Die Herstellungskosten sind der Maßstab zur Bewertung der Vermögensgegenstände, die vom Unternehmen selbst erstellt wurden sind und am Bilanzstichtag noch nicht verkauft sind:

- unfertige Erzeugnisse,
- fertige Erzeugnisse und
- Eigenbetrieblich genutzte, selbst erstellte Anlagen.

§ 255 Abs. 2 HGB definiert die *Herstellungskosten* als „Aufwendungen, die durch den Verbrauch von Gütern und die Inanspruchnahme von Diensten für die Herstellung eines Vermögensgegenstandes, seine Erweiterung oder für eine über seinen ursprünglichen Zustand hinausgehende wesentliche Verbesserung entstehen. ...". Entsprechend definiert R 33 Abs. 1 S. 1 EStR die Herstellungskosten. Herstellungskosten sind damit sowohl bei der erstmaligen Herstellung als auch nachträglich zu berücksichtigen.

Durch die Aktivierung der Herstellungskosten sollen die Aufwendungen in der GuV neutralisiert werden. Sie erscheinen erst in späteren Jahren beim Verkauf (z. B. von Fertigerzeugnissen) bzw. bei der Abschreibung (z. B. bei selbst erstellten Anlagen) als Aufwand.

Elemente der Herstellungskosten sind im Einzelnen:

- *Materialeinzelkosten:* direkt zurechenbare Stoffkosten, insbesondere der Verbrauch an Rohstoffen.
- *Fertigungseinzelkosten:* Fertigungslöhne einschließlich aller Zuschläge (Überstunden, Feiertag u. a. gesetzliche und tarifliche Sozialleistungen).
- *Sonderkosten der Fertigung:* Einzelaufwendungen für Modelle, Spezialwerkzeuge etc.; Entwicklungs-, Versuchs- und Konstruktionskosten, Materialprüfungskosten, soweit sie auftragsbezogen sind.
- *Materialgemeinkosten:* Lagerhaltung, Transport und Prüfung des Materials.
- Fertigungsgemeinkosten: notwendige Aufwendungen für die Vorbereitung und Kontrolle der Fertigung, Betriebsleitung, Raumkosten, Sachversicherungen etc.
- *Kosten der allgemeinen Verwaltung:* Dazu gehören u. a. Aufwendungen für die Geschäftsleitung, Einkauf und Wareneingang, Betriebsrat, Personalbüro, Nachrichten- und Ausbildungswesen, Rechnungswesen, Feuerwehr, Werkschutz.
- *Aufwendungen für soziale Einrichtungen des Unternehmens:* Aufwendungen für Bibliotheken, Kantine, Sporteinrichtungen, Erholungsheime etc.
- *Aufwendungen für freiwillige soziale Leistungen:* Jubiläumsgeschenke, Weihnachtszuwendungen und auch die Beteiligung der Arbeitnehmer am Ergebnis.
- *Aufwendungen für die betriebliche Altersversorgung:* Aufwendungen für Direktversicherungen, Pensionskassen, Unterstützungskassen.
- *Zinsen für Fremdkapital*: Diese sind grundsätzlich keine Herstellungskosten. Sie dürfen aber einbezogen werden, soweit sie nachweislich auftragsbezogen sind.
- *Werteverzehr für das Anlagevermögen:* Ansatz der bilanziellen Abschreibungen (fertigungsbezogener Werteverzehr). Zu erhöhten Abschreibungen, Sonder- und Teilwertabschreibungen siehe die Sondervorschriften in den EStR. Der Werteverzehr für das Anlagevermögen wird in der Regel direkt in die Elemente (4), (5) oder (6) einbezogen.

Es dürfen nur aufwandsgleiche Kosten – jedoch keine kalkulatorischen – berücksichtigt werden.

Lernposter 6: Herstellungskosten

Kostenarten	Handelsrecht
Materialeinzelkosten	Pflicht
Fertigungseinzelkosten	Pflicht
Sondereinzelkosten der Fertigung	Pflicht
Variable Materialgemeinkosten	Wahlrecht
Fixe Materialgemeinkosten	Wahlrecht
Variable Fertigungsgemeinkosten	Wahlrecht
Fixe Fertigungsgemeinkosten	Wahlrecht
Kosten der Allgemeinen Verwaltung	Wahlrecht
Sondereinzelkosten des Vertriebs	Verbot
Vertriebsgemeinkosten	Verbot

Abb. 4.5: Herstellungskosten – Lernposter 6

Hinweis: Der bilanzielle Herstellungskostenbegriff entspricht nicht dem Begriff „Herstellkosten" der Kostenrechnung! Die Herstellkosten der Kostenrechnung werden ermittelt als:

Materialeinzelkosten
\+ Materialgemeinkosten
= *Materialkosten*
\+ Fertigungseinzelkosten
\+ Sondereinzelkosten der Fertigung
\+ Fertigungsgemeinkosten
= *Herstellkosten*
\+ Verwaltungsgemeinkosten
\+ Vertriebsgemeinkosten
\+ Sondereinzelkosten des Vertriebs
= *Selbstkosten*

Weitere Wertansätze

Im Folgenden werden weitere relevante Wertansätze kurz vorgestellt.

Buchwert

Der *Buchwert* ist der Wert, mit dem Vermögensgegenstände und Schulden (positive und negative Wirtschaftsgüter) in der Handels- oder der Steuerbilanz „zu Buche" stehen. Der Buchwert ist der Ausgangswert z. B. zur Bemessung der Abschreibung.

Erinnerungswert

Der *Erinnerungswert* ist der Wert, mit dem bereits abgeschriebene Vermögenswerte, die weiterhin im Unternehmen genutzt werden, in der Bilanz verbleiben. Der Erinnerungswert beträgt gemäß kaufmännischer Übung 1,– €.

Börsen- oder Marktwert

Der *Börsen- oder Marktwert* kommt nur für die Vermögensgegenstände des Umlaufvermögens in Frage. Ein *Marktpreis* ist ein Preis, der an einem Handelsplatz (Markt) für Güter einer bestimmten Gattung von durchschnittlicher Art und Güte zu einem bestimmten Zeitpunkt im Durchschnitt festgestellt wird. Börsenpreis ist der an einer Effekten- oder Produktenbörse ermittelte Preis.

Stichtagswert

Der *beizulegende Stichtagswert* ist nach § 253 Abs. 2 Satz 3 HGB und § 253 Abs. 3 Satz 2 HGB der Wert, der „den Vermögensgegenständen am Abschlussstichtag beizulegen ist". Der beizulegende Stichtagswert kann als Bilanzansatz nur benutzt werden, wenn er niedriger als die historischen Anschaffungs- oder Herstellungskosten ist. Der beizulegende Stichtagswert wird insbesondere herangezogen, wenn kein Börsen- oder Marktwert zu ermitteln ist.

Beizulegende Werte sind z. B.
- die Wiederbeschaffungskosten oder Reproduktionskosten, also die Anschaffungs- oder Herstellungskosten eines vergleichbaren Vermögensgegenstandes,
- bei Patenten, Rechten etc. evtl. der Ertragswert.

Bei Vermögensgegenständen des Umlaufvermögens kann ein noch niedrigerer Wert als der Börsen-/Marktpreis oder der „beizulegende Wert" angesetzt werden (z. B. bei Hilfsstoffen, Rohstoffen, Betriebsstoffen, Erzeugnissen, Waren, Wertpapieren, Forderungen). Dieser Wert darf in der Steuerbilanz nur dann eingesetzt werden, wenn er dem Teilwert (siehe unten) entspricht.

Das HGB gestattet für Kaufleute – nicht für Kapitalgesellschaften – den Ansatz eines *Wertes nach vernünftiger kaufmännischer Beurteilung*. Diese Regelung lässt einen weiten Spielraum für Kaufleute.

Nach § 254 Satz 1 HGB kann ein Wert angesetzt werden, der nur auf einer steuerrechtlichen Abschreibung beruht („Steuerbilanzwert"). Hierzu ist eine handelsrechtliche Abschreibung notwendig.

Nennbetrag

Das Kapital der Kapitalgesellschaften, auf das die Haftung der Gesellschafter gegenüber den Gläubigern beschränkt ist, also das gezeichnete Kapital, ist nach § 283 HGB mit dem *Nennbetrag*, also dem Betrag, auf den die Anteile lauten, anzusetzen. Das gezeichnete Kapital der GmbH heißt Stammkapital, das der Aktiengesellschaft heißt Grundkapital.

Rückzahlungsbetrag

Der *Rückzahlungsbetrag* ist der Betrag, der zur Tilgung der Schuld aufzuwenden ist.

Barwert

Rentenverpflichtungen sind mit dem *Barwert* anzusetzen. Ein Abzinsungsfaktor ist steuerrechtlich vorgegeben.

Unterschiedsbetrag

Ein *Unterschiedsbetrag* ergibt sich beim Geschäfts- oder Firmenwert zwischen dem Zeitwert der Vermögenswerte abzüglich der Schulden und der Gegenleistung.

Ein Unterschiedsbetrag ergibt sich ebenfalls bei Verbindlichkeiten zwischen dem Rückzahlungsbetrag und dem niedrigeren Ausgabebetrag. Der Betrag ist nach § 250 Abs. 3 HGB wie ein Rechnungsabgrenzungsposten zu verteilen.

M

Erstellen Sie Lernkarten zu folgenden Begriffen: Abschreibungen wegen zukünftiger Wertschwankungen – Anschaffungskosten – Außerplanmäßige Abschreibungen – Barwert – Beibehaltungswahlrechte – beizulegender Stichtagswert – Bewertung – Bilanzierung der Höhe nach – Börsenwert – Buchwert – Erinnerungswert – Ermessensabschreibungen – Herstellungskosten – Marktwert – Nennbetrag – Niederstwert – planmäßige Abschreibung – Rückzahlungsbetrag – Unterschiedsbetrag – Wertansätze – Wertkorrekturen – Zuschreibungen.

Ü

Der Schreiner überlegt, ob die folgenden Aufwendungen in die Herstellungskosten einbezogen werden können bzw. müssen.

- Fertigungslöhne,
- Materialkosten,
- Kosten des Wareneinkaufs,
- Kosten der Warenannahme,
- Lagerkosten der Vorräte,
- Materialverwaltung,
- Innerbetriebliche Transportkosten,
- Energiekosten der Herstellung,
- Abschreibungen auf Fertigungsanlagen und Gebäude,
- Instandhaltungsaufwendungen,
- Gewerbeertragssteuer,
- Weihnachtszuwendungen an Werkstattpersonal,
- Zinsen für Fremdkapital zur Finanzierung der Herstellung eines neuen Sportwagenmodells,
- Löhne und Gehälter in der Verwaltung,
- Abschreibungen des Verwaltungsgebäudes,
- Aufwendungen für das Rechnungswesen,
- Vertriebsaufwendungen für neue Produkte.

Lösung

Für die Positionen 1 und 2 besteht eine Aktivierungspflicht. Für die Positionen 3 bis 6 (Materialgemeinkosten), 7 bis 13 (Fertigungsgemeinkosten) und die Positionen 14 bis 16 (Allgemeine Verwaltungskosten) besteht ein Aktivierungswahlrecht. Für die Position 17 (Vertriebskosten) besteht ein Aktivierungsverbot.

Ü Der Schreiner hat im letzten Quartal des abgelaufenen Geschäftsjahres einige Mitarbeiter dafür eingesetzt, eine neue Präsentationsfläche für die Schränke zu schaffen.

Dafür sind folgende Einzelkosten angefallen:

Baugenehmigung	550,– €
Statik	420,– €
Materialkosten	23.500,– €
Lohnkosten	6.500,– €
Bauabnahme	250,– €

Für Materialgemeinkosten sind 40 % der Materialkosten, für Fertigungsgemeinkosten 80 % der Lohnkosten anzusetzen. Die auf den Bau entfallenden Verwaltungskosten betragen 4.900,– €.

Berechnen Sie die handelsrechtliche Bewertungsobergrenze der Herstellungskosten.

Lösung

Baugenehmigung	550,– €
Statik	420,– €
Materialkosten	23.500,– €
Lohnkosten	6.500,– €
Bauabnahme	250,– €
Summe	31.220,– €
40 % MGK v. 23.500 €	9.400,– €
80 % FGK v. 6.500 €	5.200,– €
Verwaltungskosten	4.900,– €
Bewertungsobergrenze nach Handelsrecht	50.720,– €

Ü Der Schreiner schafft eine neue Maschine an. Hierbei fallen die folgenden Aufwendungen an:

Anschaffungspreis brutto	11.900,– €
Umsatzsteuer 19 %	
./. 5 % Skonto	
Verpackungskosten (netto)	200,– €
Fracht (netto)	300,– €
Transportversicherung (netto)	44,– €
Zinsen für einen zur Anschaffung notwendigen Kredit	650,– €
Aufwendungen für eine externe Sicherheitsprüfung (netto)	22,– €

Wie hoch sind die Anschaffungskosten?

Lösung

Die Anschaffungskosten in Höhe von 10.066,– € setzen sich zusammen aus den Anschaffungsnebenkosten (Verpackung, Fracht, Versicherung sowie die Sicherheitsprüfung). Diese Aufwendungen sollen nicht im Jahr der Anschaffung abgezogen, sondern wie der Anschaffungspreis auf die Nutzungsdauer der Maschine verteilt werden. Die Vorsteuer (sie ist nach § 15 UStG abziehbar) und die Fremdkapitalzinsen (zwischen Anschaffungs- und Finanzierungskosten ist streng zu trennen) gehören nicht zu den Anschaffungskosten. Um die darin enthaltene Vorsteuer wird Skonto korrigiert und gilt als Anschaffungskostenminderung.

4.4 Bilanzierungsort

Der rote Faden

Was bisher erläutert wurde: Klargestellt wurden die Bilanzierung dem Grunde nach und die Bewertung.
Wie es weitergeht: Jetzt geht es ganz konkret darum, auf welchen Positionen die Vermögensgegenstände und Schulden zu bilanzieren sind.

GoB

Die Gliederung der Bilanz muss den GoB entsprechen.

HGB

Die Bilanz der Kapitalgesellschaften unterliegt den Vorschriften des § 266 HGB. Viele Unternehmen, insbesondere die im Nonprofit-Sektor, richten sich nach dieser Gliederungssystematik:

„§ 266 Gliederung der Bilanz

(1) 1. Die Bilanz ist in Kontoform aufzustellen. 2. Dabei haben große und mittelgroße Kapitalgesellschaften (§ 267 Abs. 3, 2) auf der Aktivseite die in Absatz 2 und auf der Passivseite die in Absatz 3 bezeichneten Posten gesondert und in der vorgeschriebenen Reihenfolge auszuweisen. 3. Kleine Kapitalgesellschaften (§ 267 Abs. 1) brauchen nur eine verkürzte Bilanz aufzustellen, in die nur die in den Absätzen 2 und 3 mit Buchstaben und römischen Zahlen bezeichneten Posten gesondert und in der vorgeschriebenen Reihenfolge aufgenommen werden.

(2) Aktivseite
   A. Anlagevermögen:
      I. Immaterielle Vermögensgegenstände:
         1. Konzessionen, gewerbliche Schutzrechte und ähnliche Rechte und Werte sowie Lizenzen an solchen Rechten und Werten,
         2. Geschäfts- oder Firmenwert,
         3. Geleistete Anzahlungen,
      II. Sachanlagen:
         1. Grundstücke, grundstücksgleiche Rechte und Bauten einschließlich der Bauten auf fremden Grundstücken,
         2. Technische Anlagen und Maschinen,

3. Andere Anlagen, Betriebs- und Geschäftsausstattung,
4. Geleistete Anzahlungen und Anlagen im Bau,

III. Finanzanlagen:
1. Anteile an verbundenen Unternehmen,
2. Ausleihungen an verbundene Unternehmen,
3. Beteiligungen,
4. Ausleihungen an Unternehmen, mit denen ein Beteiligungsverhältnis besteht,
5. Wertpapiere des Anlagevermögens,
6. Sonstige Ausleihungen.

B. Umlaufvermögen:

I. Vorräte:
1. Roh-, Hilfs- und Betriebsstoffe,
2. Unfertige Erzeugnisse, unfertige Leistungen,
3. Fertige Erzeugnisse und Waren,
4. Geleistete Anzahlungen,

II. Forderungen und sonstige Vermögensgegenstände:
1. Forderungen aus Lieferungen und Leistungen,
2. Forderungen gegen verbundene Unternehmen,
3. Forderungen gegen Unternehmen, mit denen ein Beteiligungsverhältnis besteht,
4. Sonstige Vermögensgegenstände,

III. Wertpapiere:
1. Anteile an verbundenen Unternehmen,
2. Eigene Anteile,
3. Sonstige Wertpapiere,

IV. Kassenbestand, Bundesbankguthaben, Guthaben bei Kreditinstituten und Schecks.

C. Rechnungsabgrenzungsposten.

(3) Passivseite

A. Eigenkapital:

I. Gezeichnetes Kapital,

II. Kapitalrücklage,

III. Gewinnrücklagen:
1. Gesetzliche Rücklage,
2. Rücklage für eigene Anteile,
3. Satzungsmäßige Rücklagen,
4. Andere Gewinnrücklagen,

IV. Gewinnvortrag/Verlustvortrag,

V. Jahresüberschuss/Jahresfehlbetrag.

B. Rückstellungen:
1. Rückstellungen für Pensionen und ähnliche Verpflichtungen,
2. Steuerrückstellungen,
3. Sonstige Rückstellungen.

C. Verbindlichkeiten:
1. Anleihen davon konvertibel,
2. Verbindlichkeiten gegenüber Kreditinstituten,
3. Erhaltene Anzahlungen auf Bestellungen,
4. Verbindlichkeiten aus Lieferungen und Leistungen,
5. Verbindlichkeiten aus der Annahme gezogener Wechsel und der Ausstellung eigener Wechsel,
6. Verbindlichkeiten gegenüber verbundenen Unternehmen,
7. Verbindlichkeiten gegenüber Unternehmen, mit denen ein Beteiligungsverhältnis besteht,

8. Sonstige Verbindlichkeiten, davon aus Steuern, davon im Rahmen der sozialen Sicherheit.

D. Rechnungsabgrenzungsposten."

Quelle: http://www.gesetze-im-internet.de/hgb/__266.html; 30.04.2008

Für Altenpflegeeinrichtungen und Krankenhäuser gibt es jedoch Spezialvorschriften.

Die Pflegebuchführungsverordnung regelt: **PBV**

Anlage 1 Gliederung der Bilanz *)
Aktivseite

A. Ausstehende Einlagen auf das gezeichnete/gewährte Kapital (KGr. 00), davon eingefordert
B. Anlagevermögen:
   I. Immaterielle Vermögensgegenstände (KUGr. 080)
   II. Sachanlagen:
      1. Grundstücke und grundstücksgleiche Rechte mit Betriebsbauten einschließlich der Betriebsbauten auf fremden Grundstücken (KGr. 01, KUGr. 040 u. 042)
      2. Grundstücke und grundstücksgleiche Rechte mit Wohnbauten einschließlich der Wohnbauten auf fremden Grundstücken (KGr. 02, KUGr. 041 u. 042, soweit nicht unter 1.)
      3. Grundstücke und grundstücksgleiche Rechte ohne Bauten (KGr. 03).
      4. Technische Anlagen (KGr. 05)
      5. Einrichtungen und Ausstattungen ohne Fahrzeuge (KGr. 06 ohne KUGr. 063).
      6. Fahrzeuge (KUGr. 063)
      7. Geleistete Anzahlungen und Anlagen im Bau (KGr. 07).
   III. Finanzanlagen
      1. Anteile an verbundenen Unternehmen++) (KUGr. 081).
      2. Ausleihungen an verbundene Unternehmen++) (KUGr. 082).
      3. Beteiligungen (KUGr. 083)
      4. Ausleihungen an Unternehmen, mit denen ein Beteiligungsverhältnis besteht++) (KUGr. 084).
      5. Wertpapiere des Anlagevermögens (KUGr. 085)
      6. Sonstige Finanzanlagen (KUGr. 086)
C. Umlaufvermögen
   I. Vorräte
      1. Roh-, Hilfs- und Betriebsstoffe (KUGr. 101)
      2. Geleistete Anzahlungen (KUGr. 102)
   II. Forderungen und sonstige Vermögensgegenstände
      1. Forderungen aus Lieferungen und Leistungen (KGr. 11), davon mit einer Restlaufzeit von mehr als einem Jahr
      2. Forderungen an Gesellschafter oder Träger der Einrichtung (KUGr. 160), davon mit einer Restlaufzeit von mehr als einem Jahr
      3. Forderungen gegen verbundene Unternehmen++) (KUGr. 161), davon mit einer Restlaufzeit von mehr als einem Jahr
      4. Forderungen gegen Unternehmen, mit denen ein Beteiligungsverhältnis besteht++) (KUGr. 162) davon mit einer Restlaufzeit von mehr als einem Jahr
      5. Forderungen aus öffentlicher Förderung (KGr. 14), davon mit einer Restlaufzeit von mehr als einem Jahr
      6. Forderungen aus nicht-öffentlicher Förderung (KGr. 15), davon mit einer Restlaufzeit von mehr als einem Jahr

7. Sonstige Vermögensgegenstände (KUGr. 164), davon mit einer Restlaufzeit von mehr als einem Jahr
8. Umsatzsteuer (KUGr. 163)

III. Wertpapiere des Umlaufvermögens (KGr. 13), davon Anteile an verbundenen Unternehmen

IV. Kassenbestand, Guthaben bei Kreditinstituten und Schecks (KGr. 12)

D. Ausgleichsposten
1. Ausgleichsposten aus Darlehensförderung (KUGr. 171)
2. Ausgleichsposten für Eigenmittelförderung (KUGr. 172)

E. Rechnungsabgrenzungsposten (KGr. 18).

F. Nicht durch Eigenkapital gedeckter Fehlbetrag.

*) Die Klammerhinweise auf den Kontenrahmen entfallen in der Bilanz.
++) Ausweis dieser Posten nur bei Kapitalgesellschaften

Passivseite

A. Eigenkapital
1. Gezeichnetes/gewährtes Kapital (KUGr. 200).
2. Kapitalrücklagen (KUGr. 201).
3. Gewinnrücklagen (KUGr. 202)
4. Gewinnvortrag/Verlustvortrag (KUGr. 203).
5. Jahresüberschuss/Jahresfehlbetrag (KUGr. 204).

B. Sonderposten aus Zuschüssen und Zuweisungen zur Finanzierung des Sachanlagevermögens
1. Sonderposten aus öffentlichen Fördermitteln für Investitionen (KGr. 21)
2. Sonderposten aus nicht-öffentlicher Förderung für Investitionen (KGr. 22)

C. Rückstellungen (KGr. 24)

D. Verbindlichkeiten
1. Verbindlichkeiten aus Lieferungen und Leistungen (KGr. 30), davon mit einer Restlaufzeit bis zu einem Jahr
2. Verbindlichkeiten gegenüber Kreditinstituten (KGr. 31), davon mit einer Restlaufzeit bis zu einem Jahr
3. Erhaltene Anzahlungen (KGr. 34), davon mit einer Restlaufzeit bis zu einem Jahr
4. Verbindlichkeiten gegenüber Gesellschaftern oder dem Träger der Einrichtung (KUGr. 354), davon mit einer Restlaufzeit bis zu einem Jahr
5. Verbindlichkeiten gegenüber verbundenen Unternehmen*) (KUGr. 355), davon mit einer Restlaufzeit bis zu einem Jahr
6. Verbindlichkeiten gegenüber Unternehmen, mit denen ein Beteiligungsverhältnis besteht*) (KUGr. 356), davon mit einer Restlaufzeit bis zu einem Jahr
7. Verbindlichkeiten aus öffentlichen Fördermitteln für Investitionen (KGr. 32), davon mit einer Restlaufzeit bis zu einem Jahr
8. Verbindlichkeiten aus nicht-öffentlicher Förderung für Investitionen (KGr. 33), davon mit einer Restlaufzeit bis zu einem Jahr
9. Sonstige Verbindlichkeiten (KUGr. 350 bis 353, 357), davon mit einer Restlaufzeit bis zu einem Jahr
10. Verwahrgeldkonto (KGr. 37)
11. Umsatzsteuer (KGr. 36)

E. Ausgleichsposten aus Darlehensförderung (KGr. 23).

F. Rechnungsabgrenzungsposten (KGr. 38)

Eventualverbindlichkeiten aus Ansprüchen auf Erstattung von Fördermitteln

*) Ausweis dieser Posten nur bei Kapitalgesellschaften
Quelle: http://www.gesetze-im-internet.de/pbv/anlage_1_15.html; 30.04.2008

Die Krankenhausbuchführungsverordnung schreibt vor: **KHBV**

Gliederung der Bilanz *)

Aktivseite

A. Ausstehende Einlagen auf das gezeichnete/festgesetzte Kapital (KGr. 00), davon eingefordert

B. Anlagevermögen:

I. Immaterielle Vermögensgegenstände und dafür geleistete Anzahlungen (KUGr. 090 u. 091)

II. Sachanlagen:

1. Grundstücke und grundstücksgleiche Rechte mit Betriebsbauten einschließlich der Betriebsbauten auf fremden Grundstücken (KGr. 01; KUGr. 050, 053)
2. Grundstücke und grundstücksgleiche Rechte mit Wohnbauten einschließlich der Wohnbauten auf fremden Grundstücken (KGr. 03, KUGr. 052; KUGr. 053, soweit nicht unter 1.)
3. Grundstücke und grundstücksgleiche Rechte ohne Bauten (KGr. 04)
4. technische Anlagen (KGr. 06)
5. Einrichtungen und Ausstattungen (KGr. 07)
6. geleistete Anzahlungen und Anlagen im Bau (KGr. 08)

III. Finanzanlagen:

1. Anteile an verbundenen Unternehmen (KUGr. 092)++)
2. Ausleihungen an verbundene Unternehmen (KUGr. 093)++)
3. Beteiligungen (KUGr. 094)
4. Ausleihungen an Unternehmen, mit denen ein Beteiligungsverhältnis besteht (KUGr. 095)++)
5. Wertpapiere des Anlagevermögens (KUGr. 096)
6. sonstige Finanzanlagen (KUGr. 097) davon bei Gesellschaftern bzw. dem Krankenhausträger

C. Umlaufvermögen:

I. Vorräte:

1. Roh-, Hilfs- und Betriebsstoffe (KUGr. 100–105)
2. unfertige Erzeugnisse, unfertige Leistungen (KUGr. 106)
3. fertige Erzeugnisse und Waren (KUGr. 107)
4. geleistete Anzahlungen (KGr. 11)

II. Forderungen und sonstige Vermögensgegenstände:

1. Forderungen aus Lieferungen und Leistungen (KGr. 12), davon mit einer Restlaufzeit von mehr als einem Jahr
2. Forderungen an Gesellschafter bzw. den Krankenhausträger (KUGr. 160), davon mit einer Restlaufzeit von mehr als einem Jahr
3. Forderungen nach dem Krankenhausfinanzierungsrecht (KGr. 15), davon nach der BPflV (KUGr. 151), davon mit einer Restlaufzeit von mehr als einem Jahr
4. Forderungen gegen verbundene Unternehmen (KUGr. 161)++), davon mit einer Restlaufzeit von mehr als einem Jahr
5. Forderungen gegen Unternehmen, mit denen ein Beteiligungsverhältnis besteht (KUGr. 162)++), davon mit einer Restlaufzeit von mehr als einem Jahr
6. sonstige Vermögensgegenstände (KUGr. 163), davon mit einer Restlaufzeit von mehr als einem Jahr

III. Wertpapiere des Umlaufvermögens (KGr. 14), davon Anteile an verbundenen Unternehmen (KUGr. 140)++)

IV. Schecks, Kassenbestand, Bundesbank- und Postgiroguthaben, Guthaben bei Kreditinstituten (KGr. 13)

D. Ausgleichsposten nach dem KHG:
   1. Ausgleichsposten aus Darlehensförderung (KUGr. 180)
   2. Ausgleichsposten für Eigenmittelförderung (KUGr. 181)
E. Rechnungsabgrenzungsposten:
   1. Disagio (KUGr. 170)
   2. andere Abgrenzungsposten (KUGr. 171)
F. Nicht durch Eigenkapital gedeckter Fehlbetrag

Passivseite

A. Eigenkapital:
   1. Gezeichnetes/festgesetztes Kapital (KUGr. 200)
   2. Kapitalrücklagen (KUGr. 201)
   3. Gewinnrücklagen (KUGr. 202)
   4. Gewinnvortrag/Verlustvortrag (KUGr. 203)
   5. Jahresüberschuss/Jahresfehlbetrag (KUGr. 204)
B. Sonderposten aus Zuwendungen zur Finanzierung des Sachanlagevermögens:
   1. Sonderposten aus Fördermitteln nach dem KHG (KGr. 22)
   2. Sonderposten aus Zuweisungen und Zuschüssen der öffentlichen Hand (KGr. 23)
   3. Sonderposten aus Zuwendungen Dritter (KGr. 21)
C. Rückstellungen:
   1. Rückstellungen für Pensionen und ähnliche Verpflichtungen (KGr. 27)
   2. Steuerrückstellungen (KUGr. 280)
   3. sonstige Rückstellungen (KUGr. 281)
D. Verbindlichkeiten:
   1. Verbindlichkeiten gegenüber Kreditinstituten (KGr. 34), davon gefördert nach dem KHG, davon mit einer Restlaufzeit bis zu einem Jahr
   2. erhaltene Anzahlungen (KGr. 36), davon mit einer Restlaufzeit bis zu einem Jahr
   3. Verbindlichkeiten aus Lieferungen und Leistungen (KGr. 32), davon mit einer Restlaufzeit bis zu einem Jahr
   4. Verbindlichkeiten aus der Annahme gezogener Wechsel und der Ausstellung eigener Wechsel (KGr. 33), davon mit einer Restlaufzeit bis zu einem Jahr
   5. Verbindlichkeiten gegenüber Gesellschaftern bzw. dem Krankenhausträger (KUGr. 370), davon mit einer Restlaufzeit bis zu einem Jahr
   6. Verbindlichkeiten nach dem Krankenhausfinanzierungsrecht (KGr. 35), davon nach der BPflV (KUGr. 351), davon mit einer Restlaufzeit bis zu einem Jahr
   7. Verbindlichkeiten aus sonstigen Zuwendungen zur Finanzierung des Anlagevermögen (KUGr. 371), davon mit einer Restlaufzeit bis zu einem Jahr
   8. Verbindlichkeiten gegenüber verbundenen Unternehmen (KUGr. 372)++), davon mit einer Restlaufzeit bis zu einem Jahr
   9. Verbindlichkeiten gegenüber Unternehmen, mit denen ein Beteiligungsverhältnis besteht (KUGr. 373)++), davon mit einer Restlaufzeit bis zu einem Jahr
   10. sonstige Verbindlichkeiten (KUGr. 374), davon mit einer Restlaufzeit bis zu einem Jahr
E. Ausgleichsposten aus Darlehensförderung (KGr. 24)
F. Rechnungsabgrenzungsposten (KGr. 38)

*) Die Klammerhinweise auf den Kontenrahmen entfallen in der Bilanz.
++) Ausweis dieser Posten nur bei Kapitalgesellschaften."
Quelle: http://www.gesetze-im-internet.de/khbv/anlage_1_14.html; 30.04.2008

Die Bilanz einer Stadt kann etwa wie folgt gegliedert sein:

Kommunalverwaltung

A. Anlagevermögen
  I. Immaterielle Vermögensgegenstände
  II. Sachanlagen
    1. Unbebaute Grundstücke u. grundstücksgleiche Rechte
      a) Grünflächen
      b) Sonstige unbebaute Grundstücke
    2. Bebaute Grundstücke u. grundstücksgleiche Rechte mit
      a) Kindertageseinrichtungen
      b) Schulen
      c) Wohnbauten
      d) Sonstigen Dienst-, Geschäfts- u. anderen Betriebsgebäuden
    3. Infrastrukturvermögen
      a) Grund u. Boden des Infrastrukturvermögens
      b) Brücken und Tunnel
      c) Gleisanlagen mit Streckenausrüstung u. Sicherheitsanlagen
      d) Straßennetz einschließlich Wege, Plätze u. Verkehrslenkungsanlagen
    4. Kunstgegenstände u. Baudenkmäler
    5. Fahrzeuge
    6. Maschinen u. technische Anlagen
    7. Betriebs- u. Geschäftsausstattung
    8. Geleistete Anzahlungen, Anlagen im Bau
  III. Finanzanlagen
    1. Anteile an verbundenen Unternehmen
    2. Beteiligungen
    3. Sondervermögen

B. Umlaufvermögen
  I. Vorräte
    1. Roh-, Hilfs- u. Betriebsstoffe
    2. Geleistete Anzahlungen
  II. Forderungen u. sonstige Vermögensgegenstände
    1. Öffentlich-rechtliche Forderungen
    2. Sonstige Ford. gegen den privaten Bereich
  III. Wertpapiere des Umlaufvermögens
  IV. Liquide Mittel

A. Eigenkapital
  I. Allgemeine Rücklage
  II. Sonderrücklage
B. Verbindlichkeiten
  I. Verbindlichkeiten aus Krediten
    1. vom öffentlichen Bereich
    2. vom privaten Kreditmarkt
  II. Verbindlichkeiten aus Lieferungen u. Leistungen
  III. Sonstige Verbindlichkeiten

Quelle: Fudalla & zur Mühlen & Wöste 2004, Abb. 12, S. 38.

4.5 Spezielle Aspekte der Bilanzierung

Der rote Faden

Was bisher erläutert wurde: Die Grundfragen der Bilanzierung sind geklärt. **Wie es weitergeht:** Nun kommen wir zu den speziellen Aspekten der Bilanzierung des Anlagevermögens, des Umlaufvermögens, des Eigenkapitals und der Schulden.

4.5.1 Die Bilanzierung des Anlagevermögens

D

Nach § 247 Abs. 2 HGB sind im **Anlagevermögen** die Gegenstände zu bilanzieren, die dazu bestimmt sind, „dauernd dem Geschäftsbetrieb" zu dienen. Vermögensgegenstände des Anlagevermögens geben also Leistungen über eine bestimmte Zeit ab. Sie sind somit Gebrauchsgüter.

Zum Anlagevermögen gehören nach § 266 Abs. 2 HGB immaterielle Vermögensgegenstände, Sachanlagen und Finanzanlagen.

Ausschlaggebend für die Einordnung ist die Zweckbestimmung des Vermögensgegenstandes. Entscheidend ist die Zweckbestimmung am jeweiligen Bilanzstichtag.

B

Die Schreinerei kann selber erstellte Schreibtische gleichermaßen als Fertigerzeugnisse am Markt veräußern oder als BGA (Betriebs- und Geschäftsausstattung) im Anlagevermögen bilanzieren. Die Entscheidung des Unternehmens, ob ein Vermögensgegenstand verkauft oder selber genutzt wird, ist somit maßgeblich für die Bilanzierung.

D

Zum **Umlaufvermögen** zählen die Vermögensgegenstände, die nicht bestimmt sind, dauernd dem Geschäftsbetrieb zu dienen. Das sind solche Vermögensgegenstände, die im Produktionsprozess verarbeitet werden, z. B. Roh-, Hilfs- und Betriebsstoffe, also Verbrauchsgüter, die mit Verkauf oder Verbrauch als einmaligem Nutzungsvorgang verbunden sind.

Aktivierungsverbote

Nach § 246 HGB sind natürlich auch sämtliche Vermögensgegenstände des Anlagevermögens zu aktivieren. Ausdrückliche Verbote nennt § 248 HGB für:

- Aufwendungen für die Gründung des Unternehmens,
- Aufwendungen für die Eigenkapitalbeschaffung sowie
- immaterielle Vermögensgegenstände des Anlagevermögens, die nicht entgeltlich erworben wurden und
- Aufwendungen für den Abschluss von Versicherungsverträgen.

Differenzierung

Das Anlagevermögen wird in abnutzbares und nicht abnutzbares Anlagevermögen und bewegliches und nicht bewegliches Anlagevermögen unterschieden:

- Beim *abnutzbaren* Anlagevermögen ist die Nutzung zeitlich begrenzt. Zum abnutzbaren Anlagevermögen gehören z. B. Maschinen, BGA. Beim *nicht abnutzbaren* Anlagevermögen ist die Nutzung zeitlich nicht begrenzt. Zum nicht abnutzbaren Anlagevermögen gehören z. B. Grundstücke und Finanzanlagen.

- Zum *beweglichen* Anlagevermögen gehören Maschinen, maschinelle Anlagen, sonstige Betriebsvorrichtungen, Werkzeuge und Einrichtungsgegenstände. *Nicht bewegliches* Anlagevermögen sind Grundstücke, Gebäude.

Bewertung

Die Anschaffungs- und Herstellungskosten bilden den Ausgangspunkt und die Bewertungsobergrenze (§ 253 Abs. 1 S. 1 HGB).

Lernposter 7: Bewertung des Anlagevermögens

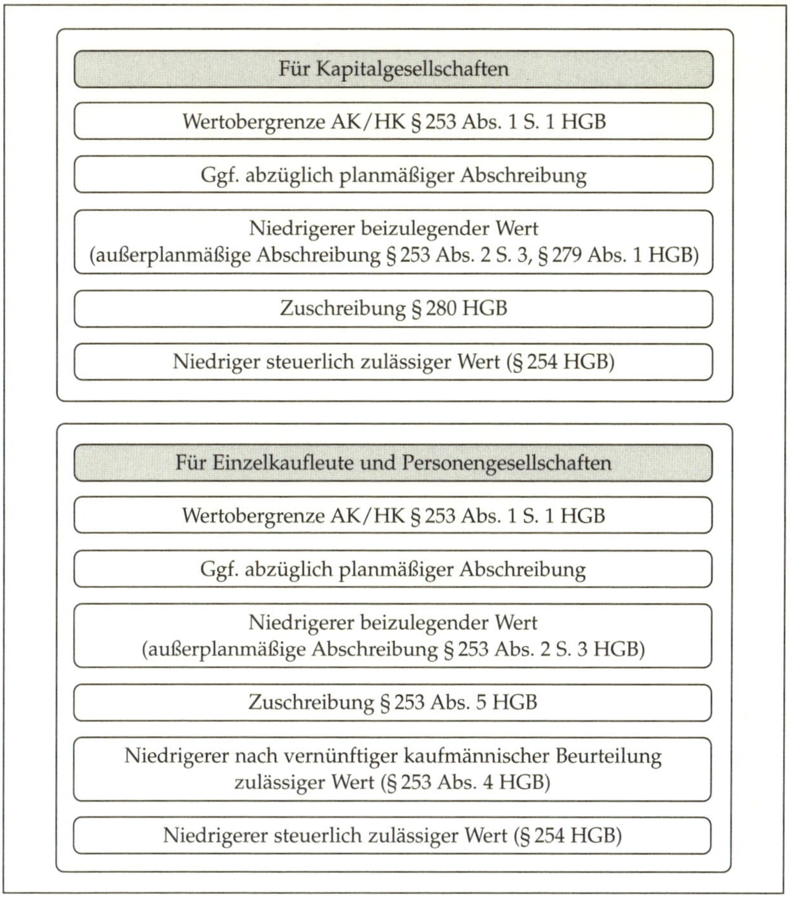

Abb. 4.6: Bewertung des Anlagevermögens – Lernposter 7

Bei *abnutzbaren Vermögensgegenständen des Anlagevermögens* sind diese nach § 253 Abs. 2 S. 1 HGB um planmäßige Abschreibungen zu vermindern. Damit werden die Anschaffungs- oder Herstellungskosten über die Nutzungsdauer verteilt.

Bei allen Vermögensgegenständen des Anlagevermögens, also sowohl bei abnutzbaren als auch bei nicht abnutzbaren sind außerplanmäßige Abschreibungen auf einen niedrigeren, beizulegenden Wert vorzunehmen.

Für das Anlagevermögen gilt das *gemilderte Niederstwertprinzip*:
- Bei voraussichtlich dauernder Wertminderung sind die Vermögensgegenstände auf den niedrigeren Wert abzuschreiben.

- Bei voraussichtlich nicht dauernder Wertminderung dürfen Kapitalgesellschaften außerplanmäßige Abschreibungen nur bei Vermögensgegenständen des Finanzanlagevermögens vornehmen (§ 253 Abs. 2 S. 3 i. V. m. § 279 Abs. 1 S. 2 HGB).
- Nach § 254 i. V. m. § 279 Abs. 2 HGB dürfen die Vermögensgegenstände auf einen im Hinblick auf die steuerliche Anerkennung notwendigen (noch) niedrigeren Wert abgeschrieben werden.

Besonders zu beachten: Zu den Anschaffungsnebenkosten bei Grundstücken, grundstücksgleichen Rechten und Gebäuden gehören auch Kosten für die Herrichtung wie Parzellierung und Entwässerung, Grundbuch- und Notariatsgebühren, Maklerprovisionen und die Grunderwerbssteuer (vgl. R 33a Abs. 1–4 EStR).

Festwert

Massengüter des Sachanlagevermögens dürfen unter bestimmten Bedingungen mit einem Festwert angesetzt werden. Im Bereich der BGA zählen hierzu insbesondere Schreibmaschinen, Werkzeug, Gleisanlagen, Hotelgeschirr und Gerüst- und Schalungsteile.

Unter der Annahme, dass sich Verbrauch und Neuzugänge in etwa entsprechen, muss nur alle drei Jahre eine körperliche Bestandsaufnahme gemacht werden. Folgende Voraussetzungen müssen erfüllt sein (§ 240 Abs. 3 HGB):

- Gegenstände des Sachanlagevermögens oder Roh-, Hilfs- und Betriebsstoffe des Vorratsvermögens,
- Gesamtwert ist für das Unternehmen von nachrangiger Bedeutung,
- Bestand unterliegt in Größe, Wert und Zusammensetzung nur geringen Veränderungen,
- eine körperliche Bestandsaufnahme findet alle drei Jahre statt.

Gruppenbewertung

§ 240 Abs. 4 HGB gestattet für gleichartige oder annähernd gleichwertige bewegliche Vermögensgegenstände des Anlagevermögens die Zusammenfassung zu einer Gruppe (z. B. Einrichtung von Hotelzimmern) und die Bewertung mit einem gewogenen Durchschnittspreis. Die Bewertung kann durch eine gewogene periodische Durchschnittsbewertung und durch eine gewogene permanente (gleitende) Durchschnittsbewertung erfolgen.

Immaterielle Vermögensgegenstände

Für immaterielle Vermögensgegenstände des Anlagevermögens gilt die unten dargestellte Regelung (vgl. § 248 Abs. 2 HGB, § 255 Abs. 4 HGB, § 5 Abs. 2 EStG und Abschn. 31 a Abs. 1 und 2 EStR).

Abschreibung

Bei Gegenständen des Anlagevermögens treten bedingt durch Abnutzung, Verschleiß und technischen Fortschritt, Veränderungen der Nutzungsmöglichkeiten etc. Wertminderungen ein. Der Wertansatz der Güter wird mittels Abschreibung korrigiert. § 253 Abs. 2 S. 1 und 2 HGB sieht vor, dass der Werteverzehr durch planmäßige Abschreibung zu berücksichtigen ist.

Abschreibungsplan

Für die planmäßige Abschreibung ist ein *Abschreibungsplan* zu erstellen. Der Abschreibungsplan enthält

- die Anschaffungs- oder Herstellungskosten und einen ggf. erwarteten Restwert,
- die voraussichtliche Nutzungsdauer,
- die gewählte Abschreibungsmethode.

Lernposter 8: Immaterielle Vermögensgegenstände

Art der immateriellen Vermögensgegenstände	Handelsrecht	Steuerrecht
Anlagevermögen		
Nicht entgeltlich **erworbene immaterielle VG des AV**	Aktivierungsverbot	Aktivierungsverbot
Entgeltlich **erworbene immaterielle VG des AV**	Aktivierungsgebot	Aktivierungsgebot
Geschäfts- oder Firmenwert		
Originärer **Geschäfts- oder Firmenwert**	Aktivierungsverbot	Aktivierungsverbot
Derivativer **Geschäfts- oder Firmenwert**	Aktivierungswahlrecht	Aktivierungsgebot

Abb. 4.7: Immaterielle Vermögensgegenstände – Lernposter 8

Eine Änderung des Abschreibungsplans ist möglich, wenn sachliche Gründe dafür sprechen, z. B. eine Änderung der Nutzungsdauer, außerplanmäßige Abschreibungen oder Zuschreibungen, nachträgliche Herstellungskosten oder bei einem Wechsel der Abschreibungsmethode (erlaubter Wechsel von degressiv nach linear). Die Nutzungsdauer wird nach wirtschaftlichen Überlegungen getroffen. Das Steuerrecht hat die Nutzungsdauer weitgehend festgelegt (siehe AfA-Tabellen).

Für die Handelsbilanz ist sowohl eine Abschreibung nach der Inanspruchnahme (leistungsbedingte Abschreibung) als auch die zeitbedingten Verfahren (linear, degressiv und progressiv) zulässig. Bei einem Zugang von Vermögensgegenständen sind nur die Monate nach der Anschaffung/Herstellung zu berücksichtigen. Der Abschreibungszeitraum kann hier auf volle Monate aufgerundet werden.

Außergewöhnliche *Wertminderungen* werden durch die Abschreibung auf den beizulegenden Wert berücksichtigt. Gründe können z. B. technischer Fortschritt, Katastrophenverschleiß etc. sein. Das gemilderte Niederstwertprinzip kommt zur Anwendung. Danach müssen Wertminderungen nur berücksichtigt werden, wenn die Wertminderung voraussichtlich von Dauer ist (§ 253 Abs. 2 S. 3 HGB).

Ist die Wertminderung voraussichtlich nicht dauerhaft, dürfen Kapitalgesellschaften eine Abschreibung nur im Finanzanlagevermögen vornehmen (§ 253 Abs. 2 S. 3 HGB).

B Außerplanmäßige Abschreibung und Verkürzung der Nutzungsdauer

Jahr	Buchwert alt	Abschreibungsbetrag	Buchwert neu
1	120.000	10.000	110.000
2	110.000	10.000	100.000
3	100.000	10.000	90.000
4	90.000	10.000	80.000
5	80.000	10.000	70.000
6	70.000	30.000	40.000
7	40.000	20.000	20.000
8	20.000	20.000	0
Anschaffungswert 120.000,– €, Nutzungsdauer 12 Jahre. Lineare Abschreibung. Außerordentliche Wertminderung im 6. Jahr um 20.000 € und Verkürzung der Nutzungsdauer auf insgesamt 8 Jahre.			

Zuschreibung Eine *Zuschreibung/Wertaufholung* kommt in Betracht, wenn die Gründe für eine außerplanmäßige Abschreibung entfallen. Dabei ist zu beachten:

- Nach § 280 Abs. 2 HGB und § 6 Abs. 1 Nr. 1 S. 4 HGB besteht auch für Kapitalgesellschaften sowohl bei abnutzbaren als auch bei nicht abnutzbaren Gegenständen des AV ein Zuschreibungswahlrecht (Wertaufholungswahlrecht).
- Für Einzelunternehmen und Personengesellschaften gelten die im HGB vorgesehenen Ansätze nur als Obergrenze. Darüber hinaus können nach § 253 Abs. 4 (zusätzliche) Abschreibungen im Rahmen vernünftiger kaufmännischer Beurteilung vorgenommen werden. Nach § 253 Abs. 5 besteht ein uneingeschränktes Beibehaltungswahlrecht. Der Bilanzierende kann also den niedrigeren Wert aufgrund der außerplanmäßigen Abschreibung beibehalten oder auf die Anschaffungs- oder Herstellungskosten abzüglich der planmäßigen Abschreibung als höheren Wert zuschreiben.

M Erstellen Sie Lernkarten zu folgenden Begriffen: Abschreibungsplan – Finanzanlagen – immaterielle Vermögensgegenstände – Sachanlagen.

Ü Hurra, endlich Erfolg – ein Patent ist entstanden. Die Mitarbeiter der Schreinerei feiern einen großen Erfolg. Zwar haben die Mitarbeiter für die Entwicklung des Patents 2 Jahre benötigt und an Forschungs- und Entwicklungskosten ca. 30.000,– € „verbraten", aber nun sind sie am Ziel. Die Konkurrenz wäre sogar bereit, 320.000,– € dafür zu bezahlen. Wie sind die Forschungs- und Entwicklungskosten bilanziell zu behandeln?

Lösung

Für selbst erstellte immaterielle Vermögensgegenstände des Anlagevermögens besteht ein Aktivierungsverbot, weil ihr Wert schwer schätzbar und daher unsicher ist. Eine Aktivierung im Umlaufvermögen zu Herstellungskosten (30.000,– €) kommt jedoch in Betracht, wenn das Patent nur zum Zweck der Veräußerung entwickelt worden ist. Dann hat es nämlich den Charakter von Vorratsvermögen und ist nicht als immaterieller Anlagewert auszuweisen.

4.5.2 Die Bilanzierung des Umlaufvermögens

Der rote Faden

Was bisher erläutert wurde: Allgemeine Grundlagen.
Wie es weitergeht: Nun werden ausgewählte spezielle Aspekte behandelt.

Positionen

Zum Umlaufvermögen gehören die Vermögensgegenstände, die nicht dazu bestimmt sind, dauernd dem Geschäftsbetrieb zu dienen.

Dazu gehören u. a. Vorräte, Forderungen, Sonstige Vermögensgegenstände, Kassenbestand, Wertpapiere, Bundesbank- und Postgiroguthaben, Roh-, Hilfs- und Betriebsstoffe, Guthaben bei Kreditinstituten und andere gleichartige oder annähernd gleichwertige bewegliche Vermögensgegenstände, gleichartige Vermögensgegenstände des Vorratsvermögens.

Bewertung

Für die Bewertung des Umlaufvermögens sind je nach Sachverhalt sehr unterschiedliche Wertansätze maßgebend. In der Abbildung 4.8 sind die wichtigsten unterschiedlichen Wertansätze zusammengefasst.

Lernposter 9: Wertansätze des Umlaufvermögens

Für Kapitalgesellschaften	Für Einzelkaufleute und Personengesellschaften
Wertobergrenze AK/HK §253 Abs. 1 S. 1 HGB	Wertobergrenze AK/HK §253 Abs. 1 S. 1 HGB
Niedrigerer aus dem Börsen- oder Marktpreis abgeleiteter Wert (§253 Abs. 3 S. 1 HGB)	Niedrigerer aus dem Börsen- oder Marktpreis abgeleiteter Wert (§253 Abs. 3 S. 1 HGB)
Niedrigerer beizulegender Wert (§253 Abs. 3 S. 2 HGB)	Niedrigerer beizulegender Wert (§253 Abs. 3 S. 2 HGB)
Zuschreibung §280 HGB	Zuschreibung §253 Abs. 5 HGB
Niedrigerer Wert (zukünftige Wertschwankungen) (§253 Abs. 3 HGB, §280 Abs. 1 HGB)	Niedrigerer Wert (zukünftige Wertschwankungen) (§253 Abs. 3 HGB, §253 Abs. 5 HGB)
Niedriger steuerlich zulässiger Wert (§254 HGB)	Niedrigerer Wert nach vernünftiger kaufmännischer Beurteilung zulässiger Wert (§253 Abs. 4 HGB)
	Niedrigerer steuerlich zulässiger Wert (§254 HGB)

Abb. 4.8: Wertansätze des Umlaufvermögens – Lernposter 9

Die Anschaffungs- und Herstellungskosten bilden grundsätzlich den Ausgangspunkt und die Bewertungsobergrenze.

Lernposter 10: Bewertungsvereinfachungsverfahren

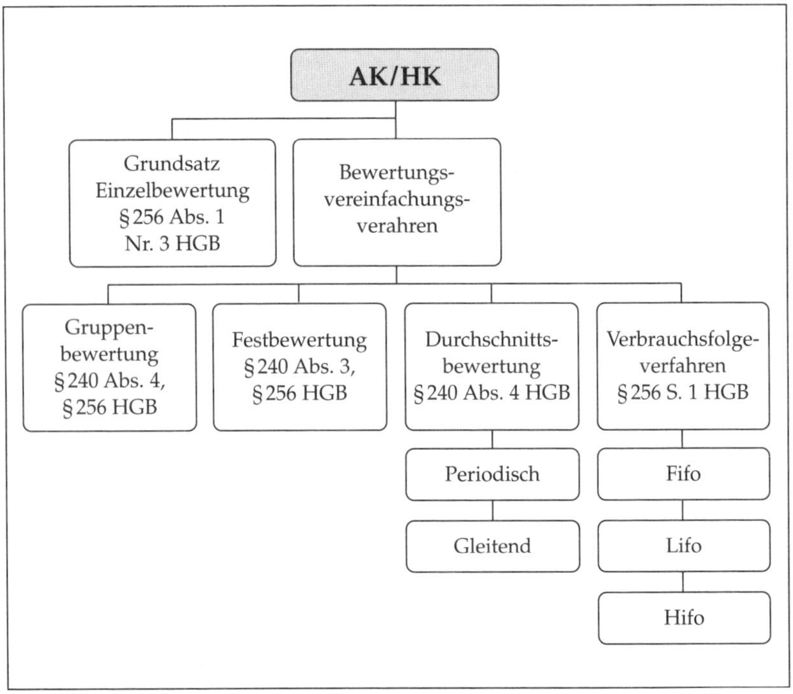

Abb. 4.9: Bewertungsvereinfachungsverfahren – Lernposter 10

Einzelbewertung Die Vermögensgegenstände des Umlaufvermögens sind grundsätzlich einzeln zu bewerten.

Festwert Roh-, Hilfs- und Betriebsstoffe können nach § 240 Abs. 3 i. V. m. § 256 HGB mit einem *Festwert* angesetzt werden. Hier besteht ein Bewertungswahlrecht. Die Voraussetzungen wurden weiter oben behandelt. In die Steuerbilanz ist ein in der Handelsbilanz gewählter Festwert zu übernehmen (§ 5 Abs. 1 EstG, R 36 Abs. 5 EstR).

Durchschnittswert Gleichartige Vermögensgegenstände des Vorratsvermögens, die unterschiedliche Anschaffungs- bzw. Herstellungskosten haben, können mit einem *Durchschnittswert* angesetzt werden. Dies bedeutet entweder

- Ansatz eines gewogenen arithmetischen Mittels am Ende der Periode oder
- Skontration = gleitender Durchschnitt = fortlaufende Ermittlung des Durchschnittswertes (vgl. auch R 36 Abs. 3 EStR).

Folgeverfahren Nach § 256 Satz 1 HGB können für gleichartige Vermögensgegenstände des Vorratsvermögens bestimmte *Verbrauchs- oder Veräußerungsfolgen* unterstellt werden.

Wie bei der Durchschnittsmethode können die Werte am Ende der Periode oder laufend, d. h. bei jedem Zu- und Abgang ermittelt werden.

Die Bewertung mit Hilfe eines Verbrauchsfolgeverfahrens ist steuerrechtlich nur mit der Lifo-Methode zulässig. Von der Lifo-Methode darf nur mit Zustimmung des Finanzamtes abgewichen werden. § 284 HGB sieht besondere Angabevorschriften (im Anhang) für Kapitalgesellschaften vor.

Fallen die Gründe für eine frühere Abschreibung weg, so besteht nach § 253 Abs. 5 HGB ein Beibehaltungswahlrecht. Dieses wird nach § 280 HGB für Kapitalgesellschaften zum Wertaufholungsgebot. **Zuschreibung**

- Beim Fifo-Verfahren wird angenommen, dass die zuerst angeschafften oder hergestellten Vermögensgegenstände zuerst verbraucht werden: „*f*irst *i*n – *f*irst *o*ut". Sie werden in der GuV als Aufwand gebucht.
- Beim Lifo-Verfahren wird angenommen, dass die zuletzt angeschafften oder hergestellten Vermögensgegenstände zuerst verbraucht werden: „*l*ast *i*n – *f*irst *o*ut". Sie werden in der GuV als Aufwand gebucht.

Die Buchhaltung hat folgende Bestände, Zu- und Abgänge (das Zahlenbeispiel stammt aus Coenenberg 2005, S. 208 ff.): **B**

Materialbestandskonto „Eichenholz" der Schreinerei

01. Jan	Anfangsbestand	150 kg	zu	40,00 €	pro kg
19. Jan	Zugang	250 kg	zu	42,00 €	pro kg
01. Feb	Abgang	100 kg			
05. Jul	Zugang	200 kg	zu	38,00 €	pro kg
25. Jul	Abgang	400 kg			
12. Sep	Zugang	150 kg	zu	43,00 €	pro kg
22. Nov	Abgang	50 kg			

Der Marktpreis am Bilanzstichtag beträgt 42,80 €/kg 8.560,00 €

(1) Gewogener Durchschnitt

Anfangsbestand	150 kg	zu	40,00 €	pro kg	6.000,00 €
Zugang	250 kg	zu	42,00 €	pro kg	10.500,00 €
Zugang	200 kg	zu	38,00 €	pro kg	7.600,00 €
Zugang	150 kg	zu	43,00 €	pro kg	6.450,00 €
Summe	750 kg				30.550,00 €
Durchschnittspreis = 30.550 / 750 = 40,73 €					8.146,67 €

Dieser Wert kommt bei Wahl der Methode zum Ansatz.

(2) Gleitender Durchschnitt

01. Jan	Anfangsbestand	150 kg	zu	40,00 €	pro kg	6.000,00 €
19. Jan	Zugang	250 kg	zu	42,00 €	pro kg	10.500,00 €
	Bestand	400 kg				16.500,00 €
	Durchschnittspreis = 16.500 / 400 = 41,25 €					
01. Feb	Abgang	100 kg	zu	41,25 €	pro kg	4.125,00 €
	Bestand	300 kg				
05. Jul	Zugang	200 kg	zu	38,00 €	pro kg	7.600,00 €
	Bestand	500				19.975,00 €
	Durchschnittspreis = 19.975 / 500 = 39,95 €					
25. Jul	Abgang	400 kg	zu	39,95 €	pro kg	15.980,00 €
	Bestand	100 kg				
12. Sep	Zugang	150 kg	zu	43,00 €	pro kg	6.450,00 €
	Bestand	250				10.445,00 €
	Durchschnittspreis = 10.445 / 250 = 41,78 €					
22. Nov	Abgang	50 kg	zu	41,78 €	pro kg	2.089,00 €
	Endbestand	200 kg	zu	41,78 €	pro kg	8.356,00 €

Dieser Wert kommt bei Wahl der Methode zum Ansatz.

(3) Perioden Fifo

Anfangsbestand	150 kg	zu	40,00 €	pro kg	
Zugang	250 kg	zu	42,00 €	pro kg	
Zugang	200 kg	zu	38,00 €	pro kg	
Zugang	150 kg	zu	43,00 €	pro kg	
Summe	750 kg				
Verbrauch	550 kg				
Endbestand	200 kg				
nämlich	150 kg	zu	43,00 €	pro kg	6.450,00 €
	50 kg	zu	38,00 €	pro kg	1.900,00 €
Summe	200 kg				8.350,00 €

Dieser Wert kommt bei Wahl der Methode zum Ansatz.

(4) Perioden Lifo

Anfangsbestand	150 kg	zu	40,00 €	pro kg	
Zugang	250 kg	zu	42,00 €	pro kg	
Zugang	200 kg	zu	38,00 €	pro kg	
Zugang	150 kg	zu	43,00 €	pro kg	
Summe	750 kg				
Verbrauch	550 kg				
Endbestand	200 kg				
nämlich	150 kg	zu	40,00 €	pro kg	6.000,00 €
	50 kg	zu	42,00 €	pro kg	2.100,00 €
Summe	200 kg				8.100,00 €

Dieser Wert kommt bei Wahl der Methode zum Ansatz.

(5) Permantes Lifo

01. Jan	Anfangsbestand	150 kg	zu	40,00 €	pro kg	6.000,00 €
19. Jan	Zugang	250 kg	zu	42,00 €	pro kg	10.500,00 €
01. Feb	Abgang	100 kg	zu	42,00 €	pro kg	4.200,00 €
05. Jul	Zugang	200 kg	zu	38,00 €	pro kg	7.600,00 €
	Summe					19.900,00 €
25. Jul	Abgang	400 kg				
		200 kg	zu	38,00 €	pro kg	7.600,00 €
		150 kg	zu	42,00 €	pro kg	6.300,00 €
		50 kg	zu	40,00 €	pro kg	2.000,00 €
12. Sep	Zugang	150 kg	zu	43,00 €	pro kg	6.450,00 €
	Summe					10.450,00 €
22. Nov	Abgang	50 kg	zu	43,00 €	pro kg	2.150,00 €
	Endbestand	200 kg				8.300,00 €

Dieser Wert kommt bei Wahl der Methode zum Ansatz.

Fazit auch: Bei keinem der drei Verfahren kommt der Marktpreis zum Ansatz. Das Niederstwertprinzip greift hier nicht.

Abb. 4.8: Verbrauchsfolgeverfahren

M Erstellen Sie Lernkarten zu folgenden Begriffen: Bewertungsvereinfachungsverfahren – Durchschnittswert – Festwert – Fifo – Lifo – Skontration – Verbrauchsfolgeverfahren.

Ü Der Schreiner hat spekuliert. Er hält gekaufte Wertpapiere im Umlaufvermögen, 100 Aktien zu einem Kurs von 100,– €.

Am Bilanzstichtag ist der Wert der Aktie um 100 % gestiegen.

Ende des folgenden Geschäftsjahres sind die Aktien noch nicht wieder verkauft. Ihr Kurs ist gefallen und beträgt 15,– € je Aktie.

Wie ist zu bewerten?

Lösung

Der am Abschlussstichtag beizulegende Wert beträgt 10.000,– €, obwohl man dafür bei einem Verkauf am Bilanzstichtag 15.000,– € erhalten würde. Für die Aktien entstanden Anschaffungskosten in Höhe von 10.000,– € über die er nicht hinausgehen darf, weil nur solche Beträge berücksichtigt werden dürfen, die am Abschlussstichtag realisiert sind (Realisationsprinzip, § 252 Abs. 1 Nr. 4 HGB).

Ü Neben Holz benötigt die Schreinerei z. B. für Stühle auch Stoffe. Die Schreinerei hat am Jahresende noch 5 Ballen Stoffe zum Beziehen von Autositzen auf Lager. Der Buchwert beträgt 10,– €/lfd. M.

Der Marktpreis am Bilanzstichtag beträgt 9,– €/lfd. M., bei Bilanzaufstellung 8,– €/lfd. M.

Es ist erkennbar, dass in nächster Zeit andere Bezugsstoffe modern werden. Der niedrige Wert zur Vermeidung von Wertansatzänderungen auf Grund von Wertschwankungen in nächster Zukunft wird auf 5,– €/lfd. M. geschätzt.

Welche Wertansätze sind in der Handelsbilanz möglich?

Lösung

Die Stoffe zählen zum Umlaufvermögen, für welches das strenge Niederstwertprinzip gilt. Dieses verlangt einen Ansatz von 9,– €/lfd. M., denn das entspricht dem Wert zum Bilanzstichtag (§ 253 Abs. 3 Satz 1).

Für die Abschreibung auf den niedrigeren Zukunftswert von 5,– €/lfd. M. besteht ein Wahlrecht (§ 253 Abs. 3 Satz 1).

Die Abschreibung auf einen in Zukunft erwarteten Wert ist eine Abkehr vom Stichtagsprinzip (§ 252 Abs. 1 Nr. 3 HGB).

Das Stichtagsprinzip nimmt in der Steuerbilanz einen höheren Rang an, daher sind die Wiederbeschaffungskosten von 9,– €/lfd. M. anzusetzen.

Ü Der Schreiner steht noch vor einem großen Problem. Für die Vorbereitung des Jahresabschlusses muss er noch wissen, wie der derzeitige Bestand an Vierkant-Kirschbaumholzleisten zu bewerten ist.

Bestandsveränderungen	**Menge in laufenden Metern**	**Preis je laufender Meter**
Anfangsbestand am 01.01.	0 m	
1. Zugang	70 m	8 €
2. Zugang	30 m	11 €
3. Zugang	120 m	10 €
Abgang	190 m	

Benutzen Sie zur Bewertung des Verbrauchs die folgenden Verfahren
- Durchschnittsmethode,
- Last-in-first-out-Methode,
- First-in-first-out-Methode,

Hinweis: Der gegenwärtige Marktpreis liegt in allen Fällen über den ermittelten Werten.

Lösung

a) Durchschnittsmethode,

70 m · 8 €/m =	560 €
30 m · 11 €/m =	330 €
120 m · 10 €/m =	1.200 €
Durchschnittspreis: 2.090 €/220 m =	9,5 €/m
Verbrauch: 190 m · 9,5 €/m =	1.805 €
Endstand: 30 m · 9,5 €/m =	285 €

b) Last-in-first-out-Methode,

120 m · 10 €/m =	1.200 €
30 m · 11 €/m =	330 €
40 m · 8 €/m =	320 €
Endstand: 30 m · 8 €/m =	240 €

c) First-in-first-out-Methode,

70 m · 8 €/m =	560 €
30 m · 11 €/m =	330 €
90 m · 10 €/m =	900 €
Endstand: 30 m · 10 €/m =	300 €

4.5.3 Die Bilanzierung des Eigenkapitals

Das Eigenkapital (EK) stellt die Geld- und Sachmittel dar, die die Unternehmenseigner in den Betrieb eingelegt bzw. nicht entnommen haben. Sie verdeutlichen die Rückzahlungsansprüche der Unternehmenseigner. Eigenkapital wird von den Eignern des Unternehmens von außen oder durch Selbstfinanzierung aus Gewinnen von innen zugeführt.

Das **Eigenkapital** ist die Differenz zwischen der Summe der Aktiva und der Summe der Schulden abzüglich der passivischen Rechnungsabgrenzungsposten. Das Eigenkapital ist somit eine Residualgröße. D

Unter **Fremdkapital** versteht man demgegenüber Kapital, das von Dritten wie Kreditinstituten, Lieferanten etc. von außen zugeführt wird. D

Eigenkapital und Fremdkapital unterscheiden sich in wesentlichen Faktoren (vgl. Übungsaufgaben). Weder Eigenkapital noch Fremdkapital können jedoch konkreten Vermögensgegenständen zugeordnet werden.

Je nach Unternehmensform hat die *Eigenkapitalposition* in der Bilanz eine unterschiedliche Detailliertheit und eine unterschiedliche Bezeichnung. Im Folgenden wird vorwiegend das Eigenkapital der Aktiengesellschaft behandelt.

Insbesondere bei der Bilanzanalyse sind Nominalkapital, gezeichnetes Kapital, Rücklagen und das Unternehmensergebnis sowie die Stillen Reserven (Rücklagen) zu unterscheiden.

Als Korrekturposten sind zur Ermittlung des bilanziellen Eigenkapitals vom rechnerischen Eigenkapital die ausstehenden Einlagen, die im Umlaufvermögen gehaltenen eigenen Anteile sowie ein ggf. aktiviertes Disagio zu subtrahieren. Wegen der noch zu zahlenden Steuer ist nur die Hälfte der Sonderposten mit Rücklagenanteil zu addieren. Das bilanzielle Eigenkapital ist insbesondere bei der Bilanzanalyse von Bedeutung.

Stille Rücklagen werden durch Ansatz- und Bewertungswahlrechte der Aktiva und Passiva ermöglicht. Sie führen dazu, dass Gewinnbestandteile vor einer Ausschüttung bewahrt werden und zum Ausgleich von Verlusten bzw. Gewinnschwankungen genutzt werden können. Stille Rücklagen sind in der Bilanz nicht ersichtlich.

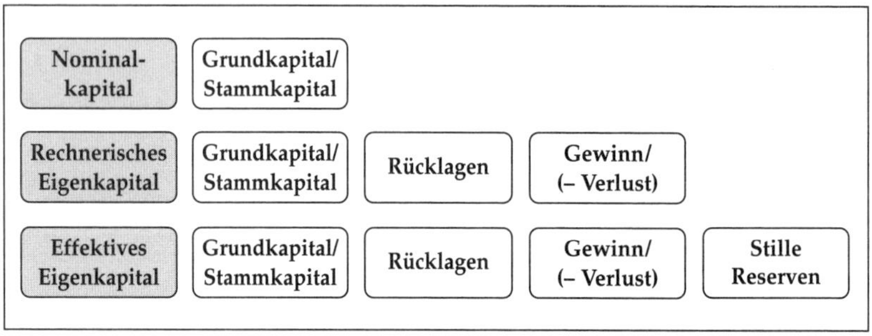

Abb. 4.10: Schichten des Eigenkapitals

Positionen

Die wesentlichen Positionen des Eigenkapitals werden im Folgenden behandelt:

Gezeichnetes Kapital

- Nach § 272 Abs. 1 HGB der Teil des Eigenkapitals, auf den „die Haftung der Gesellschafter gegenüber den Gläubigern beschränkt ist".
- Das gezeichnete Kapital der Aktiengesellschaft heißt Grundkapital und das der GmbH Stammkapital.
- Das gezeichnete Kapital ist nach § 283 zum Nennbetrag anzusetzen.
- Die Bilanzierung „Ausstehende Einlagen auf das gezeichnete Kapital" haben wir bereits behandelt.

Kapitalrücklage

- Gewinnrücklagen
- gesetzliche Rücklagen
- Rücklage für eigene Anteile
- satzungsmäßige Rücklagen
- andere Gewinnrücklagen.

Gewinnvortrag/Verlustvortrag
Jahresüberschuss/Jahresfehlbetrag

Weitere, das Eigenkapital betreffende Positionen sind:

- Die vor der Bilanz stehende Position „Ausstehende Einlagen auf das gezeichnete Kapital, davon eingefordert".

- Die Position A. III. 4. Ausleihungen an Gesellschafter (GmbH).
- Die Position A. III. 6. Sonstige Ausleihungen, davon an persönlich haftende Gesellschafter und deren Angehörige (§ 286 Abs. 2 AktG).
- Die Position B. II. 4. Sonstige Vermögensgegenstände, die „Eingeforderte, noch nicht eingezahlte Einlagen auf das gezeichnete Kapital" enthält.
- Die Position B. III. 2. der Wertpapiere, die „Eigene Anteile" enthält.
- Nach § 268 Abs. 3 der nicht durch Eigenkapital gedeckte Fehlbetrag.

Bewertung

Das Eigenkapital stellt eine Restgröße (Residualgröße) dar und wird berechnet, indem von der Summe der Aktiva die Summe der restlichen Passiva abgezogen wird.

Eine Veränderung des Eigenkapitals wird verursacht durch:
- erfolgswirksame Vorgänge,
- Privatentnahmen und Einlagen sowie
- Umbuchungen zwischen Positionen des Eigenkapitals.

Ansonsten bestehen keine Bewertungsprobleme.

Das Eigenkapital wird grundsätzlich handels- und steuerrechtlich gleich behandelt. Da das Eigenkapital jedoch grundsätzlich eine Restgröße darstellt, kann es resultierend aus unterschiedlicher Bilanzierung und Bewertung auch unterschiedlich hoch sein. Die Unterschiede werden bei Einzelkaufleuten und Personenunternehmen in den Kapitalkonten und bei Kapitalgesellschaften durch einen steuerlichen Ausgleichposten in der Steuerbilanz erfasst.

M

Erstellen Sie Lernkarten zu folgenden Begriffen: gezeichnetes Kapital – Nominalkapital – Rücklagen – stille Reserven – Unternehmensergebnis.

Ü

Dem Schreiner liegen die zusammengefassten Ergebnisse der Inventur vor. Es ergeben sich folgende Bestandswerte:

Anlagevermögen	42.000,– €
Umlaufvermögen	63.500,– €
Langfristiges Fremdkapital	29.500,– €
Kurzfristiges Fremdkapital	33.500,– €

Der Schreiner überlegt – aus diesen Werten müsste er doch das Eigenkapital ermitteln können. Helfen Sie dem Schreiner und ermitteln Sie das Eigenkapital.

Lösung

Vermögen = Eigenkapital + Fremdkapital
Eigenkapital = Vermögen – Fremdkapital

Anlagevermögen (AV)	42.000,– €
Umlaufvermögen (UV)	63.500,– €
Vermögen insgesamt	105.500,– €
Fremdkapital (FK)	
• langfristig	29.500,– €
• kurzfristig	33.500,– €
Fremdkapital insgesamt	63.000,– €
EK = Vermögen – FK =	42.500,– €

4.5.4 Die Bilanzierung der Schulden

Verbindlichkeiten sind vor allem
- Kredite von Banken,
- Anleihen, die vom Bilanzierenden herausgegeben werden,
- erhaltene Anzahlungen,
- Verbindlichkeiten aus Lieferungen und Leistungen und
- Verbindlichkeiten aus Wechseln.

Bewertung

Die Verbindlichkeiten sind nach § 253 Abs. 1 HGB zum *Rückzahlungsbetrag* zu passivieren.

Sie sind nach dem *Höchstwertprinzip* zu bewerten, dies gilt nach Abschnitt 37 Abs. 2 EStR und § 6 Abs. 1 Nr. 3 EStG auch für die Steuerbilanz. Das Höchstwertprinzip folgt aus dem Imparitätsprinzip und ist analog zum Niederstwertprinzip anzuwenden. Deshalb sind am Abschlussstichtag der Anschaffungswert und der beizulegende Stichtagswert zu vergleichen und der höhere Wertansatz anzusetzen. Eine Bewertung unterhalb des Anschaffungswertes darf nicht erfolgen.

Bei Verbindlichkeiten mit einer Restlaufzeit bis zu einem Jahr (Umlaufverbindlichkeiten) sind Zuschreibungen aufgrund des Höchstwertprinzips zwingend vorzunehmen. Bei Verbindlichkeiten mit einer Restlaufzeit von mehr als einem Jahr (Anlageverbindlichkeiten) liegt bei einer voraussichtlich dauernden Wertminderung eine Pflicht zur Zuschreibung vor, bei einer voraussichtlich vorübergehenden Werterhöhung besteht ein Zuschreibungswahlrecht.

Rückstellungen dienen dazu, Aufwendungen, die erst in einer späteren Periode zu einer Ausgabe führen, der Periode der Verursachung zuzurechnen. Der Unterschied zur Verbindlichkeit besteht darin, dass der Eintritt der Ausgabe zwar wahrscheinlich ist, aber unbestimmt. Zu unterscheiden sind die im Gesetz angegebenen Arten:

Rückstellungen sind Fremdkapital. Ansatzpflichten in der Handelsbilanz führen ebenfalls zu Ansatzpflichten in der Steuerbilanz. Ansatzwahlrechte in der Handelsbilanz führen zu Ansatzverboten in der Steuerbilanz.

Rückstellungen sind gemäß § 253 Abs. 1 HGB *nach vernünftiger kaufmännischer Beurteilung* zu bewerten, also nach GoB und dabei insbesondere unter Beachtung des Vorsichtsprinzips und des Realisationsprinzips vorzunehmen.

Pensionsrückstellungen sind nach § 253 Abs. 1 S. 2 HGB zum Barwert zu passivieren.

Abgrenzung

Als Rechnungsabgrenzungsposten werden nach § 246 Abs. 1 HGB in Verbindung mit § 250 Abs. 1 und Abs. 2 antizipative und transitorische Posten unterschieden:
- *Antizipative Posten:* Alle Geschäftsvorfälle, die vor dem Bilanzstichtag erfolgswirksam werden. Interpretation: Die Zahlung im nächsten Jahr wird als Forderung oder Verbindlichkeit bilanziert.
  - Sonstige Forderungen = Ertrag vor dem Abschlussstichtag, der erst zu Einnahmen nach dem Abschlussstichtag führt – z. B. Ansprüche des Unternehmens auf eine Mietzahlung.
  - Sonstige Verbindlichkeiten = Aufwand vor dem Abschlussstichtag, der erst zu Ausgaben nach dem Abschlussstichtag führt – z. B. Mietzahlung

des Unternehmens für den Monat Dezember, die erst im Januar gezahlt wird.

- *Transitorische Posten:* Alle im abgelaufenen Geschäftsjahr erhaltenen oder geleisteten Zahlungen, die erst nach dem Bilanzstichtag erfolgswirksam werden. Interpretation: Der erfolgswirksame Betrag wird quasi in der Bilanz gespeichert.
  - Aktiver RAP (Rechnungsabgrenzungsposten) = Ausgabe vor, Aufwand nach dem Abschlussstichtag – z. B. Unternehmen zahlt die Versicherungsprämie im Voraus.
  - Passiver RAP (Rechnungsabgrenzungsposten) = Einnahme vor, Ertrag nach dem Abschlussstichtag – z. B. Unternehmen erhält Mietzahlung für Januar bereits im Dezember.

Bei den Rechnungsabgrenzungsposten besteht Gewissheit über Höhe, Zeitpunkt und Rechtsgrund des Geschäftsvorfalls. Hier liegt die wesentliche Abgrenzung zu den Rückstellungen. Andere Beispiele außer Miete sind Honorare, Provisionen, Versicherungsprämien, Steuerzahlungen, Zinsaufwendungen etc.

Neben den oben genannten Posten, für die eine Aktivierungspflicht besteht, kennt der § 250 HGB Ansatzwahlrechte für

- als Aufwand berücksichtigte Zölle und Verbrauchssteuern,
- als Aufwand berücksichtigte Umsatzsteuer auf erhaltene Anzahlungen und
- Disagio auf Verbindlichkeiten.

Erstellen Sie eine Lernkarte zu folgendem Begriff: Disagio. M

Hinweis: Derzeit wird „emsig" an einer Bilanzrechtsmodernisierung gearbeitet. Mit der baldigen Verabschiedung des Bilanzrechtsmodernisierungsgesetzes (BilMoG) ist zu rechnen. Es ist angestrebt, „dass das bewährte, kostengünstige und einfache HGB-Bilanzrecht auf Dauer beibehalten und für den Wettbewerb mit den internationalen Rechnungslegungsstandards gestärkt wird." (http://www.bmj.bund.de, Stichwort: Bilanzrechtsmodernisierung). **BilMoG**

„Im Vordergrund der Reform stehen zum einen die Deregulierung und Kostensenkung insbesondere für die kleinen und mittelständischen Unternehmen. Das Vorhaben fügt sich ein in die Initiative der Bundesregierung, Unternehmen sowie Bürgerinnen und Bürger von überflüssiger Bürokratie und den damit verbundenen Kosten zu entlasten, um so Innovations- und Investitionskräfte freizusetzen. Zweiter Schwerpunkt ist die Verbesserung der Aussagekraft des handelsrechtlichen Jahresabschlusses." (Ebenda).

Damit ergeben sich auch für Nonprofit-Organisationen in dem einen oder anderen Fall Änderungen zu den bisher gültigen Vorschriften. Davon ist in kleinerem Umfang Kapitel 4 betroffen. Der Abschnitt 8.3 dieses Buches enthält einige wichtige, geplante Änderungen des Referentenentwurfs.

5 Die Kosten zum Wohle der Kunden/ Klienten im Griff halten

Lernziele

Nach dem Durcharbeiten dieses Kapitels sollten Sie die Kosten-/Leistungsrechnung effektiv und effizient umsetzen können, da Sie in der Lage sind:

- Kostenarten-, Kostenstellen- und Kostenträgerrechnungen anzuwenden,
- unterschiedliche Differenzierungen von Kostenarten zu nutzen,
- mit kalkulatorischen Kosten zu rechnen,
- unterschiedliche Systeme der Kostenrechnung anzuwenden,
- die Instrumente der Deckungsbeitragsrechnung geeignet einzusetzen,
- die Break-even-Menge und Preisgrenzen zu bestimmen,
- spezielle Aspekte der Kostenrechnung wie die Grenzplankostenrechnung, Prozesskostenrechnung und Zielkostenrechnung zu kennen und zu nutzen sowie
- Grundbegriffe des Rechnungswesens korrekt zu verwenden.

Der rote Faden

Was bisher erläutert wurde: Es wurde vorwiegend das Externe Rechnungswesen erläutert.
Wie es weitergeht: Nun beschäftigen wir uns mit dem Internen Rechnungswesen. Es geht also um interne Wirtschaftlichkeitsrechnungen und um die Kalkulation.

Beispiele aus NPOs

Die Kosten- und Leistungsrechnung ist aus allen Bereichen der Nonprofit-Branche nicht mehr wegzudenken.

B

- Pflegeheime – Klaus Pfleger kontrolliert z. B. regelmäßig die Mehrarbeitskosten, die durch bezahlte Überstunden entstehen. Er kalkuliert die Selbstkosten für die einzelnen Pflegestufen. Für das Pflegeheim insgesamt wird monatlich das Betriebsergebnis ermittelt.
- Jugendhilfeeinrichtungen – Julia Jugendwohl kontrolliert monatlich die Energiekosten der einzelnen Wohngruppen.
- Kliniken – Johanna Beinhardt lässt regelmäßig nachrechnen, ob die Kosten für bestimmte Leistungen (z. B. spezielle Operationen) die gezahlten Fallpauschalen übersteigen.
- Museen – Emil Muse lässt sich eine Übersicht zusammenstellen, welche zusätzlichen Kosten bei der Ausstellungseröffnung anfallen werden. Quartalsweise erhält er eine Übersicht über alle Kosten und Leistungen und weiß somit, wie das monatliche betriebliche Ergebnis ausgefallen ist.
- Öffentliche Verwaltungen – Roswitha Bürgermeister interessiert es, welche Kosten die Kinderspielplätze in den letzten fünf Jahren verursacht haben. Sie möchte vor dem Stadtrat darlegen, dass sich dort eine sehr hohe Kostensteigerung ergeben hat.

regelmäßig bzw. „ad hoc"

Dabei ist ein wesentlicher Unterschied in der Praxis der Unternehmen zu beachten: Analysen der Kostenrechnung können regelmäßig oder unregelmäßig/ „ad hoc" durchgeführt werden. Das richtet sich je nach dem Bedarf der jeweiligen Organisation, Abteilung etc. und anderen situativen Faktoren. Das ist ein sehr wichtiger Aspekt, weil Kosten- und Leistungsrechnung möglichst deutlich weniger Aufwand selber verursachen sollte, wie an Nutzen zu generieren ist (Prinzip der Wirtschaftlichkeit der Kostenrechnung). Aus Wirtschaftlichkeitsüberlegungen sind berechtigterweise bei bestimmten Fragestellungen „ad hoc"-Analysen den regelmäßigen Analysen vorzuziehen. Mit anderen Worten: Nicht alle Analysen der Kostenrechnung müssen regelmäßig jeden Monat oder jedes Quartal durchgeführt werden. In vielen Fällen ist es sinnvoll, bestimmte Analysen nur zu bestimmten Anlässen wie z. B. Entgeltverhandlungen, Sitzungen des Verwaltungsrates etc. durchzuführen.

5.1 Das System der Kosten- und Leistungsrechnung – ein schneller Überblick

Der rote Faden

Was bisher erläutert wurde: Das „Interne Rechnungswesen" ist vorwiegend nach innen orientiert. Wichtige Aufgaben der Kosten- und Leistungsrechnung bestehen in der Wirtschaftlichkeitsrechnung z. B. für einzelne Bereiche und die Kalkulation der Produkte und Dienstleistungen. Das interne Rechnungswesen ist zukunftsbezogen, häufig auf einen Zeitraum von 1 bis 3 Monaten. Adressaten sind Kostenverantwortliche, Führungskräfte und die Unternehmensleitung. Die Kosten- und Leistungsrechnung (Internes Rechnungswesen) gliedert sich in die Bereiche Kostenartenrechnung, Kostenstellenrechnung, Kostenträgerstückrechnung, Kostenträgerzeitrechnung (Betriebsergebnisrechnung). Ergebnis der Kosten- und Leistungsrechnung sind diverse Auswertungen. Einzelne Statistiken werden häufig zu Berichten zusammengefasst. Informationen aus dem Jahresabschluss, den Auswertungen und den Berichten werden auch in einem Management-Informationssystem (Papierbericht oder EDV-Anwendung) gebündelt und den Führungskräften komprimiert präsentiert.
Wie es weitergeht: Kosten und Leistungen werden definiert und das System der Kosten- und Leistungsrechnung wird nun näher beschrieben. Außerdem werden kalkulatorische Kosten eingeführt.

Kosten

Unter Kosten versteht man den Wert der aufgrund der typischen betrieblichen Tätigkeit verzehrten Güter, Dienstleistungen, Arbeitskraft, Rechte etc. Hier ist also der Bereich der typischen betrieblichen Tätigkeit angesprochen, entsprechend dem Sachziel des Unternehmens. Keine Kosten stellt damit der Werteverzehr dar, der nichts mit der typischen betrieblichen Tätigkeit bzw. mit dem Sachziel zu tun hat, also etwa die großherzige Spende des Unternehmensleiters aus der Unternehmenskasse an eine Wohltätigkeitsorganisation.

D

Kosten bezeichnen den bewerteten Verbrauch an Produktionsfaktoren, der zur Erstellung der betrieblichen Leistung benötigt wurde (Sachzielbezug). Die Bewertung erfolgt in Geldeinheiten.

Leistung meint die bewertete, sachzielbezogene Gütererstellung.

Bewerteter Verbauch

Die Formulierung „bewerteter Verbrauch" will sagen, dass jeweils der Wertmaßstab explizit (frei) festgelegt werden kann. Beispiel: In der Finanzbuchhaltung dürfen die Abschreibungen nur von den Anschaffungskosten (vermindert um Abschreibungen) bemessen werden, in der Kostenrechnung jedoch auch z. B. von Wiederbeschaffungskosten. Die Wiederbeschaffungskosten sind die Kosten, die im Zeitpunkt des Ersatzes, z. B. in 5 Jahren, vermutet werden. Die Auswahl der geeigneten Bewertung (Wertmaßstab) ist im Einzelfall vorzunehmen.

Sachzielbezug

Mit dem Sachzielbezug ist die typische betriebliche Tätigkeit umrissen. Das wird weiter unten noch deutlicher. Es soll verhindert werden, dass Aufwand, der nicht sachzielbezogen ist, in die Kosten kalkuliert wird.

Synonyme Begriffe?

Häufig verwenden wir fälschlicherweise die Begriffe Kosten und Aufwand synonym: „Den Ihnen entstandenen Aufwand können Sie uns selbstverständlich gerne in Rechnung stellen." – „Wie hoch sind die entstandenen Kosten?"

Einer betriebswirtschaftlich korrekten Sichtweise entspricht dies also nicht.

Es kommt darauf an, insbesondere für die Zwecke der Kostenkontrolle und Kalkulation bzw. Ermittlung des Betriebsergebnisses, den Aufwand und Ertrag zu separieren, der zur typischen betrieblichen Tätigkeit gehört und regelmäßig anfällt. Hier spricht man von Kosten und Leistungen. Aufwand und Ertrag sind um kalkulatorische Kosten und Leistungen zu ergänzen.

Neutraler Aufwand

Es ist daher notwendig, den Aufwand, der nicht – oder nicht in voller Höhe – zu der eigentlichen betrieblichen Tätigkeit gehört bzw. unregelmäßig anfällt (wie etwa außerordentlicher Aufwand aufgrund der Veräußerung eines Gebäudes unter Buchwert), abzugrenzen. Letzterer wird als *Neutraler Aufwand* (bzw. bei Verkauf über Buchwert *neutraler Ertrag*) bezeichnet.

Kalkulatorische Kosten

Die Kosten, denen kein Aufwand gegenübersteht, oder Aufwand nicht in voller Höhe gegenübersteht, werden als *Anderskosten* oder *Zusatzkosten* besonders behandelt werden. Es handelt sich dabei um *kalkulatorische Kosten*.

Als *Aufwand/Ertrag* ist jede Veränderung des Reinvermögens (Eigenkapital) definiert. Aufwand meint eine Minderung des Eigenkapitals, Ertrag eine Mehrung des Eigenkapitals.

Eine Übereinstimmung von Aufwand und Kosten ist dann gegeben, wenn der Zweckaufwand mit den Grundkosten identisch ist (*aufwandsgleiche Kosten*).

Die Abbildung 5.1 verdeutlicht die Zusammenhänge.

Lernposter 11: Abgrenzung Aufwand/Kosten

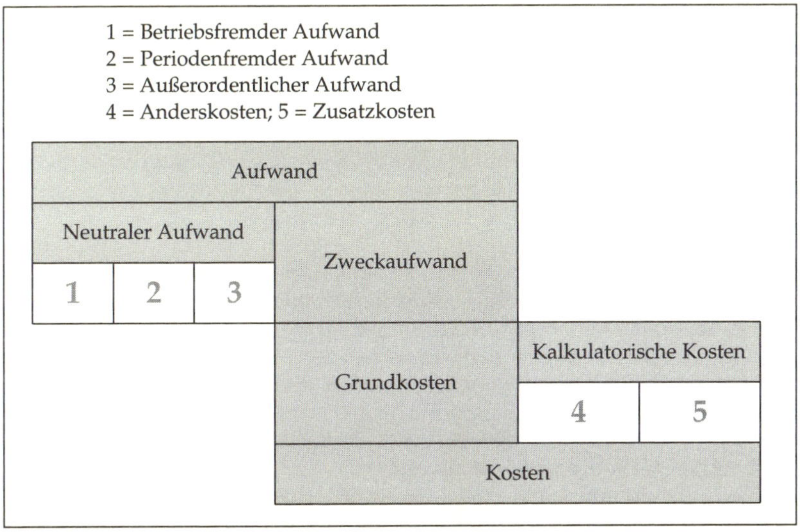

Abb. 5.1: Abgrenzung Aufwand/Kosten – Lernposter 11

Neutraler Aufwand

Der *neutrale Aufwand* besteht aus betriebsfremdem Aufwand, außerordentlichem Aufwand und dem Aufwand, der periodenfremd ist.

Ein *betriebsfremder Aufwand* liegt dann vor, wenn überhaupt keine Beziehung zur betrieblichen Leistungserstellung besteht, also der Aufwand nicht der betrieblichen Zielsetzung dient.

Wenn also die Sozialstation Blank-Hausen eine Spende an eine Einrichtung der Aids-Hilfe überweist, dann liegt betriebsfremder Aufwand vor. Das gilt gegebenenfalls auch für Aufwand, der für einen Fitnessraum für die Mitarbeiter getätigt wird.

Ein *außerordentlicher Aufwand* liegt vor, wenn wirklich etwas Außerordentliches geschieht und der damit verbundene Aufwand nicht in die Selbstkosten eingerechnet werden darf. Wenn z. B. ein Materiallager brennt, Computer gestohlen werden oder ein Verlust aus einer Bürgschaft zu verschmerzen ist. Hier ist auch der Aufwand aus dem Verkauf von Vermögensgegenständen unter Buchwert einzuordnen.

Ein *periodenfremder Aufwand* liegt z. B. vor, wenn Steuern nachgezahlt werden. Zwar handelt es sich um betriebsbedingten Aufwand, dieser ist aber einer anderen Periode (Geschäftsjahr) zuzurechnen.

Kalkulatorische Kosten

Die kalkulatorischen Kosten sind wie folgt zu differenzieren. Von *Anderskosten* spricht man, wenn die in der Kostenrechnung verrechneten Kosten von dem Aufwand in der Finanzbuchhaltung (Gewinn- und Verlustrechnung) abweichen. Dies ist häufig dann der Fall, wenn in der Kostenrechnung kalkulatorische Abschreibungen verrechnet werden, die sich von den bilanziellen Abschreibungen unterscheiden. Dieser Fall ist deshalb besonders interessant, weil in der Kostenrechnung in diesem Fall die Abschreibungen z. B. aufgrund von Wiederbeschaffungskosten bemessen werden können.

Zusatzkosten sind beispielsweise kalkulatorischer Unternehmenslohn, kalkulatorische Zinsen auf das Kapital und kalkulatorische Miete. Die Zusatzkosten haben den Charakter von Opportunitätskosten. Damit sollen etwa Zinsen, die ein Unternehmer für sein Eigenkapital erhalten würde, wenn er das Geld bei der Bank anlegt, als Kosten einbezogen werden.

Opportunitätskosten

Opportunitätskosten sind Kosten, die dadurch entstehen, dass Möglichkeiten (Opportunitäten) zur maximalen Nutzung von Ressourcen nicht genutzt werden, also der Nutzenentgang, der bei zwei Alternativen durch die Entscheidung für die eine und gegen die andere Möglichkeit entsteht.

Ein klassisches Beispiel: Statt mit 100.000,– € einen Kiosk zu eröffnen, hätten Sie das Kapital auch zur Bank bringen können. Die Opportunitätskosten betragen bei 10 % Zinsen jährlich 10.000,– €.

Folgende kalkulatorische Kosten sind zu berücksichtigen. Eine Rentnerin arbeitet für ein halbes Jahr unentgeltlich in der Verwaltung eines Altenheimes mit und leistet gute Arbeit. Kalkulatorische Kosten in der Höhe einer marktüblichen Entlohnung werden angesetzt, weil die Rentnerin nach dem halben Jahr ausscheidet und eine marktüblich zu entlohnende Mitarbeiterin ihre Stelle einnimmt.

Die neuen angemieteten Räumlichkeiten werden der Organisation für acht Monate unentgeltlich überlassen. Kalkulatorische Kosten in Höhe einer ortsüblichen Miete werden berücksichtigt.

Die Einrichtung hat drei PKWs im Einsatz, die in der Finanzbuchhaltung nur noch mit einem Erinnerungswert stehen. Kalkulatorische Abschreibungen werden angesetzt.

Kalkulatorische Abschreibungen

Mittels *kalkulatorischer Abschreibungen* soll der betriebsbedingte und nicht der handels- oder steuerrechtlich zulässige Abschreibungssatz zum Ansatz kommen. Kalkulatorische Abschreibungen richten sich somit nicht nach externen Erfordernissen (z. B. Rechtsvorschriften), sondern lediglich nach internen Erfordernissen (z. B. Erfordernisse einer sachgerechten Kalkulation von Kostensätzen).

Kalkulatorische Abschreibungen werden – wie bilanzielle Abschreibungen – planmäßig über die Nutzungszeit des abnutzbaren Anlagegutes verteilt. Die kalkulatorische Abschreibung wird grundsätzlich linear vorgenommen. Die Wahl der bilanziellen Abschreibungsmethode ist für die kalkulatorische Abschreibung somit unbeachtlich.

Kalkulatorische Abschreibungen müssen nicht von den historischen Anschaffungs- oder Herstellungskosten, die ja für Handels- und Steuerrecht die Obergrenze der Bewertung darstellen, vorgenommen werden. Vielmehr werden bei den kalkulatorischen Abschreibungen häufig die Wiederbeschaffungskosten oder aktuellen Tageswerte angesetzt. Der Ansatz zu Wiederbeschaffungskosten dient der Substanzerhaltung.

Durch den Ansatz zu Wiederbeschaffungskosten soll gewährleistet sein, dass entsprechende finanzielle Mittel aus den Erträgen im Rahmen der betrieblichen Leistungserstellung verdient werden können, um die entsprechenden Vermögensgegenstände am Ende der Nutzungsdauer wieder zu beschaffen.

Auch der Abschreibungszeitraum ist nicht an die handels- und steuerrechtlichen Vorschriften gebunden. Vielmehr kann von der tatsächlich abzuschätzenden Nutzungsdauer ausgegangen werden. Hier können die steuerrechtlichen AfA-Tabellen als Anhaltewerte dienen, die mit den tatsächlich zu beobachtenden Nutzungsdauern verprobt werden.

Manchmal wird dem Ansatz der Anschaffungs-/Herstellungskosten der Vorzug gegeben. Steigenden Preisen wird dann aber durch den Ansatz eines Gewinnaufschlags Rechnung getragen.

Kostensteigerungen müssen in der Kalkulation berücksichtigt werden. Hierzu gibt es – betriebswirtschaftlich gesehen – unterschiedliche Wege, etwa der Ansatz der Wiederbeschaffungskosten oder der Ansatz eines Gewinnaufschlags.

Kalkulatorische Zinsen

Kalkulatorische Zinsen, die Opportunitätskostencharakter haben, werden auf Kapitalkosten berechnet. Es geht hier um den entgangenen Nutzen, der entstanden ist, weil das Kapital für den eigentlichen betrieblichen Zweck eingesetzt und nicht für andere Zwecke (z. B. Anlage am Kapitalmarkt) verwendet wird.

Kalkulatorische Zinsen werden auf das durchschnittlich gebundene betriebsnotwendige Kapital berechnet. Im Gegensatz zur Finanzbuchhaltung werden in der Kostenrechnung unterschiedslos Zinsen für betriebsnotwendiges Fremdkapital und Eigenkapital verrechnet, da nicht die Herkunft, sondern die Höhe des eingesetzten Kapitals kalkulationsrelevant ist.

Kalkulatorische Mieten

Kalkulatorische Mieten können angesetzt werden, wenn z. B. Räumlichkeiten des Einrichtungsträgers kostenlos genutzt werden, die sich jedoch nicht in der Einrichtung selber befinden. Angesetzt werden in der Regel die Mieten, die für vergleichbare Räumlichkeiten ortsüblich anfallen würden. In dieser Auslegung handelt es sich bei den kalkulatorischen Kosten um Zusatzkosten.

Kalkulatorische Mieten können jedoch auch im Sinne von Anderskosten angesetzt werden, nämlich dann, wenn die tatsächlich anfallenden Kosten niedriger sind als die für vergleichbare Räumlichkeiten ortsüblich anfallenden.

Ein Mitglied einer Hilfsorganisation vermietet Räumlichkeiten weit unter der ortsüblichen Miete an die Organisation, um die Arbeit der Hilfsorganisation generell zu unterstützen. Die Hilfsorganisation bringt in den angemieteten Räumen auch eine Einrichtung unter. Aus betriebswirtschaftlicher Sicht ist in der Kalkulation der Entgelte eine kalkulatorische Miete anzusetzen.

Wenn kalkulatorische Mieten bei der Berechnung von Entgelten nicht berücksichtigt werden können und diese später wegen Wegfalls der unentgeltlichen Raumgestellung durch tatsächlich zu leistenden Mietaufwand ersetzt werden müssen, so kann dies zu erheblichen Entgeltsteigerungen führen.

Kalkulatorische Wagnisse

Mittels *kalkulatorischer Wagnisse* sollen besondere betriebliche, nicht versicherte Einzelrisiken berücksichtigt werden. Wagniskosten sind immer dann anzusetzen, wenn diese im Zweckaufwand und in anderen kalkulatorischen Kostenarten nicht ausreichend erfasst sind, jedoch zum Zwecke einer vollständigen Erfassung des Güterverzehrs berücksichtigt werden müssen.

Dem Ansatz von Wagniskosten liegt eine Durchschnittsbetrachtung zugrunde. Er bewirkt eine Glättung bzw. Normalisierung unregelmäßig anfallenden Zwangsverzehrs (Zerstörung) bzw. unproduktiven Verzehrs (Ausschuss, Ausfallzeiten) über mehrere Abrechnungsperioden.

Die Höhe dieser kalkulatorischen Abgrenzungen bemisst sich daher weitgehend nach Erfahrungswerten bzw. nach durchschnittlichen Ergebnisbelastungen im Zeitablauf.

Einzelwagnisse

Zu den kalkulatorisch zu erfassenden *Einzelwagnissen* werden insbesondere gerechnet (vgl. Coenenberg 2007, S. 72):

- Arbeitswagnis (Ausfallzeiten wegen Krankheit),
- Beständewagnis (z. B. Schwund, Veraltern, Verderben, Mode),
- Anlagenwagnis (z. B. technische und wirtschaftliche Veraltung),
- Entwicklungswagnis (erfolglose Forschung und Entwicklung),
- Mehrkostenwagnis bzw. Fertigungswagnis wegen Ausschuss und Nacharbeiten (Konstruktions-, Material- und Arbeitsfehler),
- Gewährleistungswagnis (Kulanzen, Preisnachlässe, Haftung) sowie
- Debitorenwagnis, Vertriebswagnis (z. B. Forderungsausfälle, Kursverluste).

Insbesondere im öffentlichen Bereich werden Vertriebswagnisse grundsätzlich aufgrund der hohen Bonität und Seriosität des öffentlichen Auftraggebers ausgeschlossen.

Das *kalkulatorische Unternehmerwagnis* wird bei öffentlichen Aufträgen normalerweise im kalkulatorischen Gewinn abgegolten.

Kalkulatorischer Unternehmerlohn

Kalkulatorischer Unternehmerlohn wird insbesondere von Personengesellschaften verrechnet, da hier die Arbeitsentgelte der Geschäftsführer aufgrund von handels- und steuerrechtlichen Vorschriften aus dem Gewinn zu decken sind. Als Anhaltewerte können hier die branchenüblichen Gehälter angesetzt werden.

Kalkulatorische Löhne

In diesem Sinne kann betriebswirtschaftlich sogar die unentgeltlich geleistete Unterstützung seitens Ehrenamtlicher gesehen werden. Die primäre Motivation ihrer Arbeit wird im Regelfall sein, die generelle Arbeit der Trägerorganisation der Einrichtung zu unterstützen und nicht die Kosten für die Kostenträger (Pflegekasse etc.) zu reduzieren. Als Richtwerte können auch hier die branchenüblichen Löhne und Gehälter angesetzt werden.

Kalkulatorischer Gewinn

Als *kalkulatorischer Gewinn* wird im Allgemeinen das allgemeine Unternehmenswagnis angesetzt. Das allgemeine Unternehmenswagnis kann darin bestehen, dass sich das eingesetzte Kapital nicht verzinst, im Verhältnis zu Vergleichszahlen zu niedrig verzinst, teilweise verloren oder sogar vollständig verloren geht. Unter das allgemeine Unternehmenswagnis fallen auch Verlustrisiken, die durch starre Preise bzw. Entgelte entstehen. Diesen Verlustrisiken stehen entsprechende Gewinnchancen gegenüber, die auch über den kalkulatorischen Gewinnzuschlag abgegolten werden.

Es ist denkbar und bei öffentlichen Aufträgen geübte Praxis, Teile der Wagniskosten oder diese insgesamt als Zuschlag zum Gewinn zu berechnen.

Mittels der Berücksichtigung von kalkulatorischen Kosten wird aus betriebswirtschaftlicher Sicht insbesondere bei der Verwendung von Wiederbeschaffungskosten das Ziel der realen Substanzerhaltung verfolgt.

Nachdem nun der Begriff „Kosten" detailliert erläutert ist, kommen wir zu dem Versprechen, einen schnellen Überblick über die Kosten- und Leistungsrechnung zu geben.

Grundlage: Daten der FiBu

Die Kosten und Leistungsrechnung baut auf den Daten der Finanzbuchhaltung (FiBu) auf. Sie müssen sich das wie folgt vorstellen: In der Finanzbuchhaltung wird z. B. ein Geschäftsvorfall „Portoaufwand" – laut Beleg 200,– € – verbucht. Diese Information wird im Buchhaltungssystem mittels der gemeinsam genutzten Datenbank an die Kostenrechnungssoftware (zumeist in der Buchhaltungssoftware mit enthalten bzw. daran angedockt) sozusagen übergeben (vgl. auch die Abbildung 5.2).

Lernposter 12: Finanzbuchhaltung und Kostenrechnung im Überblick

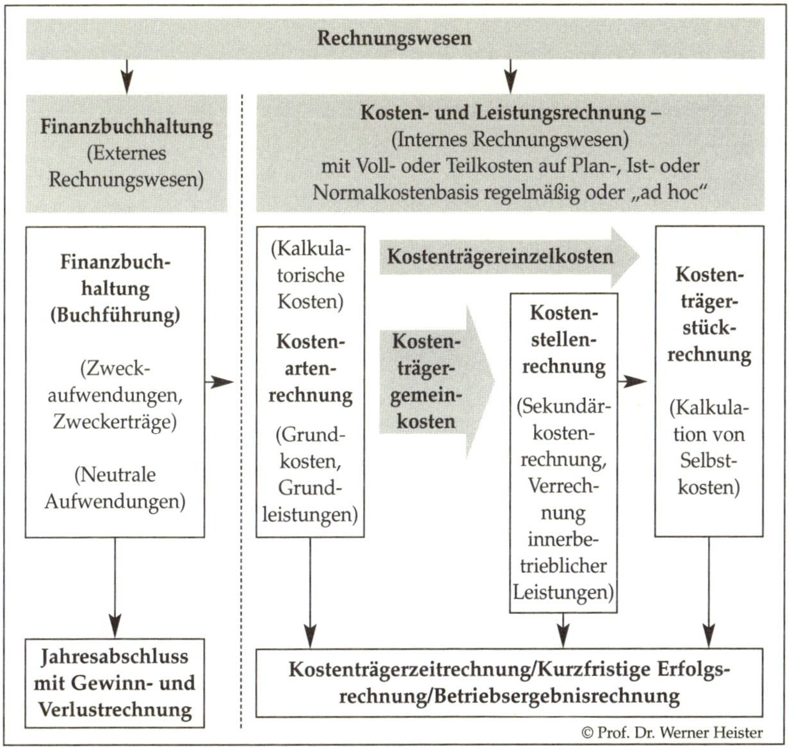

Abb. 5.2: Finanzbuchhaltung und Kostenrechnung im Überblick – Lernposter 12

Aufgaben Die *Kosten- und Leistungsrechnung* dient vorwiegend der:

- Ermittlung des kurzfristigen Betriebserfolges,
- Kalkulation,
- Wirtschaftlichkeitsrechnung im Allgemeinen,
- Budgetierung und
- Fundierung unternehmerischer Entscheidungen.

Bereiche Im Rahmen der Kosten- und Leistungsrechnung lassen sich *vier Bereiche* unterscheiden:

- Die *Kostenartenrechnung*: In der Kostenartenrechnung geht es um die Frage, welche betriebsbezogenen/leistungsbezogenen/sachzielbezogenen Kosten in einem gewissen Zeitabschnitt angefallen sind, z. B. Materialkosten, Energiekosten etc. Ziel ist die Strukturierung der Kosten.
- Die *Kostenstellenrechnung*: In der Kostenstellenrechnung wird unterschieden, wo die Kosten angefallen sind, z. B. in der Fertigung, im Marketing etc. Ziel ist die Zuordnung zu den Organisationseinheiten, die die Kosten zu verantworten haben.
- Die *Kostenträgerstückrechnung*: Die Kostenträgerstückrechnung beschäftigt sich mit der Kalkulation und Berechnung der Kostenträger und damit der Frage, wofür genau die Kosten angefallen sind, z. B. für ein Auto, einen Riegel Mars, eine Minute Telefonieren, eine Dienstleistungsstunde. Der Kostenträger ist also nicht derjenige, der das Produkt/die Dienstleistung bezahlt, sondern das Produkt/die Dienstleistung, für die bezahlt wird. Ziel ist die Ermittlung der Selbstkosten.
- Die *Kostenträgerzeitrechnung*: Die Kostenträgerzeitrechnung beschäftigt sich mit der Frage, wie hoch das Betriebsergebnis ausgefallen ist. Die Kostenträgerzeitrechnung beantwortet die Frage, welcher Betriebsgewinn/Betriebsverlust erwirtschaftet wurde. Ziel ist die Ermittlung des Betriebserfolges.

Kostenartenrechnung	Welche Kosten = Systematisierung
Kostenstellenrechnung	Wo? = Organisationseinheit
Kostenträgerstückrechnung	Wofür? = Produkt/Dienstleistung
Kostenträgerzeitrechnung	Ergebnis? = Betriebsergebnis

Abb. 5.3: Differenzierung der Elemente im System der Kostenrechnung

Kostenerfassung und -verrechnung In der Kostenartenrechnung findet die *Erfassung der Kosten* statt, in der Kostenstellenrechnung und der Kostenträgerrechnung die *Verrechnung der Kosten*.

Die in der Kostenrechnung benötigten Informationen werden vorwiegend schon in der Finanzbuchhaltung erfasst. Die Kontierungsmerkmale für die Kostenrechnung (beispielsweise Nummer der Kostenstelle) werden bereits in der Finanzbuchhaltung bei der Verbuchung z. B. der Aufwendungen und Erträge (etwa Eingangsrechnungen bezüglich einer Dienstleistung, Ausgangsrechnungen an Entgeltzahler etc.) mit eingegeben. Insofern besteht auch auf der Ebene der Daten eine sehr enge Verbindung zwischen Finanzbuchhaltung und Kostenrechnung.

B

Ein Mitarbeiter in der Buchhaltung (des Pflegeheims, der Jugendhilfeeinrichtungen, der Klinik, des Museums, der öffentlichen Verwaltung …) hat eine Rechnung über zehn neue Schreibtischleuchten in der Hand. Darauf ist genaustens verzeichnet, in welcher Abteilung, welchem Team etc. die Leuchten genutzt werden sollen. Bei der Verbuchung in der Finanzbuchhaltung wird angegeben, wie viele Prozent des Gesamtbetrages welchem Bereich belastet werden sollen. Dies geschieht beispielsweise durch die Eingabe der Prozente und der Kostenstellennummern. Die Kosten werden automatisch auf den entsprechenden Kostenstellen verbucht.

Ein Rundgang durch die Kostenrechnung

Einen ersten Gesamtüberblick über die Kostenrechnung zu erhalten, ist ganz einfach. Nachfolgend sind die wesentlichen Aspekte der Kostenrechnung – die Struktur, der rote Faden – in 15 Minuten zu studieren. Hierzu verwenden wir nachfolgendes Beispiel.

B

Die Manager des Pflegeheims, der Jugendhilfeeinrichtungen, der Klinik, des Museums bzw. im Fall der öffentlichen Verwaltung der Stadtrat haben beschlossen, dass die Reinigung der Gebäude mit eigenen Teams durchgeführt wird. Es soll mit zwei Teams gearbeitet werden. Diese sollen ihre Leistungen zu Lasten der Budgets der einzelnen Empfänger der Reinigungsleistungen abrechnen. Von seiner Buchhalterin lässt der Projektleiter sich die der GuV (Gewinn- und Verlustrechnung) zugrunde liegenden Daten geben. Er notiert alle Aufwendungen und rechnet diese zusammen, nachfolgend ein fiktives Beispiel:

Name Team 1	**Sauber**			
Name Team 2	**Rein**			
			Anteil Team 1	Anteil Team 2
Kostenart 1 Kostenart 2	**Personalkosten** **Sachkosten**	**711.000,00 €** **117.000,00 €**	**51 %** **55 %**	**49 %** **45 %**
Leistungen	z. B. Stunden		**38.000**	**36.000**

Man beachte: Als er die Liste mit den Zahlen bei der Buchhalterin abgeholt hat, stand darüber geschrieben: Aufwand. Die einzelnen Positionen lauteten: Personalaufwand, Mietaufwand, Abschreibungsaufwand, Sonstiger Sachaufwand. Als er dann an seinem Schreibtisch die Zahlen als Kostenarten in den Computer eingegeben hat, hat er wie automatisch folgende Begriffe benutzt: Personalkosten, Mietkosten, Abschreibungskosten, Sonstige Sachkosten.

Insbesondere bei den typischen Geschäftsvorfällen in Unternehmen/Organisationen sind Aufwand und Kosten übereinstimmend. Das Papier für den Kopierer, der Treibstoff für die betrieblichen Kraftfahrzeuge, das Heizöl für das Geschäftsgebäude stellen Aufwand dar und sind zugleich Kosten. Aber es gibt ja auch Aufwand, der nicht als Kosten zu behandeln ist und Kosten, die nicht zugleich Aufwand sind. Hier wollen wir alles zunächst aus didaktischen Gründen simplifizieren: Aufwand/Aufwendungen werden automatisch zu Kosten.

Kostenartenrechnung

Der Projektleiter hat die Kosten ganz einfach nach Kostenarten strukturiert. Das ist eine Aufgabe, die im Rahmen der *Kostenartenrechnung* erledigt wird. Das tabellarisch aufbereitete Ergebnis zeigt die Abbildung 5.4.

	Kosten
Personalkosten Sachkosten	711.000,00 € 117.000,00 €
Summe	828.000,00 €

Abb. 5.4: Beispiel Reinigung – Kostenartenrechnung

Die aufgeführten Kosten verteilen sich auf zwei Teams, die der Projektleiter differenziert hat.

Sicherlich ist es für den Verantwortlichen von besonderem Interesse zu wissen, welches Team nun genau Kosten in welcher Höhe verursacht. Also macht er sich die Mühe und schlüsselt die Kosten für die beiden Teams auf. Das Ergebnis ist natürlich wieder fiktiv (vgl. Abbildung 5.5):

		Team Sauber		Team Rein	
	Kosten gesamt	Anteil	Kosten	Anteil	Kosten
Personalkosten	711.000,00 €	51 %	**362.610,00 €**	49 %	**348.390,00 €**
Sachkosten	117.000,00 €	55 %	**64.350,000 €**	45 %	**52.650,00 €**
Summe	828.000,00 €		**426.960,00 €**		**401.040,00 €**

Abb. 5.5: Beispiel Reinigung – Kostenstellenrechnung

Im konkreten Fall hat sich der Buchhalter bestimmter Schlüssel bedient, die ihm allerdings von den Verantwortlichen vorgegeben waren. Er hat dabei genau hingesehen. So sind die Personalkosten beispielsweise mit dem Schlüssel 51 : 49 verteilt worden. Die Information ergibt sich aus den Gehaltslisten der jeweiligen Organisation.

Es gibt ein paar Hinweise für die Bemessung der Schlüssel. Bei den Personalkosten kann man genau nachvollziehen, welcher Mitarbeiter welchem Team zugeordnet ist und kann dementsprechend die Personalkosten eines Teams addieren. Die Mietkosten teilen sich häufig nach der Mietfläche auf. Manche Teams benötigen etwas mehr von der gesamten Bürofläche und bekommen damit auch höhere Kosten zugeordnet. Die Abschreibung von Firmenwagen kann etwa anteilig der Nutzung aufgeteilt werden. Dazu später mehr. Zurück zum Überblick:

Kostenstellenrechnung

Sie befinden sich jetzt bereits in der *Kostenstellenrechnung*.

Der Wissensdurst ist aber noch nicht gestillt. Der Verantwortliche möchte nun noch die Kosten einer Dienstleistungsstunde je Team berechnen.

	Kosten gesamt	Team Sauber		Team Rein	
		Anteil	Kosten	Anteil	Kosten
Personalkosten	711.000,00 €	51 %	**362.610,00 €**	49 %	**348.390,00 €**
Sachkosten	117.000,00 €	55 %	**64.350,000 €**	45 %	**52.650,00 €**
Summe	828.000,00 €		**426.960,00 €**		**401.040,00 €**
Leistungen	z. B. Stunden		38.000		36.000
	Stundensatz		**11,24 €**		**11,14 €**

Abb. 5.6: Beispiel Reinigung – Kostenträgerstückrechnung

Kostenträgerstückrechnung

Sie befinden sich nun in der *Kostenträgerstückrechnung*. Das Ergebnis lautet: Eine Stunde von „Team Sauber" verursacht Kosten in der Höhe von 11,24 € und von „Team Rein" 11,14 €.

Wenn wir nun noch davon ausgehen, dass der Verantwortliche die Reinigungsleistung nur an andere Unternehmen abgibt und dafür 14,10 € und 14,00 € kassieren kann (realistisch denkbar wäre das z. B. im Rahmen eines Projektes zur Integration Arbeitssuchender), so hat er dann Leistungen in Höhe von

38.000 · 14,10 € + 36.000 · 14,00 € = 1.039.800,00 €.

Kostenträgerzeitrechnung

Bei Kosten von 828.000,00 € macht er ein Betriebsergebnis von 211.800,00 €. Damit befinden Sie sich in der *Kostenträgerzeitrechnung*.

Ja, und nun sind 15 Minuten um und wir sind durch die gesamte Kostenrechnung durch. Wenn Sie die vorangegangenen Ausführungen über die Kostenrechnung verstanden haben, dann haben Sie bereits das wesentliche Grundgerippe der Kostenrechnung verinnerlicht.

Die Simplifizierung macht den Stoff leichter und nachhaltiger lernbar. Ohne Probleme hätten wir statt den zwei Kostenarten hier 5, 10, 50 oder 150 Kostenarten aufführen können. Einen erheblichen Lernvorteil hätte das nicht gebracht, aber sicher viel mehr Unübersichtlichkeit.

Die einschlägigen *Gesetze im Nonprofitbereich* geben folgende Bestimmungen im Bereich der Kosten- und Leistungsrechnung vor:

PBV

Der § 7 „Kosten- und Leistungsrechnung" der Pflegebuchführungsverordnung regelt:

1. Die zugelassenen Pflegeeinrichtungen haben eine Kosten- und Leistungsrechnung zu führen, die eine betriebsinterne Steuerung sowie eine Beurteilung der Wirtschaftlichkeit und Leistungsfähigkeit ermöglicht. 2. Die Kosten- und Leistungsrechnung muss die Ermittlung und Abgrenzung der Kosten der jeweiligen Betriebszweige sowie die Erstellung der Leistungsnachweise nach den Vorschriften des Achten Kapitels des Elften Buches Sozialgesetzbuch ermöglichen. 3. Dazu gehören folgende Mindestanforderungen:

1. Die Pflegeeinrichtungen haben die auf Grund ihrer Aufgaben und Strukturen erforderlichen Kostenstellen zu bilden; dabei kann der Kostenstellenrahmen nach dem Muster der Anlage 5 angewendet werden.
2. Die Kosten sind aus der Buchführung nachprüfbar herzuleiten.

3. Die Kosten und Leistungen sind verursachungsgerecht nach Kostenstellen zu erfassen; sie sind darüber hinaus den anfordernden Kostenstellen zuzuordnen, soweit dies für die in Satz 1 genannten Zwecke erforderlich ist.
4. Die Kosten und Leistungen sind verursachungsgerecht den Kostenträgern zuzuordnen; dabei kann die Kostenträgerübersicht nach dem Muster der Anlage 6 angewendet werden.
5. Bei Einrichtungen nach § 4 Abs. 2 oder 3 muss eine verursachungsgerechte Abgrenzung der Kosten und Erträge mit anteiliger Zuordnung auf die verschiedenen Einrichtungen erfolgen; § 4 Abs. 3 Nr. 2 Satz 2 gilt entsprechend."

Quelle: http://www.gesetze-im-internet.de/pbv/__7.html; 01.05.2008

KHBV Die *Krankenhausbuchführungsverordnung* regelt:

„§ 8 Kosten- und Leistungsrechnung

1. Das Krankenhaus hat eine Kosten- und Leistungsrechnung zu führen, die eine betriebsinterne Steuerung sowie eine Beurteilung der Wirtschaftlichkeit und Leistungsfähigkeit erlaubt; sie muss die Ermittlung der pflegesatzfähigen Kosten sowie die Erstellung der Leistungs- und Kalkulationsaufstellung nach den Vorschriften der Bundespflegesatzverordnung ermöglichen. 2. Dazu gehören folgende Mindestanforderungen:

1. Das Krankenhaus hat die auf Grund seiner Aufgaben und Struktur erforderlichen Kostenstellen zu bilden. 2. Es sollen, sofern hierfür Kosten und Leistungen anfallen, mindestens die Kostenstellen gebildet werden, die sich aus dem Kostenstellenrahmen der Anlage 5 ergeben. 3. Bei abweichender Gliederung dieser Kostenstellen soll durch ein ordnungsmäßiges Überleitungsverfahren die Umschlüsselung auf den Kostenstellenrahmen sichergestellt werden.
2. Die Kosten sind aus der Buchführung nachprüfbar herzuleiten.
3. Die Kosten und Leistungen sind verursachungsgerecht nach Kostenstellen zu erfassen; sie sind darüber hinaus den anfordernden Kostenstellen zuzuordnen, soweit dies für die in Satz 1 genannten Zwecke erforderlich ist."

Quelle: http://www.gesetze-im-internet.de/khbv/__8.html; 01.05.2008

M Erstellen Sie Lernkarten zu folgenden Begriffen: Anderskosten – außerordentlicher Aufwand – betriebsfremder Aufwand – Einzelwagnisse – kalkulatorische Abschreibungen – kalkulatorische Kosten – kalkulatorische Mieten – kalkulatorisches Unternehmerwagnis – kalkulatorische Zinsen – kalkulatorischer Unternehmerlohn – kalkulatorische Wagnisse – Kosten – Leistung – Opportunitätskosten – periodenfremder Aufwand – Wagniskosten – Wiederbeschaffungskosten – Zusatzkosten.

M Betriebliche Praxis: Klären Sie in einem geeigneten Praxisumfeld, welche kalkulatorischen Elemente in der jeweiligen Kostenrechnung Verwendung finden.

Ü

Korrekt	Falsch	Aussage
		periodenfremder Aufwand = neutrale Kosten
		neutraler Aufwand = Grundkosten
		Kalkulatorische Zinsen sind stets niedriger als buchhalterische Zinsen.

Korrekt	Falsch	Aussage
		Anderskosten haben keine Entsprechung in der Finanzbuchhaltung.
		Es macht grundsätzlich keinen Sinn, einen kalkulatorischen Unternehmerlohn anzusetzen.
		In jedem Fall muss das in der Bilanz ausgewiesene Vermögen kalkulatorisch verzinst werden.

Ü

Lösung

Alle Aussagen sind falsch.

Stellen Sie für die folgenden Geschäftsfälle fest, ob und in welcher Höhe neutrale Aufwendungen, Zweckaufwendungen, Grundkosten, Anderskosten oder Zusatzkosten angefallen sind! Ü

1. Für die Produktion werden Rohstoffe für 2.000,– € eingekauft und sofort weiterverarbeitet.
2. Die Mitarbeiter erhalten ihre Löhne und Gehälter in Höhe von insgesamt 41.000,– €.
3. Der Lieferwagen, der noch mit 10.000,– € zu Buche steht, geht bei ebay leider nur für 7.000,– € weg.
4. Die Kfz-Versicherung für den neuen Lieferwagen beträgt 1.400,– €.
5. Aufgrund der gesetzlichen Bewertungsvorschriften wird die Abschreibung des neuen Lieferwagens in der FiBu auf 2.000,– € angesetzt, intern hingegen aber nur mit 1.500,– € kalkuliert.
6. An das Finanzamt werden 4.000,– € als Steuernachzahlung der letzten zwei Geschäftsjahre zu gleichen Teilen überwiesen.
7. Für seine Tätigkeit im eigenen Unternehmen berechnet der Unternehmer einen kalkulatorischen Unternehmerlohn in Höhe von 17.000,– €.
8. Durch gute Kontakte kann ein besonders günstiger Kredit mit einer Zinszahlung von 21.000,– € erlangt werden. Kalkuliert werden Zinsen in Höhe von 45.000,– €.
9. Die Geschäftsräume eines kleinen Unternehmens befinden sich im Privathaus des Unternehmers. Die Miete würde regulär 5.500,– € betragen.

Lösung

1. Für die Produktion werden Rohstoffe für 2.000,– € eingekauft und sofort weiterverarbeitet.
   Zweckaufwand → 2.000,– €
   Grundkosten → 2.000,– €
2. Die Mitarbeiter erhalten ihre Löhne und Gehälter in Höhe von insgesamt 41.000,– €.
   Zweckaufwand → 41.000,– €
   Grundkosten → 41.000,– €
3. Der Lieferwagen, der noch mit 10.000,– € zu Buche steht, geht bei ebay leider nur für 7.000,– € weg.
   Neutraler Aufwand → 3.000,– €
4. Die Kfz-Versicherung für den neuen Lieferwagen beträgt 1.400,– €.
   Zweckaufwand → 1.400,– €
   Grundkosten → 1.400,– €

5. Aufgrund der gesetzlichen Bewertungsvorschriften wird die Abschreibung des neuen Lieferwagens in der FiBu auf 2.000,– € angesetzt, intern hingegen aber nur mit 1.500,– € kalkuliert.
   Zweckaufwand → 1.500,– €
   Grundkosten → 1.500,– €
   Neutraler Aufwand → 500,– €
6. An das Finanzamt werden 4.000,– € als Steuernachzahlung der letzten zwei Geschäftsjahre zu gleichen Teilen überwiesen.
   Neutraler Aufwand → 2.000,– €
   Zweckaufwand → 2.000,– €
   Grundkosten → 2.000,– €
7. Für seine Tätigkeit im eigenen Unternehmen berechnet der Unternehmer einen kalkulatorischen Unternehmerlohn in Höhe von 17.000,– €.
   Zusatzkosten → 17.000,– €
8. Durch gute Kontakte kann ein besonders günstiger Kredit mit einer Zinszahlung von 21.000,– € erlangt werden. Kalkuliert werden Zinsen in Höhe von 45.000,– €.
   Zweckaufwand → 21.000,– €
   Anderskosten → 24.000,– €
   Grundkosten → 21.000,– €
9. Die Geschäftsräume eines kleinen Unternehmens befinden sich im Privathaus des Unternehmers. Die Miete würde regulär 5.500,– € betragen.
   Zusatzkosten → 5.500,– €

5.2 Die Kostenartenrechnung

Der rote Faden

Was bisher erläutert wurde: Bisher haben Sie einen Überblick über die Struktur der Kosten- und Leistungsrechnung erhalten.
Wie es weitergeht: Nun werden die einzelnen Teilbereiche Stück für Stück erläutert. Beginnen wir bei der Kostenartenrechnung.

Aufgabe

Aufgabe der Kostenartenrechnung ist es, die Kosten zu systematisieren. Hierzu werden geeignete Kostenarten gebildet/differenziert, auf die die Kosten zugerechnet werden. Eine zweckmäßige Untergliederung der Aufwendungen in der Finanzbuchhaltung bildet hierzu die Basis.

Gliederungstiefe

Damit stellt sich aber bereits die Frage, in welcher Gliederungstiefe die Kostenarten verwendet werden. Tendenziell sollten Sie eine ausreichend transparente, aber nicht übertriebene Gliederung der Kostenarten anstreben. Die Gliederung sollte vollständig, eindeutig, stetig – aber dennoch ausreichend flexibel sein.

Die Kostenarten können nach unterschiedlichen Kriterien systematisiert werden, die in unterschiedlichen Feldern, Fragestellungen, Methoden und Instrumenten der Kostenrechnung eine Rolle spielen.

Besonders häufig wird eine Systematisierung nach der Art der verbrauchten Güter und Dienstleistungen (ganz allgemein z. B. in Personalkosten und Sachkosten) herangezogen. Diese Systematik wird nachfolgend als erste erläutert.

Nach der Art der verbrauchten Güter und Dienstleistungen können die Kostenarten z. B. differenziert werden in (vgl. Coenenberg 2007, S. 43):

- Personalkosten sowie Sozialkosten (Sozialversicherung etc.),
- Sachkosten (Abschreibungen, Kosten der Betriebs- und Geschäftsausstattung, Materialkosten, Kosten für Roh,- Hilfs- und Betriebsstoffe, Energiekosten),
- Kapitalkosten,
- Kosten für Dienstleistungen, die von Dritten bezogen werden,
- Kosten für Rechte etc.,
- durch öffentliche Abgaben und Steuern entstehende Kosten,
- Versicherungskosten, Wagniskosten und andere kalkulatorische Kosten,
- tiefergehende Differenzierungen sind geläufig, z. B. bei Personalkosten:
  - Löhne,
  - Gehälter und
  - Sozialkosten (Gesetzliche Sozialleistungen; Arbeitgeberanteil zur Rentenversicherung).

Die Kostenarten stimmen größtenteils mit den Aufwandsarten der Finanzbuchhaltung überein und werden um weitere, für die Kosten- und Leistungsrechnung benötigten Arten ergänzt. Andere werden gestrichen.

B

Personalkosten	400.000,– €
Sozialabgaben	70.000,– €
Aushilfskräfte	30.000,– €
Energiekosten	250.000,– €
Abschreibungen	200.000,– €
Materialkosten	180.000,– €
Miete	120.000,– €
Versicherungen	30.000,– €
Summe	1.280.000,– €

Zurechenbarkeit auf Objekte

Die zweitwichtigste Differenzierung ist die nach der Zurechenbarkeit auf Objekte der Kostenrechnung. In diesem Rahmen werden Einzel- und Gemeinkosten unterschieden. Unbeschadet der Bildung anderer Zurechenbarkeiten als Differenzierung geht es hier darum, ob die Kosten z. B. einem Kostenträger bzw. einer Kostenstelle direkt (unmittelbar) zugerechnet werden können.

D

Einzelkosten sind Kosten, die einem Objekt der Kostenrechnung (deshalb auch die Begrifflichkeit „Kalkulationsobjekt"; vom lat.: calculare = rechnen → Kalkulation = Berechnung) unmittelbar/eindeutig zugerechnet werden können. Anders ausgedrückt: Wenn es dieses Objekt der Kostenrechnung/Kalkulation nicht gäbe, würden diese Kosten auch nicht entstehen.

Gemeinkosten sind Kosten, die einem Objekt nicht unmittelbar/eindeutig zugerechnet werden können, also für mehrere Objekte zugleich entstanden sind.

Objekte der Kostenrechnung/Kalkulation können z. B. sein:

- ein Produkt,
- eine Leistung,
- eine Dienstleistung
- ein Unternehmensbereich,
- ein Projekt,
- eine Kostenstelle und
- eine Produktgruppe.

Daraus folgt z. B.:

- *Kostenträger-Einzelkosten* sind solche Kosten, die einem Kostenträger direkt zugerechnet werden können, z. B. fünf Reifen bei einem PKW. Kostenträger-*Gemeinkosten* sind solche Kosten, die Kostenträgern nicht unmittelbar zugerechnet werden können, z. B. eine Miete.
- *Kostenstellen-Einzelkosten* sind solche Kosten, die einer Kostenstelle direkt zugerechnet werden können, z. B. die Personalkosten des Kfz-Meisters zu der Kostenstelle Fuhrpark. *Kostenstellen-Gemeinkosten* sind solche Kosten, die Kostenstellen nicht unmittelbar zugerechnet werden können, etwa die Personalkosten des Geschäftsführers.

B

Der Kostenträger „Blutennahme" beeinhaltet folgende Einzel- und Gemeinkosten:

- Einzelkosten z. B. Spritze, Ampullen, Briefumschlag und Briefmarke für Versand an Labor etc.
- Gemeinkosten z. B. Personalkosten der Mitarbeiterin in der Praxis, Miete Praxis etc.

Hinweis: Wenn Sie in einem Buch nur von Einzelkosten lesen, in einem Gespräch davon hören, so sind in aller Regel dann Kostenträgereinzelkosten gemeint. Wenn Sie in einem Buch nur von Gemeinkosten lesen, in einem Gespräch davon hören, so sind in aller Regel dann Kostenträgergemeinkosten gemeint.

Beachten Sie zusätzlich: *Unechte Gemeinkosten* sind solche Einzelkosten, die tatsächlich Einzelkosten sind, aber aus Wirtschaftlichkeitsgründen (Aufwand bei der Erfassung) nicht als solche behandelt werden. Beispiel: Theoretisch ist es möglich, bei jeder Maschine den Energieverbrauch zu erfassen, häufig erfordert das aber einen sehr hohen Aufwand und ist damit unwirtschaftlich.

Beschäftigungsabhängigkeit

Eine weitere wichtige Unterscheidung von Kostenarten ist die Differenzierung nach der Beschäftigungsabhängigkeit (Ausbringung) in fixe und variable Kosten.

D

Variable Kosten sind abhängig von der Beschäftigung (z. B. bei der Produktion von Schreibtischen je Schreibtisch eine Platte).

Fixe Kosten sind unabhängig von der Beschäftigung (z. B. bei der Produktion von Schreibtischen die Feuerversicherung für die Produktionsstätte).

Beschäftigung

Die Beschäftigung meint die Nutzung des Leistungsvermögens (der Kapazität) in einem Unternehmen. Die Beschäftigung wird in Ausbringungsmenge bzw. Arbeitsstunden etc. gemessen. Die Beschäftigung bewegt sich zwischen 0 und der Kapazität (nehmen wir z. B. 250 Schreibtische als Kapazität an), ggf. noch Überkapazität.

Nehmen wir an, die Schreinerei stellt nur Büroschreibtische her.

Eine Beschäftigung „0" liegt vor, wenn keine Schreibtische gefertigt werden, weil z. B. keine Aufträge vorliegen.

Eine Beschäftigung von „2" liegt vor, wenn 2 Schreibtische gefertigt werden.

Eine Beschäftigung in Höhe der Kapazität (= 250, = Auslastung der Kapazität) liegt vor, wenn 250 Schreibtische gefertigt werden.

Eine Beschäftigung über der Kapazität liegt z. B. vor, wenn der Schreiner 255 Schreibtische fertigt, weil er ausnahmsweise auch an einem Samstag arbeitet (Überkapazität, Überstunden).

Der Beschäftigungsgrad wird übrigens gemessen als:

$$\text{Beschäftigungsgrad} = \frac{\text{Istbeschäftigung}}{\text{Vorhandene Kapazität}} \cdot 100\,\%$$

Produzierte Menge = 6.000 Stück
Kapazität = 8.000 Stück
Beschäftigungsgrad = 75 %

Variable/fixe Kosten

So, nun können Sie sicher schon weitere Beispiele für fixe und variable Kosten angeben und auch etwas tiefer differenzieren:

- fix sind Versicherungsprämien, Mieten, Zinsen etc.,
- überwiegend fix sind Reinigungskosten, Reisekosten,
- teil/steils sind Hilfslöhne, Instandhaltungskosten,
- überwiegend variabel sind Energiekosten sowie
- variabel sind Sondereinzelkosten des Vertriebs, Versandkosten.

Die *fixen Kosten* sind noch weiter zu differenzieren in:

- *Absolut fixe* Kosten, d. h. die Kosten bleiben bei jeder Art von Beschäftigungsänderung konstant.
- *Intervallfixe Kosten* (auch sprungfixe Kosten genannt), d. h. die Gesamtkosten bleiben jeweils in bestimmten Beschäftigungsintervallen konstant.

B

Die Miete eines zusätzlichen Lagerraums der Schreinerei ist absolut fix. Hingegen sind die Kosten eines gemieteten Kopierers sprungfix, z. B. bis 1.000 Kopien 40,– € und ab 1.000 Kopien 70,– € pro Monat etc.

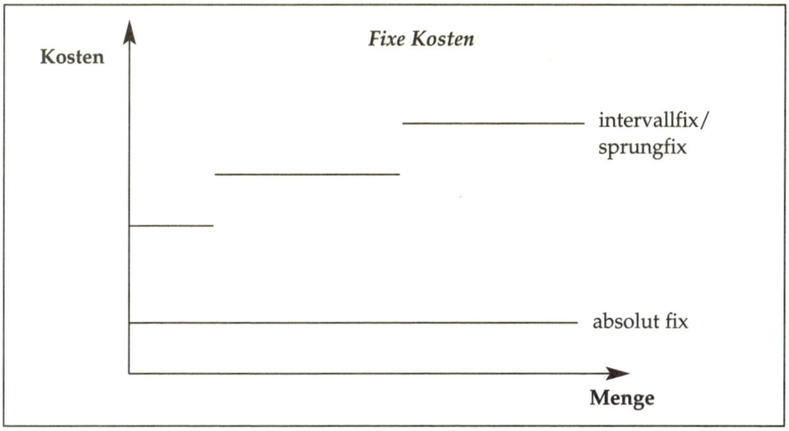

Abb. 5.6: Absolut fixe und sprungfixe Kosten

Variable Kosten, häufig auch als mengenabhängige Kosten bezeichnet, können unterschiedlich verlaufen:

- *proportional* = Die Gesamtkosten reagieren im gleichen Maße wie die Beschäftigung, z. B. Akkordlöhne pro Stück.
- *degressiv* = Die Gesamtkosten steigen in geringerem Maße als die Beschäftigung, etwa Rohstoffe, bei denen Mengenrabatte gewährt werden.

- *progressiv* = Die Gesamtkosten steigen in stärkerem Maße als die Beschäftigung, etwa Energiekosten, wenn Anlagen mit Überkapazitäten gefahren werden.
- *regressiv* = Die Gesamtkosten gehen zurück, etwa die Heizung im Kino bzw. bestimmte chemische Prozesse.

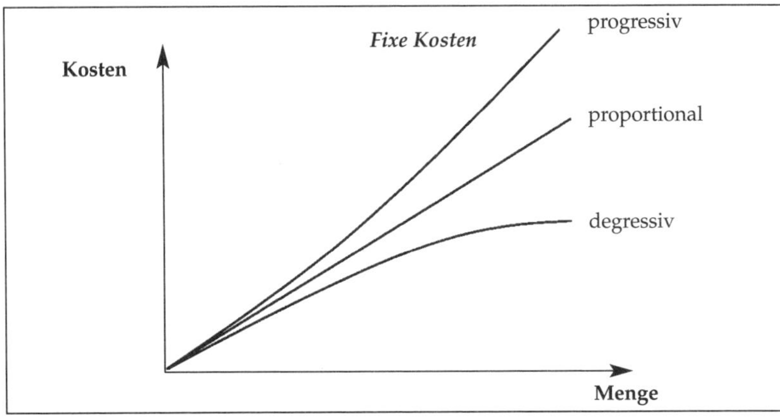

Abb. 5.7: Proportionale, degressive und progressive Kostenverläufe

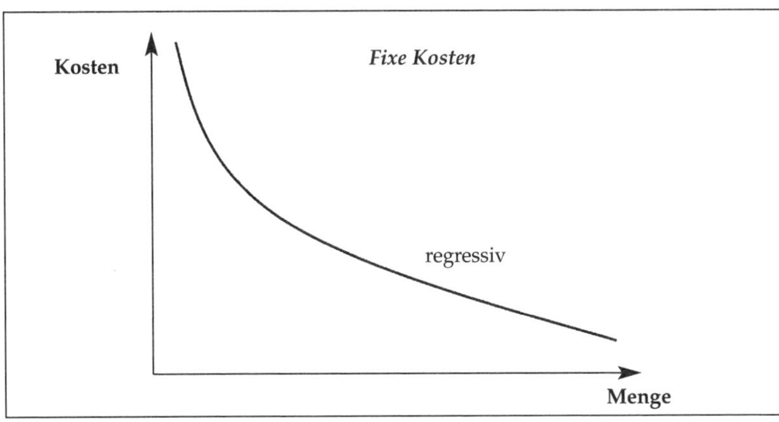

Abb. 5.8: Regressiver Kostenverlauf

Die Kosten werden mittels einer mathematischen Gleichung (Kostenfunktion) dargestellt. Als übliche Notation hat sich bewährt:

K_G = Gesamtkosten
K_V = variable Kosten (gesamt)
K_F = fixe Kosten (gesamt)
k_G = Stückkosten (gesamt)
k_v = variable Stückkosten
U = Umsatz
x = Menge
p = Preis
G = Ergebnis/Gewinn/Verlust

Es gelten folgende Gleichungen:
$K_G = K_V + K_F$
$K_V = x \cdot k_v$
$G = U - K_G$

Als weitere Differenzierungen sind z. B. die im Folgenden aufgeführten von Bedeutung.

Herkunft der Kosten

Insbesondere im Rahmen der Kostenstellenrechnung ist eine Differenzierung nach der Herkunft der Kosten von Bedeutung.

D

Primäre Kosten sind die Kosten, die „von außerhalb" und nicht aus dem betrieblichen Leistungsprozess resultieren, also durch Leistungen z. B. von Dritten bereitgestellt werden. Zu den primären Kosten gehören aber auch die Löhne und Gehälter der Mitarbeiter.

Sekundäre Kosten sind in der Kostenstellenrechnung auftretende Kosten aus dem innerbetrieblichen Leistungsprozess. Ein Beispiel: Eine interne Marketing-Abteilung berechnet die entstehenden Kosten an die internen Auftraggeber weiter.

Art der betrieblichen Funktion

Nach der Art der betrieblichen Funktionen werden z. B. Beschaffungskosten, Produktionskosten, Vertriebskosten, Verwaltungskosten etc. unterschieden.

Zeitbezug

Weiterhin werden nach dem Zeitbezug folgende Kosten differenziert:
- *Istkosten* = die Kosten, die tatsächlich angefallen sind:

  Istkosten = (Istmenge) · (Istpreis)

- *Normalkosten* = die Kosten, die z. B. im Durchschnitt der letzten Jahre angefallen sind:

  Normalkosten = (Normalmenge) · (Normalpreis)

- *Plankosten* = die Kosten, die im Voraus geplant sind:

  Istkosten = (Planmenge) · (Planpreis)

Umfang der Kosten

Nach dem Umfang der Kosten differenziert man folgende Rechnungssysteme:
- *Vollkostenrechnung*, bei der alle Kosten, also sowohl fixe als auch variable Bestandteile verrechnet werden.
- *Teilkostenrechnung*, bei der nur ein Teil der Kosten, also z. B. nur variable Bestandteile verrechnet werden.

M

Erstellen Sie Lernkarten zu folgenden Begriffen: Beschäftigungsgrad – degressive Kosten – Differenzierung nach der Art der betrieblichen Funktion – Differenzierung nach der Art der verbrauchten Güter und Dienstleistungen – Differenzierung nach der Beschäftigungsabhängigkeit (Ausbringung) – Differenzierung nach der Herkunft der Kosten – Differenzierung nach der Zurechenbarkeit auf Objekte – Einzelkosten – fixe Kosten – Gemeinkosten – intervallfixe Kosten – Istkosten – Kostenstellen-Einzelkosten – Kostenstellen-Gemeinkosten – Kostenträger-Einzelkosten – Kostenträger-Gemeinkosten – Normalkosten – Notation der Kostenfunktion – Objekte der Kostenrechnung/Kalkulation – Plankosten – primäre Kosten – progressive Kosten – proportionale Kosten – regressive Kosten – sekundäre Kosten – Teilkostenrechnung – unechte Gemeinkosten – variable Kosten – Vollkostenrechnung.

M Verschaffen Sie sich einen Überblick darüber, welche Kostenarten in der betrieblichen Praxis, zu der Sie selber Bezüge haben, verwendet werden. Beschaffen Sie sich einen Kostenartenplan/eine Übersicht der Kostenarten.

B
- Pflegeheime – Klaus Pfleger, der Leiter des Pflegeheims, steuert zu ca. 70 % die Kostenart „Personalkosten".
- Jugendhilfeeinrichtungen – Julia Jugendwohl ebenso.
- Kliniken – Johanna Beinhardt erst recht!
- Museen – Emil Muse achtet zudem sehr auf Versicherungskosten und Materialkosten.
- Öffentliche Verwaltungen – Roswitha Bürgermeister hat ebenfalls einen sehr hohen Personalkostenanteil zu verzeichnen.

5.3 Die Kostenstellenrechnung

Der rote Faden

Was bisher erläutert wurde: Bisher wurde die geeignete Systematisierung der Kostenarten erläutert.
Wie es weitergeht: Nun geht es darum, die so differenzierten Kosten den Kostenstellen zuzuordnen.

Die Kostenstellenrechnung ist das *Bindeglied zwischen der Kostenartenrechnung und der Kostenträgerrechnung*. Sie gewährleistet die Weiterverrechnung der in der Kostenartenrechnung erfassten Gemeinkosten auf die Kostenträger. Dabei ist insbesondere zu berücksichtigen, dass die Kostenträger die Kostenstellen in unterschiedlichem Maße beanspruchen.

D **Kostenstellen** sind Abrechnungseinheiten (abgegrenzte Unternehmensbereiche, Kostensammler), für die die Kosten gesondert geplant, erfasst und kontrolliert werden können. Eine Kostenstelle verdeutlicht, welche Kosten in welcher Organisationseinheit etc. in welcher Höhe angefallen sind.

Aufgaben

Die Kostenstellenrechnung erfüllt folgende Aufgaben:
- Wirtschaftlichkeitskontrolle einzelner Verantwortungsbereiche, z. B. Kostenkontrolle bezogen auf Abteilungen, Bereiche etc.,
- Unterstützung bei der Entscheidung über Eigenfertigung oder Fremdbezug (Make or buy),
- Gewährleistung der innerbetrieblichen Leistungsverrechnung.

In Unternehmen mit nur einer einzigen zu kalkulierenden Leistung wird eine gesonderte Kostenstellenrechnung nicht benötigt. Ansonsten gilt:

Kostenstellen müssen zweckmäßig unterschieden/gebildet werden. Sie werden häufig *nach betrieblichen Funktionen differenziert* in:
- Produktionskostenstelle,
- Materialkostenstelle,
- Verwaltungskostenstelle,
- Vertriebskostenstelle,
- Kostenstelle der Hausmeisterei,

- Kostenstelle des Fuhrparks,
- Kostenstelle der Facilities etc.

Differenzierung

Im Rahmen der Kostenstellenrechnung werden Vor- und Endkostenstellen unterschieden.

D

Vorkostenstellen (Hilfskostenstellen) bieten ihre Leistungen für andere Kostenstellen an, auf die eben deren Kosten verrechnet werden. Die Kosten der Vorkostenstellen werden also nicht auf die Kostenträger verrechnet. Vorkostenstellen werden in der Regel durch die Verrechnung im Betriebsabrechnungsbogen (BAB) komplett entlastet und lösen sich sozusagen auf.

Endkostenstellen (Hauptkostenstellen) arbeiten an Leistungen, die auf dem Markt angeboten werden. Die Kosten der Endkostenstellen werden direkt auf die Kostenträger verrechnet. Die Endkostenstellen werden, je nachdem ob es sich bei den dort bearbeiteten Produkten um Hauptprodukte oder Nebenprodukte handelt, als Hauptkostenstellen oder Nebenkostenstellen bezeichnet.

Ablauf

Der Ablauf der Kostenstellenrechnung ist wie folgt:
- Verteilung der primären Gemeinkosten: direkte Zuordnung oder Aufteilung durch Schlüsselgrößen (Bezugsgrößen) = Primärkostenrechnung, Primärkostenverrechnung, Primärkostenverteilung.
- Verrechnung (oder Verteilung) der innerbetrieblichen *Leistungen (Sekundärkosten)* durch Schlüsselgrößen (Bezugsgrößen) = Sekundärkostenverrechnung, interne Kostenverrechnung, innerbetriebliche Leistungsverrechnung.

Instrument

Das wichtigste Instrument der Kostenstellenrechnung ist der *Betriebsabrechnungsbogen.* Dieses Instrument wird im Folgenden ausführlicher behandelt.

B

- Pflegeheime – Klaus Pfleger, der Leiter des Pflegeheims, hat als Kostenstellen die Technik, die Hauswirtschaft, die Küche, die Verwaltung und die Pflegeteams eingerichtet.
- Jugendhilfeeinrichtungen – Julia Jugendwohl nutzt die Kostenstellen Team 1, Team 2 und Geschäftsführung.
- Kliniken – Johanna Beinhardt hat die einzelnen Bereiche wie etwa Labor, Operationsbereich, Ambulanz und die Stationen sowie die Küche, Reinigung und Verwaltung und noch andere als Kostenstellen angegeben.
- Museen – Emil Muse hat für einzelne Projekte Kostenstellen eingerichtet.
- Öffentliche Verwaltungen – Roswitha Bürgermeister hat neben anderen eine Kostenstelle für den Bürgerservice (Einwohnermeldeangelegenheiten etc.) geschaffen.

M

Erstellen Sie Lernkarten zu folgenden Begriffen: Endkostenstelle – Hauptkostenstelle – Hilfskostenstelle – Vorkostenstelle.

M

Verschaffen Sie sich einen Überblick darüber, welche Kostenstellen in der betrieblichen Praxis, zu der Sie selber Bezüge haben, verwendet werden. Beschaffen Sie sich einen Kostenstellenplan/eine Übersicht der Kostenstellen.

5.4 Die Kostenträgerstückrechnung

Nach der Kostenarten- und der Kostenstellenrechnung folgt nun die Kostenträgerrechnung.

D

> Die Kostenträgerrechnung ist
> - stückbezogen – die Kalkulation (Kostenträgerstückrechnung) und
> - periodenbezogen – die Erfolgsrechnung (Kostenträgerzeitrechnung).

Jede selbstständige Leistungseinheit (Produkte, Dienstleistungen, einzelne Aufträge etc.) ist ein Kostenträger.

Aufgabe Die Kostenträgerrechnung liefert u. a. wichtige Informationen für die:
- Programmpolitik (Zusammenstellung des Produkt- und Leistungsangebotes),
- Preispolitik (Festlegung der Entgelte) und
- Beschaffungspolitik (Make or buy – selber leisten oder einkaufen?).

Arten Nach dem Kalkulationszeitpunkt werden die Vorkalkulation, die mitlaufende Kalkulation und die Nachkalkulation unterschieden.

Ziele Ziele der Kostenträgerzeitrechnung sind:
- Analyse der Kostenstrukturen,
- Analyse der Erfolgsquellen und
- Kontrolle der Wirtschaftlichkeit.

Innerhalb der Kostenträgerzeitrechnung kann eine Betriebsabrechnung aufgestellt werden nach:
- Absatzmärkten
- Kundengruppen sowie
- Werken etc.

B Die Kalkulation eines Pflegesatzes im Altersheim Stufe 2 kann etwa wie folgt detailliert werden:

Kostenart pro Tag	
1. Personalkosten für die Pflege	50,53 €
2. Speisen- und Getränkeversorgung	10,38 €
3. Reinigung Zimmer u. allg. Räume	5,20 €
4. Waschen Privat- und Hauswäsche	3,17 €
5. Hauswirtschaftl. Versorgung	1,08 €
6. Betreuung der Bewohner	5,54 €
7. Wasser, Strom, Heizung, Müll	4,91 €
8. Verwaltungskosten	3,27 €
9. Zentrale Dienstleistungen	3,41 €
10. Versicherungen und Steuern	0,55 €
11. Pacht- und Mietkosten	5,81 €
12. Instandhaltung, Reparaturen	4,43 €
13. Abschreibung, Rücklagen	1,91 €
14. Zinsen Darlehen	1,07 €
Summe Tagessatz Stufe 2	101,26 €

Quelle: www.muenchnerpflegeboerse.de/content/beschluss061012_kostenstruktur_pflegeheime%5B1%5D.pdf; 01. 05. 2008

Multipliziert man den Tagessatz mit der durchschnittlichen Anzahl von Tagen eines Monats (30,43), so erhält man die durchschnittlichen Kosten pro Monat. In diesem Beispiel sind das: 101,26 € • 30,42 Tage = 3.080,33 € pro Monat.

- Pflegeheime – Klaus Pfleger, der Leiter des Pflegeheims, nennt als Kostenträger den beschriebenen Pflegesatz, aber auch eine Mahlzeit für auswärtige Besucher. B
- Jugendhilfeeinrichtungen – Julia Jugendwohl hat als Kostenträger die Fachleistungstunde benannt.
- Kliniken – Johanna Beinhardt kennt Fallpauschalen bzw. DRG (Diagnostic Related Groups).
- Museen – Emil Muse kalkuliert als Kostenträger eine Eintrittskarte bzw. eine Veranstaltung.
- Öffentliche Verwaltungen – Roswitha Bürgermeister hat eine Passausstellung und andere als Kostenträger definiert.

Erstellen Sie Lernkarten zu folgenden Begriffen: Beschaffungspolitik – mitlaufende Kalkulation – Nachkalkulation – Preispolitik – Programmpolitik – Vorkalkulation. M

Verschaffen Sie sich einen Überblick darüber, welche Kostenträger in Ihrer betrieblichen Praxis verwendet werden. Beschaffen Sie sich eine Übersicht der Kostenträger. M

Bitte geben Sie bei den folgenden Nennungen an, ob es sich üblicherweise um Kostenarten, Kostenstellen oder Kostenträger handelt: B

- eine Fachleistungsstunde in einer Einrichtung der Erziehungshilfe,
- die Geschäftsführung,
- der Fuhrpark,
- Energiekosten und
- eine Fallpauschale im Krankenhaus.

Lösung

Fachleistungsstunde = Kostenträger
Geschäftsführung = Kostenstelle
Fuhrpark = Kostenstelle
Energiekosten = Kostenart
Fallpauschale = Kostenträger

5.5 Die Kostenträgerzeitrechnung

Zielsetzung

Die Kontrolle des Erfolgs dient neben der Beobachtung der Liquidität und der Bemühung um Erfolgspotenziale wesentlich zur Steuerung des Unternehmens. Aber die in der Finanzbuchhaltung verwendete GuV kann zur Steuerung einzelner Bereiche nur wenig beitragen. Zum einen wird die GuV in der Finanzbuchhaltung häufig nur zum Ende des Geschäftsjahres aufgestellt, und dann meistens erst nach zwei bis drei Monaten. Zum anderen bildet die GuV das ganze Unternehmen und nicht die einzelnen Bereiche, die gesteuert werden sollen, ab.

Zielsetzung der GuV ist es, den Erfolg des jeweiligen Geschäftsjahres zu ermitteln und durch Aufwands- und Ertragspositionen darzustellen. Zwischen der Bilanz und der GuV besteht ein rechentechnischer Zusammenhang. Die Bilanz stellt als zeitpunktbezogene Darstellung von Vermögen und Schulden den Erfolg des Geschäftsjahres als eine Veränderung des Eigenkapitals unter Berücksichtigung von Einlagen und Entnahmen zwischen zwei Bilanzstichtagen dar. Die GuV stellt als zeitraumbezogene Darstellung von Aufwendungen und Erträgen den Erfolg des Geschäftsjahres als erfolgswirksame Veränderung von Vermögen und Schulden durch Aufwendungen und Erträge dar. Der Erfolg ist deshalb in beiden Rechnungen notwendigerweise identisch.

Nur in den seltensten Fällen werden in einem Unternehmen in einem bestimmten Geschäftsjahr die Aufwendungen erfasst, die den realisierten Erträgen entsprechen. Dies liegt an folgenden Vorgängen:

- Durch verstärkte betriebliche Aktivitäten kann sich ein Lageraufbau durch in der Abrechnungsperiode erstellte Fertigerzeugnissen (bzw. unfertige Erzeugnissen) ergeben. Dann sind die Aufwendungen der Periode höher als die entsprechenden Aufwendungen.
- Durch eine verstärkte Vertriebstätigkeit kann sich ein Lagerabbau von in früheren Perioden gefertigten Produkten ergeben. Dann sind die Erträge der Periode höher als die entsprechenden Erträge.
- Gegebenenfalls werden z. B. Maschinen in dem Unternehmen hergestellt, die nach der Fertigstellung selber genutzt werden. Diese Maschinen sind zu aktivieren. Da hier keine Erträge aus Lieferungen und Leistungen zu verbuchen sind, enthält die GuV nur die Aufwendungen für die Herstellung der Maschine.

Verfahren

Es gibt zwei Verfahren zur Lösung dieser Problematik, nämlich das *Gesamtkostenverfahren* und das *Umsatzkostenverfahren*. Der wesentliche Unterschied zwischen beiden Verfahren besteht in der Ausrichtung.

- Das Gesamtkostenverfahren bezieht sich auf die Gesamtmenge der hergestellten Erzeugnisse und Leistungen. Sämtliche Aufwendungen des Geschäftsjahres werden der Gesamtleistung gegenübergestellt. Aus diesem Grunde ist es notwendig, neben den Umsatzerlösen für die verkauften Erzeugnisse auch die Bestandsveränderungen an fertigen und unfertigen Erzeugnissen sowie andere aktivierte Eigenleistungen auszuweisen.
- Im Umsatzkostenverfahren werden die Aufwendungen und Erträge auf die im Umsatzprozess realisierten Erlöse der hergestellten Erzeugnisse und Leistungen ausgerichtet. Wird ein Lagerbestand abgebaut (Bestandsminderung), so müssen die dafür in der letzten Periode entstandenen Herstellkosten verrechnet werden.

Bezug zur GuV

Und mit genau diesen Verfahren wird die *Betriebsergebnisrechnung/kurzfristige Erfolgsrechnung* durchgeführt. Die kurzfristige Erfolgsrechnung unterscheidet sich von der Erfolgsrechnung (GuV) der Finanzbuchhaltung jedoch insbesondere in folgenden Punkten:

- Die kurzfristige Erfolgsrechnung wird immer in einem wesentlich kürzeren Zeitraum als die für handels- und steuerrechtliche bestimmte Erfolgsrechnung mittels der GuV durchgeführt. In der kurzfristigen Erfolgsrechnung ist der optimale Zeitraum für Steuerungszwecke in der Regel ein Monat. Das ist auch verständlich, denn was wollen Sie noch steuern, wenn Sie die dafür relevanten Informationen erst Monate später erhalten. Im übertragenen Sinne: Dann ist ihr Schiff vielleicht schon längst auf einen Eisberg gelaufen.
- Außerdem können in die kurzfristige Erfolgsrechnung kalkulatorische Bestandteile einfließen. Diese sind aber in der für handels- und steuerrechtliche Zwecke aufgestellten Bilanz nicht gestattet. Das gilt auch für standardisierte Sätze. Die Standardisierung hat natürlich auch den großen Vorteil, dass die relevanten Informationen sehr viel schneller erhoben und ausgewertet werden können. Die Tendenz ist immer die gleiche.

- In der Kostenrechnung wird häufig der schnellen Verfügbarkeit der Informationen der Vorzug vor der Genauigkeit der Informationen gegeben. Und hier liegt auch der Grund dafür, dass ein „typischer Controller/Kostenrechner und ein typischer Finanzbuchhalter sich manchmal nicht verstehen".

M

Erstellen Sie Lernkarten zu folgenden Begriffen: Gesamtkostenverfahren – Umsatzkostenverfahren.

M

Verschaffen Sie sich einen Überblick darüber, welche Betriebsergebnisrechnung konkret in der Ihren bekannten betrieblichen Praxis verwendet wird. Die Betriebsergebnisrechnung wird häufig mit anderen Begriffen – z. B. Wirtschaftsplan – bezeichnet.

5.6 Varianten im System der Kostenrechnung

Das System der Kostenrechnung (des Rechnungswesens etc.) stellt die Gesamtheit der in der Kostenrechnung (im Rechnungswesen etc.) aufeinander bezogenen Elemente und deren Verknüpfungen dar.

Zum Verhältnis von Finanzbuchhaltung und Kostenrechnung siehe Abbildung 5.2.

Das System der Kostenrechnung (und damit die Kosten- und Leistungsrechnung) kann in unterschiedlicher Form ausgestaltet werden.

Differenzierung

Die Kosten- und Leistungsrechnung kann als Ist-, Normal- oder Plankostenrechnung, jeweils auf Voll- oder Teilkostenbasis ausgerichtet sein (vgl. Abbildung 5.9).

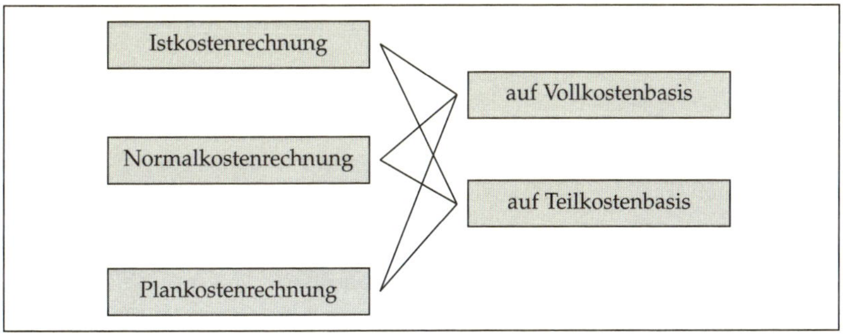

Abb. 5.9: Kostenrechnungssysteme

Istkostenrechnung

Bei einer *Istkostenrechnung* werden die in einer Abrechnungsperiode tatsächlich angefallenen Kosten erfasst und verrechnet. Häufig werden hierbei kalkulatorische Größen eingerechnet. Die periodengerechte Abgrenzung der Kosten kann erhebliche Schwierigkeiten bereiten. Die Unzulänglichkeiten der Istkostenrechnung liegen in der häufig mangelnden Aktualität und dem dafür notwendigen immensen Aufwand und häufigen Aktualisierungsbedarf.

Normalkostenrechnung

Die *Normalkostenrechnung* verrechnet Normalkosten, das sind Kosten, die z. B. aus dem Durchschnitt der Istkosten aus den vergangenen Perioden ermittelt werden. Eine Normalkostenrechnung ist zwar weniger aufwendig und flexibler, aber auch ungenauer. Bei der Plankostenrechnung gehen im Gegensatz zur Ist- und Normalkostenrechnung zukünftig erwartete Werte in die Verrechnung ein.

Plankostenrechnung

Die *Plankostenrechnung* kann als starre Plankostenrechnung unabhängig von Beschäftigungsänderungen und als flexible Plankostenrechnung abhängig von Beschäftigungsänderungen betrieben werden. Bei der starren Plankostenrechnung werden die geplanten Kosten nicht an eine Veränderung der Auslastung angepasst.

Wenn z. B. bei einer 85 %-Auslastung eines Hotels ein bestimmter Betrag (z. B. 80.000 €) für Sachkosten geplant wurde, so werden die angefallenen Istkosten immer mit diesem Planwert verglichen, auch wenn die Auslastung im Ist auf 92 % gestiegen ist.

Der Vergleich der Plankosten mit den Istkosten ist hier natürlich problematisch. Die starre Plankostenrechnung sollte somit nur angewandt werden, wenn keine Beschäftigungsänderung vorliegt. Sofern die Auslastung variiert, ist es sinnvoll eine flexible Plankostenrechnung einzurichten, bei der die variablen Kosten auf die tatsächliche Auslastung umgerechnet werden. Die Ist-, Normal- und Plankostenrechnung sollten nicht als echte Alternativen, sondern als sich ergänzende Systeme gesehen werden.

Neben dieser Differenzierung kann die Kostenrechnung noch nach dem Umfang der verrechneten Kosten in die *Vollkosten-* und die *Teilkostenrechnung* differenziert werden. Anders ausgedrückt: Ist-, Normal- und Plankostenrechnungssysteme können entweder als Vollkosten- oder als Teilkostenrechnung gestaltet sein. Bei der Vollkostenrechnung werden sämtliche Kosten auf die Produkte etc. verrechnet, bei der Teilkostenrechnung nur jeweils ein ganz bestimmter Teil, beispielsweise nur die variablen Kosten.

Eine allgemeingültige Empfehlung für ein Kostenrechnungssystem kann nicht gegeben werden. Eine Empfehlung für die konkrete Ausgestaltung der Kostenrechnung kann jeweils nur im Einzelfall nach den konkreten Bedingungen der Organisation gegeben werden.

Es wird aber deutlich, dass die reine Kostenerfassung (Kostenartenrechnung) nur der erste Schritt innerhalb einer verantwortlichen Unternehmertätigkeit sein kann.

Häufig ist die folgende Überlegung sehr hilfreich. Neben einer klassischen, regelmäßigen Kostenrechnung sind insbesondere Analysen nach Bedarf zu erstellen. Wenn etwa ein regelmäßiger Bedarf für eine Nachkalkulation nicht besteht, so reicht möglicherweise eine jährliche Nachkalkulation aus, die mit einem einfachen Tabellenkalkulationsprogramm erstellt wird.

Jede Kosten- und Leistungsrechnung muss wie jedes Controllingsystem vor der Einführung auf Wirtschaftlichkeit überprüft werden. Es ist gegebenenfalls wirtschaftlicher, Informationen nur in bestimmten konkreten Entscheidungssituationen zu erfassen und auszuwerten. Controlling-Analysen werden hier nicht regelmäßig durchgeführt, sondern nach Bedarf („Ad hoc“).

Untersuchen Sie stets, ob Sie die durch ein Kostenrechnungssystem (eine Erweiterung der Kostenrechnung) erhaltenen Informationen für eine exaktere Entscheidungsgrundlage benötigen. Entscheiden Sie, ob ein ggf. höherer Personalaufwand, Zeitaufwand, EDV-Aufwand etc. sich auszahlt.

M Erstellen Sie Lernkarten zu folgenden Begriffen: Istkostenrechnung – Normalkostenrechnung – Plankostenrechnung.

M Verschaffen Sie sich einen Überblick darüber, wie die Kostenrechnungssysteme in der betrieblichen Praxis, zu der Sie selber Bezüge haben, ausgestaltet sind.

6 Methoden und Instrumente der Kostenrechnung

6.1 Der Betriebsabrechnungsbogen (BAB)

Der *Betriebsabrechnungsbogen (BAB)* ist ein sehr bedeutendes *Instrument der Kostenstellenrechnung*. Er dient vorrangig zur Verteilung bestimmter Kostenarten, insbesondere der Gemeinkosten, auf die Kostenstellen. Mittels des BAB wird häufig auch die Budgetierung vorgenommen und die Wirtschaftlichkeit der Kostenstellen überprüft. Die auf den Kostenstellen gesammelten Kosten werden im Rahmen der Kalkulation (Kostenträgerrechnung) auf die Kostenträger verrechnet. Die Kostenstellenrechnung mittels des BAB wird zweistufig durchgeführt.

- Auf der ersten Stufe erfolgt eine *Verrechnung (oder Verteilung) der primären Gemeinkosten*. Hier findet entweder eine direkte Zuordnung oder eine Aufteilung mittels Schlüsselgrößen (Bezugsgrößen) statt. Auf dieser Stufe spricht man auch von der Primärkosten(ver)rechnung bzw. Primärkostenverteilung.
- Auf der zweiten Stufe erfolgt eine *Verrechnung (oder Verteilung) der innerbetrieblichen Leistungen (Sekundärkosten)*. Diese wird in der Regel durch Schlüsselgrößen (Bezugsgrößen) vorgenommen. Hier spricht man von der Sekundärkosten(ver)rechnung, internen Kostenverrechnung, innerbetrieblichen Leistungsverrechnung.

Bezugsgrößen

Bezugsgrößen (Schlüsselgrößen) sind mengen- oder wertmäßige Schlüssel, die sowohl im Rahmen der Primärkosten als auch der Sekundärkosten zur Verteilung der Kosten verwandt werden. Schlüsselgrößen können insbesondere nach Mengen- oder Wertschlüsseln gebildet werden. Häufig angewandte *Mengenschlüssel* sind die Fläche, das Gewicht, die Länge, Leistungsgrößen, Verbrauchsmengen, die Raumgröße, technische Größen und die Zeit. Häufig angewandte *Wertschlüssel* sind Kosten, der Mengendurchsatz, der Mengeneinsatz, Produktionskennzahlen, der Umsatz und Vermögenswerte.

Der BAB stellt in den Zeilen die Kostenarten und in den Spalten die Kostenstellen dar. Die Abbildung 6.1 zeigt das Beispiel eines Betriebsabrechnungsbogens im ambulanten Pflegedienst.

Die Aufwandsbuchungen, die mit der Kostenart „Gemeinkosten“ korrespondieren, werden aus der Finanzbuchhaltung übernommen und ggf. um den neutralen Aufwand bereinigt und ggf. um kalkulatorische Elemente ergänzt. Dann geht die eigentliche Kostenverrechnung los.

Primärkostenrechnung

Im ersten Schritt – der *Primärkostenrechnung* – geht es also um die Verarbeitung bzw. Verteilung der primären Gemeinkosten. Dabei ist zu unterscheiden:

- Alternative 1: Die primären Gemeinkosten sind bereits von der Finanzbuchhaltung den Kostenstellen zugeteilt worden bzw. werden automatisch der richtigen Stelle übergeben.
  Beispiel Personalkosten: In der Personalbuchhaltung sind die Kostenstellen, auf welche die Kosten jedes einzelnen Mitarbeiters fließen sollen, hinterlegt. Die Zuordnung der Personalkosten erfolgt in der Kostenrechnung automatisch, z. B. Frau Schmitz mit einem Gehalt von netto 3.456,45 € auf die Kostenstelle Team 1 und Herr Meier mit 2.765,34 € auf die Kostenstelle Team 2.

Kostenstelle	Summe	Technik	Fuhr-park	Team 1	Team 2	Verwal-tung
Personalkosten	– €	– €	– €	– €	– €	– €
Sozialkosten	– €	– €	– €	– €	– €	– €
Kosten Anlagegüter	– €	– €	– €	– €	– €	– €
Betriebsmittelkosten	– €	– €	– €	– €	– €	– €
Kosten BGA	– €	– €	– €	– €	– €	– €
Kosten für Hilfsmittel	– €	– €	– €	– €	– €	– €
Materialkosten	– €	– €	– €	– €	– €	– €
Kapitalkosten	– €	– €	– €	– €	– €	– €
Dienstleistungen	– €	– €	– €	– €	– €	– €
Rechte	– €	– €	– €	– €	– €	– €
Öffentliche Kosten	– €	– €	– €	– €	– €	– €
Wagniskosten	– €	– €	– €	– €	– €	– €
Sonst. Kalk. Kosten	– €	– €	– €	– €	– €	– €
Summe	0	0	0	0	0	0

Abb. 6.1: Betriebsabrechnungsbogen (BAB) – Muster

Kostenstelle	Summe	Technik	Fuhr-park	Team 1	Team 2	Verwal-tung
Personalkosten	1.060 €	120 €	35 €	410 €	315 €	180 €
Sozialkosten	110 €	15 €	5 €	43 €	30 €	17 €
Kosten Anlagegüter	280 €	50 €	40 €	90 €	70 €	30 €
Betriebsmittelkosten	20 €	5 €	15 €	– €	– €	– €
Kosten BGA	150 €	**15 €**	**15 €**	**30 €**	**30 €**	**60 €**
Kosten für Hilfsmittel	100 €	5 €	5 €	35 €	45 €	10 €
Materialkosten	550 €	80 €	80 €	180 €	190 €	20 €
Kapitalkosten	10 €	– €	– €	– €	– €	10 €
Dienstleistungen	70 €	3 €	3 €	4 €	10 €	50 €
Rechte	5 €	– €	– €	– €	– €	5 €
Öffentliche Kosten	15 €	– €	– €	– €	– €	15 €
Wagniskosten	10 €	– €	– €	5 €	5 €	– €
Sonst. Kalk. Kosten	50 €	5 €	5 €	10 €	10 €	20 €
Summe	**2.430 €**	**298 €**	**203 €**	**807 €**	**705 €**	**417 €**
Schlüssel	10	1	1	2	2	4

Abb. 6.2: Primärkostenrechnung (Beispiel Schritt 1) in T €

- Alternative 2: Die primären Gemeinkosten werden erst hier an dieser Stelle im Rahmen der Kostenrechnung verteilt. Dann geschieht dies, wie unten an den Kosten BGA verdeutlicht.

Die korrekte Lesart ist: Die „Kosten BGA" in Höhe von 150.000,– € werden als primäre Gemeinkosten im Verhältnis 1 : 1 : 2 : 2 : 4 verteilt. Addiert man diese Schlüssel so erhält man 10 Teile. 150.000,– € geteilt durch 10 Teile ergibt pro Teil 15.000,– €. Davon entfallen 4 Teile auf „Verwaltung", also insgesamt 60.000,– €.

Ihr Vorgehen:
- Addieren Sie die Anteile der einzelnen Kostenstellen, also 1+1+2+2+4=10.
- Teilen Sie die Kosten den Kostenstellen entsprechend den Anteilen zu, also z. B. bei Verrechnung der primären Kostenart „Kosten BGA" auf die Kostenstelle „Verwaltung": (150.000/10) • 4 = 60.000 €.

Sekundärkostenrechnung

In einem zweiten Schritt erfolgt die Verrechnung (Verteilung) der *innerbetrieblichen Leistungen* (mittels Sekundärkosten) durch Schlüsselgrößen (Bezugsgrößen). In diesem Zusammenhang spricht man von der innerbetrieblichen Leistungsverrechnung.

Innerbetriebliche Leistungen sind Leistungen, die zwischen Organisationseinheiten erbracht werden. Häufig werden diese verrechnet. Die Leistungen der Hausmeisterei werden beispielsweise häufig als innerbetriebliche Leistungen angeboten und verteilt.

Kostenstelle	Summe	Technik	Fuhrpark	Team 1	Team 2	Verwaltung
Personalkosten	1.060 €	120 €	35 €	410 €	315 €	180 €
Sozialkosten	110 €	15 €	5 €	43 €	30 €	17 €
Kosten Anlagegüter	280 €	50 €	40 €	90 €	70 €	30 €
Betriebsmittelkosten	20 €	5 €	15 €	– €	– €	– €
Kosten BGA	150 €	15 €	15 €	30 €	30 €	60 €
Kosten für Hilfsmittel	100 €	5 €	5 €	35 €	45 €	10 €
Materialkosten	550 €	80 €	80 €	180 €	190 €	20 €
Kapitalkosten	10 €	– €	– €	– €	– €	10 €
Dienstleistungen	70 €	3 €	3 €	4 €	10 €	50 €
Rechte	5 €	– €	– €	– €	– €	5 €
Öffentliche Kosten	15 €	– €	– €	– €	– €	15 €
Wagniskosten	10 €	– €	– €	5 €	5 €	– €
Sonst. Kalk. Kosten	50 €	5 €	5 €	10 €	10 €	20 €
Summe	**2.430 €**	**298 €**	**203 €**	**807 €**	**705 €**	**417 €**
Leistungen Technik	80	0	20	32	22	6
Leistungen Fuhrpark	110	10	0	45	45	10

Abb. 6.3: Sekundärkostenrechnung (Beispiel Schritt 2) in T €

Im oben angeführten Beispiel werden die Kostenstellen „Technik" und „Fuhrpark" auf die anderen Kostenstellen mittels der in den letzten Zeilen angegeben Schlüsselgröße verrechnet.

Verfahren

Zu beachten ist: Es gibt unterschiedliche Methoden der innerbetrieblichen Leistungsverrechnung.

1. Die innerbetriebliche Leistungsverrechnung kann auf der *Ebene* von *Kostenarten* erfolgen. Wenn „Fertigung 1" Material im Wert von 100,– € an „Fertigung 2" gibt, so werden beim Kostenartenverfahren hier 100,– € von „Fertigung 1" an „Fertigung 2" verrechnet. Dieses sehr einfache Vorgehen wird hier nicht detaillierter dargestellt.
2. Die innerbetriebliche Leistungsverrechnung kann mittels *Umlagen* erfolgen. Dabei werden die gesamten Kosten der abgebenden Kostenstelle in der Form einer Umlage in einer Summe verrechnet. Dabei sind folgende Verfahren zu unterscheiden, die nachfolgend erläutert werden.
   - Anbauverfahren,
   - Stufenleiterverfahren sowie
   - Gleichungsverfahren.

B

Gehen wir einmal von den vier Kostenstellen „Hausmeisterei, Fuhrpark, Team 1 und Team 2" aus. Die Kostenstellen „Hausmeisterei" und „Fuhrpark" seien Vorkostenstellen. An diesem Beispiel sollen nun die Verfahren schematisch und mit Beispielen ausgeführt werden. Da in vielen Einrichtungen die „Technik" unter dem Begriff „Hausmeisterei" firmiert, wird dieser im Folgenden zur Unterscheidung verwendet. Das oben aufgeführte Beispiel soll Ihnen dann zur Selbstüberprüfung dienen. Grundsätzlich gilt:

- Auf den einzelnen Kostenstellen (also Hausmeisterei, Fuhrpark, Team 1 und Team 2) fallen Primärkosten an.
- Es gibt möglicherweise Leistungserbringung (und damit potenzielle Kostenverrechnungen) in beide Richtungen, also z.B. von Kostenstelle 1 an Kostenstelle 2 und von Kostenstelle 2 an Kostenstelle 1.
- Möglicherweise gibt es sogar Leistungen, die von einer Kostenstelle für sich selber erbracht werden. So wartet z.B. der Fuhrpark den Dienstwagen des Fuhrparkleiters und empfängt damit eigene Leistungen.

Im Weiteren gehen wir von den in der Abbildung 6.4 skizzierten Leistungsverflechtungen aus.

Unser Ziel ist es, bestimmte Leistungen der Kostenstellen an die anderen Kostenstellen zu verrechnen. Das denkbar komplexeste Vorgehen besteht in der

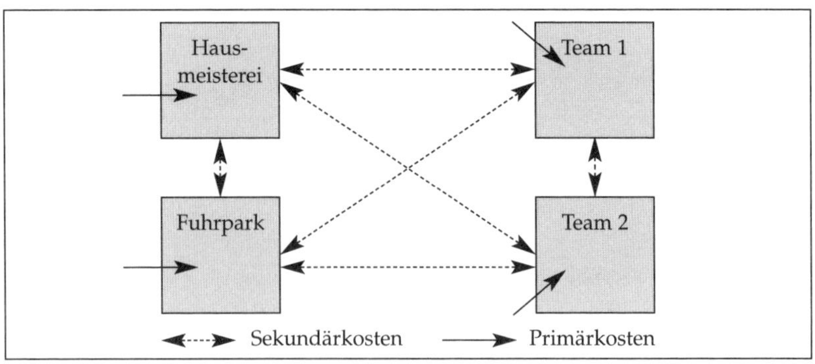

Abb. 6.4: Schema Sekundärkostenverrechnung

Verrechnung aller Kosten. Das wird aber nicht in allen Fällen gemacht. Häufig werden vereinfachende Verfahren, nämlich das Anbauverfahren oder das Stufenleiterverfahren bevorzugt.

6.1.1 Das Anbauverfahren

Das Anbauverfahren ist das einfachste Verfahren. Beim *Anbauverfahren* werden aus Vereinfachungsgründen nur die Leistungen der Vorkostenstellen auf die Endkostenstellen verrechnet. Das bedeutet im Beispiel, dass die Hausmeisterei und der Fuhrpark auf die Kostenstellen „Team 1" und „Team 2" verrechnet werden. Die Verrechnung geht also nur in eine Richtung.

Hinweis: In den nachfolgenden Abbildungen sind aus Gründen der Vereinfachung und der Übersichtlichkeit nur die Sekundärkosten dargestellt.

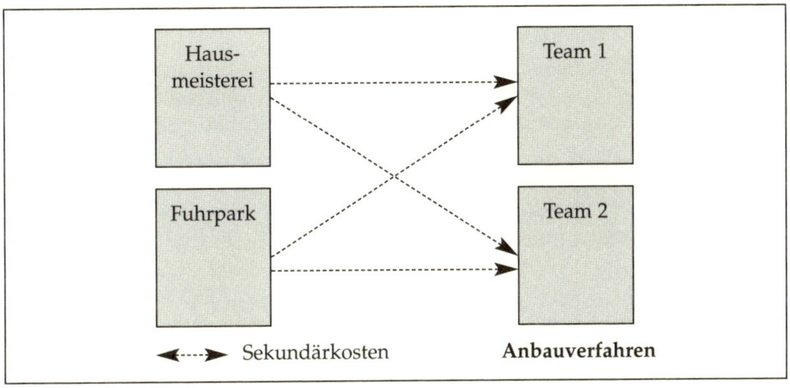

Abb. 6.5: Schema Anbauverfahren

Berechnungsbeispiel für das Anbauverfahren:

Anbauverfahren					
	Kostenstellen				
	Summe	**Haus-meisterei**	**Fuhrpark**	**Team 1**	**Team 2**
Personalkosten	400.000	40.000	60.000	160.000	140.000
Sachkosten	200.000	50.000	60.000	60.000	30.000
Summe	600.000	90.000	120.000	220.000	170.000
Hausmeisterei		→		45.000	45.000
Fuhrpark			→	80.000	40.000
Summe				345.000	255.000
Leistungen					
Hausmeisterei	8		(1)	4	4
Fuhrpark	12			8	4

Beispiel Anbauverfahren (in €)

Die Vorkostenstellen „Hausmeisterei" und „Fuhrpark" werden verrechnet, und zwar auf die Endkostenstellen Team 1 und Team 2.

- Die „Hausmeisterei" erbringt für die anderen Kostenstellen Leistungen im Verhältnis 1 zu 4 zu 4, also eine Einheit für den Fuhrpark und je 4 Einheiten für Team 1 und 2.
- Bei der vereinfachenden Methode des Anbauverfahrens wird die eine Einheit Leistungen, die für den Fuhrpark erbracht werden, nicht berücksichtigt. Deshalb ist die 1 auch eingeklammert. Damit soll gezeigt werden: Diese Leistung wird erbracht, aber im Rahmen des vereinfachenden Anbauverfahrens nicht verrechnet.

Ü Führen Sie die Sekundärkostenverrechnung mittels Anbauverfahren in dem oben eingeführten Beispiel mit den Kostenstellen Technik, Fuhrpark, Team 1, Team 2 und Verwaltung durch.

Lösung (in T €)

Hinweis zu den Rundungen. Zwar sind die Beträge hier gerundet ausgewiesen. Die Übersicht ist aber in einem Tabellenkalkulationsprogramm erstellt worden. Somit ist sichergestellt, dass mit ungerundeten Beträgen gerechnet wird.

Kostenstelle	Summe	Technik	Fuhrpark	Team 1	Team 2	Verwaltung
Personalkosten	1.060 €	120 €	35 €	410 €	315 €	180 €
Sozialkosten	110 €	15 €	5 €	43 €	30 €	17 €
Kosten Anlagegüter	280 €	50 €	40 €	90 €	70 €	30 €
Betriebsmittelkosten	20 €	5 €	15 €	– €	– €	– €
Kosten BGA	150 €	15 €	15 €	30 €	30 €	60 €
Kosten für Hilfsmittel	100 €	5 €	5 €	35 €	45 €	10 €
Materialkosten	550 €	80 €	80 €	180 €	190 €	20 €
Kapitalkosten	10 €	– €	– €	– €	– €	10 €
Dienstleistungen	70 €	3 €	3 €	4 €	10 €	50 €
Rechte	5 €	– €	– €	– €	– €	5 €
Öffentliche Kosten	15 €	– €	– €	– €	– €	15 €
Wagniskosten	10 €	– €	– €	5 €	5 €	– €
Sonst. Kalk. Kosten	50 €	5 €	5 €	10 €	10 €	20 €
Summe	**2.430 €**	**298 €**	**203 €**	**807 €**	**705 €**	**417 €**
Leistungen Technik	80	0	20	32	22	6
Leistungen Fuhrpark	110	10	0	45	45	10
Verrechnung Technik	298,00 €	– €	– €	158,93 €	109,27 €	29,80 €
Verrechnung Fuhrpark	203,00 €	– €	– €	91,35 €	91,35 €	20,30 €
Summe	**2.430,00 €**	**0,00 €**	**0,00 €**	**1.057,28 €**	**905,62 €**	**467,10 €**

6.1.2 Das Stufenleiterverfahren

Das zweite Verfahren, das Stufenleiterverfahren, ist etwas weniger vereinfachend. Beim Stufenleiterverfahren werden nur einseitige Leistungsbeziehungen der Kostenstellen erfasst, gleich ob sie für eine Vorkostenstelle oder eine Hauptkostenstelle erbracht werden. Somit werden also auch die Leistungen verrechnet, die von einer Vorkostenstelle an eine andere Vorkostenstelle geleistet werden. Dabei geht man, wie die Bezeichnung schon sagt, Stufe für Stufe vor. Die Kosten auf den Vorkostenstellen werden nacheinander verrechnet.

Wichtig ist hierbei, dass man die Kostenstellen in eine – im Sinne des Verfahrens – zweckmäßige Reihenfolge bringt. Häufig versucht man die Reihenfolge so festzusetzen, dass die nicht erfassten Leistungen von nachgelagerten an vorgelagerte Kostenstellen so gering wie möglich sind.

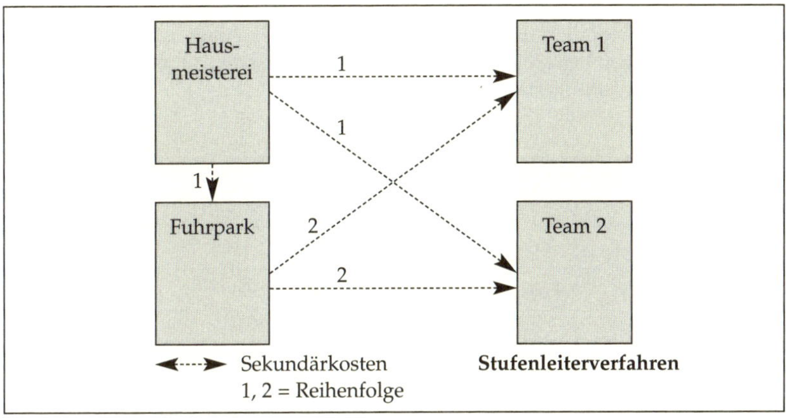

Abb. 6.6: Schema Stufenleiterverfahren

Mit den konkreten Zahlen bedeutet dies:

B

Stufenleiterverfahren					
	Kostenstellen				
	Summe	**Haus-meisterei**	**Fuhrpark**	**Team 1**	**Team 2**
Personalkosten	400.000	40.000	60.000	160.000	140.000
Sachkosten	200.000	50.000	60.000	60.000	30.000
Summe	600.000	90.000	120.000	220.000	170.000
Hausmeisterei		→	10.000	40.000	45.000
Summe			130.000		40.000
Fuhrpark			→	86.666,67	43.333,33
Summe				346.666,67	253.333,33
Leistungen					
Hausmeisterei	9		1	4	4
Fuhrpark	12			8	4

Mittels des Stufenleiterverfahrens wird nun die eine Einheit an Leistungen, die von der Hausmeisterei an den Fuhrpark erbracht wird, erfasst. Insofern ergeben sich andere Summen bei Team 1 und Team 2. Weiter ist zu beachten: Zunächst werden die Kosten der Hausmeisterei mit dem entsprechenden Schlüssel umgelegt. Das führt dazu, dass auf dem Fuhrpark 10.000 € an Kostenverrechnung von der Hausmeisterei zu addieren sind. Die Kosten der Kostenstelle Fuhrpark betragen dann nach der Verrechnung 130.000 €. Diese werden nun mit dem entsprechenden Schlüssel weiterverrechnet.

Je nachdem, welches Verfahren Sie anwenden, kann es zu unterschiedlichen Endergebnissen kommen. Alle Verfahren sind anerkannt und werden in der betrieblichen Praxis häufig angewendet, das Treppenverfahren ist aber genauer und verursachungsgemäßer als das Anbauverfahren. Perfekt ist das Gleichungsverfahren, das in der Regel auch von Kostenrechnungssoftware beherrscht wird.

Ü Führen Sie die Sekundärkostenverrechnung mittels Stufenleiterverfahren in dem oben eingeführten Beispiel mit den Kostenstellen Technik, Fuhrpark, Team 1, Team 2 und Verwaltung durch.

Kostenstelle	Summe	Technik	Fuhrpark	Team 1	Team 2	Verwaltung
Personalkosten	1.060 €	120 €	35 €	410 €	315 €	180 €
Sozialkosten	110 €	15 €	5 €	43 €	30 €	17 €
Kosten Anlagegüter	280 €	50 €	40 €	90 €	70 €	30 €
Betriebsmittelkosten	20 €	5 €	15 €	– €	– €	– €
Kosten BGA	150 €	15 €	15 €	30 €	30 €	60 €
Kosten für Hilfsmittel	100 €	5 €	5 €	35 €	45 €	10 €
Materialkosten	550 €	80 €	80 €	180 €	190 €	20 €
Kapitalkosten	10 €	– €	– €	– €	– €	10 €
Dienstleistungen	70 €	3 €	3 €	4 €	10 €	50 €
Rechte	5 €	– €	– €	– €	– €	5 €
Öffentliche Kosten	15 €	– €	– €	– €	– €	15 €
Wagniskosten	10 €	– €	– €	5 €	5 €	– €
Sonst. Kalk. Kosten	50 €	5 €	5 €	10 €	10 €	20 €
Summe	**2.430 €**	**298 €**	**203 €**	**807 €**	**705 €**	**417 €**
Leistungen Technik	80	0	20	32	22	6
Leistungen Fuhrpark	110	10	0	45	45	10
Verrechnung Technik	223,50 €	– €	74,50 €	119,20 €	81,95 €	22,35 €
Zwischensumme			277,50 €			
Verrechnung Fuhrpark	277,50 €	– €	– €	124,88 €	124,88 €	27,75 €
Summe	**2.430,00 €**	**0,00 €**	**0,00 €**	**1.051,08 €**	**911,83 €**	**467,10 €**

Lösung (in T €) – Hinweis zu den Rundungen. Zwar sind die Beträge hier gerundet ausgewiesen. Die Übersicht ist aber in einem Tabellenkalkulationsprogramm erstellt worden. Somit ist sichergestellt, dass mit ungerundeten Beträgen gerechnet wird.

6.1.3 Das Gleichungsverfahren

Beim *Gleichungsverfahren* werden, wie der Name schon sagt, Gleichungen aufgestellt. Damit werden nicht nur einseitige, sondern alle Leistungen komplett erfasst. Methodisch geht man von folgenden Gleichungen aus:

Summe der Kostenentlastungen der leistenden Kostenstelle = Summe der Kostenbelastungen der empfangenden Kostenstellen

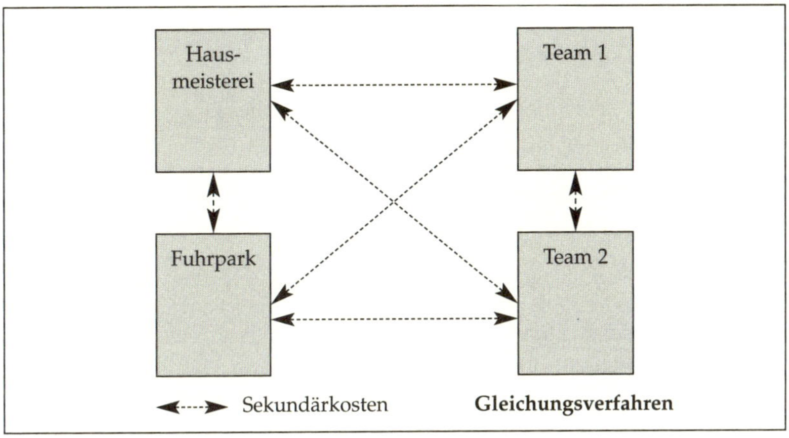

Abb. 6.7: Schema Gleichungsverfahren

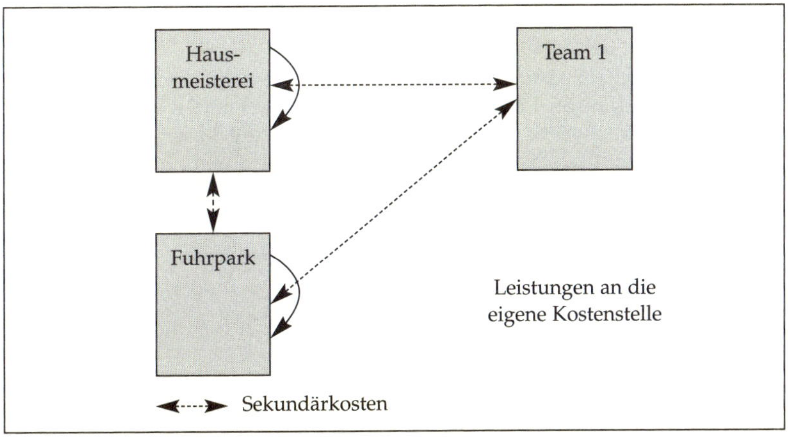

Abb. 6.8: Schema Leistungen an die eigene Kostenstelle

B Gleichungsverfahren

Die Hausmeisterei (Kostenstelle a) verursacht in einer Periode (hier Monat) Kosten in Höhe von 25.000,– €. Insgesamt werden durch das Personal der Kostenstelle 500 Stunden erbracht, davon 250 für Endkostenstellen. Jede geleistete Stunde wird der empfangenden Kostenstelle von der abgebenden Kostenstelle Hausmeisterei mit einem Verrechnungssatz in Rechnung gestellt.

Wenn also die Fertigung die Hausmeisterei beauftragt, monatlich 50 Stunden zu leisten, so werden 50 Stunden · Verrechnungssatz VS_a der Fertigung innerbetrieblich in Rechnung gestellt. Der Verrechnungssatz wird mittels des Umlageverfahrens ermittelt.

Gehen wir von folgender Notation aus:
VS_a = Verrechnungssatz der Kostenstelle a
x_a = Leistungen der Kostenstelle a
z_{ab} = Leistungen die von der Kostenstelle a an die Kostenstelle b gegeben werden
K_{pa} = Primäre Kosten der Kostenstelle a

Dann lautet das Gleichungssystem (bei 3 Kostenstellen):

$$x_a \cdot V_a = Kp_a + z_{aa} \cdot V_a + z_{ba} \cdot V_b + z_{ca} \cdot V_c$$
$$x_b \cdot V_b = Kp_b + z_{ab} \cdot V_a + z_{bb} \cdot V_b + z_{cb} \cdot V_c$$
$$x_c \cdot V_c = Kp_c + z_{ac} \cdot V_a + z_{bc} \cdot V_b + z_{cc} \cdot V_c$$

Berücksichtigt werden auch Leistungen. die von einer Kostenstelle an sich selber geleistet werden: z. B. der Fuhrpark benutzt selber Fahrzeuge zur Erledigung von Aufgaben. Durch Auflösen des Gleichungssystems lassen sich die Verrechnungspreise ermitteln. Ganz allgemein gilt:

$$x_i \cdot V_i = Kp_i + \sum_{j=1}^{n} z_{ji} \cdot V_j$$

Die Auflösung des Gleichungssystems wird hier nicht weiter ausgeführt. In der betrieblichen Praxis werden die Gleichungen durch Algorithmen in der entsprechenden Software gelöst.

6.2 Die Methoden der Kalkulation

Der rote Faden

Was bisher erläutert wurde: Nachdem die Kosten in der Kostenartenrechnung strukturiert und in der Kostenstellenrechnung zweckmäßig innerbetrieblich verrechnet wurden, steht nun die Verrechnung auf die Kostenträger an.
Wie es weitergeht: Sie lernen unterschiedliche Verfahren der Kostenträgerstückrechnung (Kalkulation) kennen.

Zur Verrechnung der Kosten von den Kostenarten bzw. Kostenstellen auf die Kostenträger werden unterschiedliche Verfahren angewendet, die nachfolgend erläutert werden.

6.2.1 Die einstufige Divisionskalkulation

Der rote Faden

Was bisher erläutert wurde: Die Kalkulation (Kostenträgerstückrechnung) dient der Feststellung der Selbstkosten der Produkte und Leistungen.
Wie es weitergeht: Die Divisionskalkulation stellt die einfachste Kalkulationsmethode dar. Sie ist in der industriellen Fertigung insbesondere bei der

Massenfertigung anwendbar. Sie ist aber auch nützlich, wenn Teilbereiche in der Nonprofitorganisation separat kalkuliert werden. Bei dem häufig in Nonprofitorganisationen anzutreffenden Kalkulationsobjekt „Fachleistungsstunde" passt die Methode ebenso gut.

Die *einstufige Divisionskalkulation* stellt die einfachste Methode dar. Sie ist insbesondere im Einproduktunternehmen weit verbreitet. Bei der Divisionskalkulation werden die Gesamtkosten durch die Menge geteilt. Das Resultat sind die Selbstkosten (synonym Stückkosten).

Die Divisionskalkulation kann summarisch oder differenzierend durchgeführt werden.

Summarische Kalkulation

Es gilt:
k_G = Stückkosten, Selbstkosten pro Stück
$k_G = K_G/x$
K_G = Gesamtkosten
x = Menge

B

Einstufige Divisionskalkulation, summarisch

Die Schreinerei wird zu einer Werkstatt für behinderte Menschen ausgebaut, in der u. a. Feuerzeuge zusammengebaut werden. Die Produktion von Feuerzeugen verursacht Kosten in Höhe von 150.000 €. In dem Zeitraum werden ca. 2 Millionen Feuerzeuge erzeugt. Die Selbstkosten je Stück betragen somit:
150.000 €/4.000.000 Stück = 3,75 Cent pro Stück.

Die einstufige Divisionskalkulation ist nur im Ein-Produkt-Unternehmen oder einem Teil des Unternehmens, das ein Produkt herstellt, anwendbar. Voraussetzung ist, dass keine Veränderungen des Lagerbestandes vorgenommen werden, also keine zusätzlichen Produkte vom Lager geholt und keine auf das Lager gelegt werden.

Differenzierende Kalkulation

Die differenzierende Kalkulation unterscheidet einzelne Kostengruppen, so etwa die Personalkosten, die Materialkosten und die Abschreibungen. Es gilt z. B.:
k_G = Stückkosten, Selbstkosten pro Stück
$k_G = K_P/x + K_M/x + K_A/x$
K_P = Personalkosten
K_M = Materialkosten
K_A = Abschreibungskosten
x = Menge

Diese differenzierte Betrachtung führt zu einem Ergebnis, das dem der summarischen Kalkulation entspricht. Der Vorteil liegt jedoch darin, dass die Stückkosten der differenzierten Kostenarten bekannt sind und kontrolliert werden können.

M

Erstellen Sie Lernkarten zu folgenden Begriffen: differenzierende Kalkulation – Divisionskalkulation – einstufige Divisionskalkulation – Selbstkosten – Stückkosten – summarische Kalkulation.

M

Verdeutlichen Sie sich an einem Beispiel aus der betrieblichen Praxis die Anwendung der Divisionskalkulation.

6.2.2 Die zweistufige Divisionskalkulation

Der rote Faden

Was bisher erläutert wurde: Bisher wurde die einstufige Divisionskalkulation, bei der jedoch keine Lagerbestandsveränderungen berücksichtigt werden, beschrieben.
Wie es weitergeht: Erläutert wird nun die zweistufige Divisionskalkulation, bei der Lagerbestandsveränderungen (Auf- und Abbau von Lagerbeständen) von fertigen Erzeugnissen berücksichtigt werden können.

Die *zweistufige Divisionskalkulation* unterscheidet z. B. die Kosten von Herstellung und Vertrieb.

Rechenweg

Es gilt:
$k_G = (K_H/x_P) + (K_V/x_A)$
k_G = Stückkosten
K_H = Herstellkosten
K_V = Vertriebskosten
x_P = produzierte Menge
x_A = abgesetzte Menge

B

In einem Unternehmen werden Küchenhilfsmittel hergestellt. Das Controlling meldet:
Materialkosten 20.000,– €
Fertigungskosten 40.000,– €
Produktionsmenge 10.000 Stück
→ Selbstkosten je Produkteinheit = 60.000,– €/10.000,– € = 6,– € pro Stück.

Aber nur 5.000 werden verkauft. Hierbei gilt:
Vertriebskosten = 10.000,– €
→ Vertriebskosten je Produkteinheit = 10.000 €/5.000 € = 2,– € pro Stück.
Gesamte Selbstkosten der verkauften Produkteinheiten = 8,– € pro Stück.

M

Erstellen Sie Lernkarten zu folgenden Begriffen: Fertige Erzeugnisse – Lagerbestandsveränderungen – zweistufige Divisionskalkulation.

M

Verdeutlichen Sie sich an einem Beispiel aus der betrieblichen Praxis die Anwendung der zweistufigen Divisionskalkulation.

Die Kalkulationsmethode der Divisionskalkulation lässt sich auf weitere Stufen ausweiten.

6.2.3 Die mehrstufige Divisionskalkulation

Der rote Faden

Was bisher erläutert wurde: Erläutert wurde die zweistufige Divisionskalkulation, die Lagerbestandsveränderungen von fertigen Erzeugnissen explizit berücksichtigt.
Wie es weitergeht: Im Folgenden wird die mehrstufige Divisionskalkulation, bei der Lagerbestandsveränderungen (Auf- und Abbau von Lagerbeständen) von fertigen und unfertigen Erzeugnissen berücksichtigt werden können, beschrieben.

Die mehrstufige Divisionskalkulation stellt eine Erweiterung auf mehr als zwei Stufen dar.

Es gilt: **Rechenweg**

Stufe 1: $k_1 = K_1/x_1$

Stufe 2: $k_2 = (k_1 \cdot xv_1 + K_2)/x_2$

....

Stufe n: $k_n = (k_{n-1} \cdot xv_{(n-1)} + K_n)/x_n$

xv_n = Vorproduktmenge, die auf der nachfolgenden Stufe verarbeitet wird.

Hierbei werden also auch Bestände an unfertigen Erzeugnissen berücksichtigt, weil die Kosten und Mengen jeder Stufe separat eingehen.

Nachfolgend ein weiteres Beispiel, das nochmals die Unterschiede der Verfahren verdeutlicht.

Einstufige Divisionskalkulation **B**

In dieser Fallstudie gründet der Schreiner den „Ein-Saft-Laden".

Der Schreiner baut in seinem Garten Rhabarber an. Da er sehr viel Rhabarber hat, verarbeitet er diesen zu Saft.

Beginnen wir mit der einfachen Divisionskalkulation.

Der Schreiner hat einen Verkaufsstand in seinem Garten. Hier verkauft er seinen produzierten Saft. Der Verkaufsstand liegt direkt am Elb-Radwanderweg, ganz in der Nähe von Elmsglück.

Der Schreiner produziert 1.000 Flaschen. Abends sitzt er am Wohnzimmertisch und notiert seine Kosten und Leistungen:

Der Ein-Saft-Laden	Einstufige Divisionskalkulation
Einzelkosten	
0,70 €	Flasche mit Verschluss
0,30 €	Materialkosten Rhabarber pro Flasche
1,00 €	Summe Einzelkosten pro Flasche
Gemeinkosten	
100,00 €	Personalkosten
50,00 €	Abschreibungskosten
50,00 €	Energiekosten, Zucker
50,00 €	Werbekosten
250,00 €	Summe
Kosten gesamt	
1.000	Produzierte Menge in Stück Flaschen
1.000,00 €	Einzelkosten
250,00 €	Gemeinkosten
1.250,00 €	Gesamtkosten
1,25 €	Kosten je Flasche

Der Laden liegt an einem gut befahrenen Radweg. Viele Radler halten an und kaufen Rhabarbersaft. Abends sind alle Flaschen verkauft. Sicher hat auch die Werbung etwas zu dem Erfolg beigetragen.

B

Nun kommen wir zur *zweistufigen Divisionskalkulation.*

In der nächsten Periode läuft es bei dem Schreiner schlechter. Trotz der intensiven Werbung können nur 800 der 1.000 Flaschen verkauft werden. Die Kalkulation verändert sich wie folgt:

Der Ein-Saft-Laden	Zweistufige Divisionskalkulation
Einzelkosten	
0,70 d	Flasche mit Verschluss
0,30 d	Materialkosten Rhabarber pro Flasche
1,00 €	Summe Einzelkosten pro Flasche
Gemeinkosten	
100,00 €	Personalkosten
50,00 €	Abschreibungskosten
50,00 €	Energiekosten, Zucker
50,00 €	Werbekosten
250,00 €	Summe
Kosten Herstellung	
1.000	Produzierte Menge in Stück Flaschen
1.000,00 €	Einzelkosten
200,00 €	Gemeinkosten
1.200,00 €	Gesamtkosten
1,20 €	Kosten der Herstellung je Flasche
Kosten Werbung (Vertrieb)	
800	Abgesetzte Menge in Stück Flaschen
1.200,00 €	Kosten der Herstellung
1,20 €	Herstellkosten je Flasche
50,00 €	Kosten des Vertriebs
0,0625 €	Vertriebskosten je Flasche
1,26 €	Kosten je Flasche der 800 abgesetzten

Bei der Ermittlung der Stückkosten wird bei den Kosten der Herstellung die produzierte Menge und bei den Vertriebskosten die abgesetzte Menge herangezogen.

M

Erstellen Sie Lernkarten zu folgenden Begriffen: mehrstufige Divisionskalkulation – unfertige Erzeugnisse.

M

Verdeutlichen Sie sich an einem Beispiel aus der betrieblichen Praxis die Anwendung der mehrstufigen Divisionskalkulation.

6.2.4 Die Äquivalenzziffernkalkulation

Der rote Faden

Was bisher erläutert wurde: Erläutert wurde die Divisionskalkulation als Kalkulationsmethode insbesondere bei der Massenproduktion.
Wie es weitergeht: Erläutert wird nun die Äquivalenzziffernkalkulation, die insbesondere bei der Herstellung/Kalkulation verschiedener Sorten genutzt wird.

Die *Äquivalenzziffernkalkulation* stellt ein Spezialverfahren der Divisionskalkulation dar. Es wird insbesondere dann genutzt, wenn unterschiedliche Produkte zwar nach dem gleichen Verfahren, aber mit unterschiedlichen Kosten hergestellt werden. Das Verfahren ist also insbesondere in Betrieben mit Sortenfertigung anwendbar. Dies ist z. B. bei Bier der Fall. Hier ist die Zeitdauer der Gärung der Grund. Die einzelnen Produkte nennt man „Sorten", beim Bier gibt es u. a. die Sorten Weizen, Pils und Malz. Andere Beispiele sind verschiedene Garnsorten, Steinsorten, Holzsorten. Die Äquivalenzziffer gibt die Kostenintensität der Produkte an.

- Nehmen wir an, Weizen werde als „Ankerpunkt" mit einer Äquivalenzziffer von 1 angesetzt.
- Pils lässt sich kostengünstiger herstellen, also wählen wir hier 0,7.
- Malz verursacht höhere Kosten, etwa 1,4. Diese Ziffern werden Äquivalenzziffern genannt und sagen folgendes aus: Eine Biersorte mit der Äquivalenzziffer 1,4 hat im Vergleich zu einer Sorte mit der Äquivalenzziffer 1,0 40 % höhere Kosten.

Methode

Das Vorgehen ist wie folgt:

- Mittels dieser Äquivalenzziffern rechnet man die Produkte auf ein Einheitsprodukt um.
- Dann werden die Herstellkosten (k_H) pro Stück des Einheitsproduktes ermittelt.
- Die Herstellkosten pro Stück eines Kostenträgers j (k_j) werden ermittelt, indem die Herstellkosten des Einheitsproduktes mit der Äquivalenzziffer umgerechnet werden:

$$K_j = a_j \cdot k_H$$

a_j = Äquivalenzziffer des Produktes j

Die Äquivalenzziffernkalkulation wird aus der Divisionskalkulation abgeleitet. Die Divisionskalkulation ist eine Äquivalenzziffernkalkulation, bei der alle Kostenträger die gleiche Äquivalenzziffer haben.

B

Der Schreiner will mehr. Er baut seinen Laden mittels Produkterweiterung aus. Neben Rhabarbersaft wird nun auch Erdbeersaft und Kirschsaft hergestellt.
Rhabarbersaft – 800 Flaschen
Erdbeersaft – 100 Flaschen
Kirschsaft – 200 Flaschen
Herstellkosten gesamt – 1.470,– €

Der Mehr-Saft-Laden		Äquivalenzziffernkalkulation	
427.456,00 € Herstellkosten gesamt			
Sorte	**Äquivalenzziffer**	**Produzierte Flaschen**	**Einheitssorte**
Rhabarbersaft	1	380.000	380.000
Erdbeersaft	1,3	270.000	351.000
Kirschsaft	1,45	100.000	145.000
Summe		750.000	876.000
427.456,00 €	Herstellkosten gesamt		
	geteilt durch		
876.000	Menge Einheitssorte =		
0,4880 €	Kosten je „Einheit" der Einheitssorte		
Sorte	**Kosten je Flasche**	**Kosten gesamt**	
Rhabarbersaft	0,4880 €	185.426,12 €	
Erdbeersaft	0,6344 €	171.275,18 €	
Kirschsaft	0,7075 €	70.754,70 €	
Summe		427.456,00 €	

1. Zunächst rechnen Sie mittels der Äquivalenzziffern die einzelnen Sorten auf eine Einheitssorte um. Die gibt es natürlich nicht, aber sie dient Ihnen als Recheneinheit.
2. Die Herstellkosten betragen 427.456 €. Diese teilen Sie durch die produzierte Menge der Einheitssorte. Sie erhalten eine Recheneinheit in der Höhe von 0,4880 €.
3. So, jetzt müssen wir diese noch auf die einzelnen Sorten umrechen, indem Sie zunächst mit den Äquivalenzziffern und dann mit der Menge multiplizieren.

M Erstellen Sie Lernkarten zu folgenden Begriffen: Äquivalenzziffern – Äquivalenzziffernkalkulation.

M Verdeutlichen Sie sich an einem Beispiel aus der betrieblichen Praxis die Anwendung der Äquivalenzziffernkalkulation.

6.2.5 Die Zuschlagskalkulation

Der rote Faden

Was bisher erläutert wurde: Erläutert wurden die Methoden der Divisionskalkulation und Äquivalenzziffernkalkulation als Kalkulationsmethode bei Massenproduktion bzw. bei Sortenfertigung.
Wie es weitergeht: Erläutert wird nun die Zuschlagskalkulation, die insbesondere bei der Herstellung/Kalkulation verschiedenster Leistungen in unterschiedlichen Prozessen genutzt wird.

Die *Zuschlagskalkulation* stellt ein sehr differenziertes Verfahren der Kostenträgerstückrechnung dar. In der Kostenartenrechnung werden hierzu Einzelkosten und Gemeinkosten – falls notwendig – bereits getrennt. Die Einzelkosten werden unmittelbar auf die Kostenträger verrechnet, die Gemeinkosten mittelbar über Kostenstellen.

Um dies zu gewährleisten, werden zu den Einzelkosten noch Gemeinkostenzuschläge verrechnet. Bestimmte Bezugsgrößen dienen dabei zur Verrechnung, z. B. die Materialeinzelkosten bei der Kostenstelle „Material" und die Lohneinzelkosten bei der Kostenstelle „Produktion bzw. Fertigung".

Die *Zuschlagskalkulation* wird meistens nach folgendem Schema durchgeführt:

Fertigungsmaterial
\+ Materialgemeinkostenzuschlag
= Materialkosten
\+ Fertigungslöhne
\+ Fertigungsgemeinkostenzuschlag
= Fertigungskosten
\+ Sondereinzelkosten der Fertigung
= *Herstellkosten*
\+ Verwaltungsgemeinkostenzuschlag
\+ Vertriebsgemeinkostenzuschlag
\+ Zuschlag für Forschung und Entwicklung
\+ Sondereinzelkosten des Vertriebs
= *Selbstkosten*
\+ kalkulatorischer Gewinnzuschlag (auf Selbstkosten)
= *Selbstkostenpreis*

Fangen wir aus didaktischen Gründen zuerst mit dem Ein-Saft-Laden an. **B**
Der Schreiner stellt lediglich Rhabarbersaft her.

Einzelkosten

Flasche mit Verschluss	0,70 Cent
Rhabarber	0,30 Cent
Summe	1,– € pro Flasche

Gemeinkosten

Personalkosten	100,– €
Abschreibungskosten	50,– €
Energiekosten, Material (Zucker)	50,– €
Werbekosten	50,– €
Summe	250,– €

Wir gehen jetzt aber anders vor als bei der Divisionskalkulation.

Ausgehend von den Informationen

Summe Einzelkosten =	1.000,– €
Summe Gemeinkosten =	250,– €

Den Zuschlag ermitteln wir stets nach der Formel:

$$\frac{\text{Summe Gemeinkosten}}{\text{Bezugsgröße}} \cdot 100\,\% = \text{Zuschlagssatz}$$

Meistens stellen die Einzelkosten die Bezugsgröße dar. Dann kann die Formel geschrieben werden als:

$$\frac{\textbf{Summe Gemeinkosten}}{\textbf{Summe Einzelkosten}} \cdot \textbf{100 \%} = \textbf{Zuschlagssatz}$$

Bei dem Schreiner errechnet sich der Zuschlagssatz damit aus:

$$\frac{250\,€}{1.000\,€} \cdot 100\,\% = 25\,\%$$

Das bedeutet für den Schreiner:

- Wenn er 1 Flasche kalkuliert, so hat er 1,– € Einzelkosten zuzüglich 25 % Zuschlag für die Gemeinkosten zu berücksichtigen, in der Summe also 1,25 €.
- Wenn er 2 Flaschen kalkuliert, so hat er 2 • 1,– € Einzelkosten zuzüglich 25 % Zuschlag für die Gemeinkosten zu berücksichtigen, in der Summe also 2,50 €.
- Wenn er 10 Flaschen kalkuliert, so hat er 10 • 1,– € Einzelkosten zuzüglich 25 % Zuschlag für die Gemeinkosten zu berücksichtigen, in der Summe also 12,50 €.
- Wenn er 100 Flaschen kalkuliert, so hat er 100 • 1,– € Einzelkosten zuzüglich 25 % Zuschlag für die Gemeinkosten zu berücksichtigen, in der Summe also 125,– €.

So kann der Schreiner bei jeder beliebigen Menge, stets ausgehend von den Einzelkosten, die Kosten berechnen.

B Das Beispiel wird fortgesetzt. Der Schreiner hat aus seinem Hobby einen großen Betrieb aufgebaut. Rhabarbersaft – Erdbeersaft – Kirschsaft und ggf. noch andere Säfte. Der Controller bringt gerade den aktuellen BAB (Betriebsabrechnungsbogen) in das gemütliche Büro mit Blick in die Natur.

Hinweis: Die „Allgemeine Kostenstelle" wird zu gleichen Teilen auf die anderen Kostenstellen umgelegt.

Die Zuschläge für die einzelnen Kostenstellen berechnen wir wie folgt:
Gemeinkostenzuschlag für die Materialkostenstelle:

$$\frac{423.000\,€}{1.500.000\,€} \cdot 100\,\% = 28{,}20\,\%$$

Bezugsbasis sind die Materialeinzelkosten.
Gemeinkostenzuschlag für die Fertigungskostenstelle:

$$\frac{451.750\,€}{1.500.000\,€} \cdot 100\,\% = 30{,}12\,\%$$

Bezugsbasis sind die Fertigungseinzelkosten.
Gemeinkostenzuschlag für die Verwaltungs-/Vertriebsstelle:

$$\frac{405.250\,€}{3.874.750\,€} \cdot 100\,\% = 10{,}46\,\%$$

Achtung! Bezugsbasis sind hier die Herstellkosten, also:

	Materialeinzelkosten	1.500.000,00 €
+	Fertigungseinzelkosten	1.500.000,00 €
+	Gemeinkosten der Materialstelle	423.000,00 €
+	Gemeinkosten der Fertigungsstelle	451.750,00 €
=	Summe	3.874.750,00 €

Der Mehr-Saft-Laden		Zuschlagskalkulation			
		Kostenstellen			
Kostenarten	Summe	Allg. Kostenstelle	Material-kostenstelle	Fertigungs-kostenstelle	Verwaltung/ Vertrieb
Personal-kosten	400.000,00 €	50.000,00 €	125.000,00 €	125.000,00 €	100.000,00 €
Sozial-abgaben	70.000,00 €	8.750,00 €	21.875,00 €	21.875,00 €	17.500,00 €
Aushilfs-kräfte	30.000,00 €	1.875,00 €	7.500,00 €	11.250,00 €	9.375,00 €
Energie	250.000,00 €	93.750,00 €	62.500,00 €	62.500,00 €	31.250,00 €
Abschrei-bungen	200.000,00 €	50.000,00 €	50.000,00 €	75.000,00 €	25.000,00 €
Material	180.000,00 €	36.000,00 €	36.000,00 €	36.000,00 €	72.000,00 €
Miete	120.000,00 €	24.000,00 €	24.000,00 €	24.000,00 €	48.000,00 €
Versiche-rungen	30.000,00 €	6.000,00 €	6.000,00 €	6.000,00 €	12.000,00 €
Summe	1.280.000,00 €	270.375,00 €	332.875,00 €	361.625,00 €	315.125,00 €
Allg. Kostenstelle	270.375,00 €	→	90.125,00 €	90.125,00 €	90.125,00 €
Summe Gemein-kosten	1.280.000,00 €		423.000,00 €	451.750,00 €	405.250,00 €
Zuschlags-basis			1.500.000,00 €	1.500.000,00 €	3.874.750,00 €
Zuschlags-sätze			**28,20 %**	**30,12 %**	**10,46 %**

Die Zuschläge betragen für	**Materialkostenstelle**	**28,20 %**	
	Fertigungskostenstelle	**30,12 %**	
	Verwaltung/Vertrieb	**10,46 %**	
Die Einzelkosten betragen:	3.000.000,00 €	zu je 50 % Material- und Fertigungs-kostenstelle	
Die Gemeinkosten betragen:	1.280.000,00 €		
Die Gesamtkosten betragen:	4.280.000,00 €		

Die Bezugsgröße „Herstellkosten“ wird meistens für Verwaltung und Vertrieb etc. herangezogen.

Mit diesen Informationen sind nun auch die Kosten pro Kostenträger kalkulierbar.

Der Mehr-Saft-Laden		Zuschlagskalkulation			
Einzelkosten	Gesamt	**Beispiele, ausgehend von konkreten Einzelkosten**			
Materialeinzelkosten	1.500.000,00 €	1,00 €	250,00 €	43.456,00 €	628.000,00 €
Fertigungseinzelkosten	1.500.000,00 €	1,00 €	231,00 €	48.975,00 €	537.177,00 €
Zuschläge					
Materialkostenstelle	28,20%	28,20%	28,20%	28,20%	
Fertigungskostenstelle	30,12%	30,12%	30,12%	30,12%	30,12%
Verwaltung/Vertrieb	10,46%	10,46%	10,46%	10,46%	10,46%
Kalkulationsschema					
Fertigungsmaterial	1.500.000,00 €	1,00 €	250,00 €	43.456,00 €	628.000,00 €
+ Materialgemeinkostenzuschlag	423.000,00 €	0,28 €	70,50 €	12.254,59 €	177.096,00 €
= Materialkosten	1.923.000,00 €	1,28 €	320,50 €	55.710,59 €	805.096,00 €
+ Fertigungslöhne	1.500.000,00 €	1,00 €	231,00 €	48.975,00 €	537.177,00 €
+ Fertigungsgemeinkostenzuschlag	451.750,00 €	0,30 €	69,57 €	14.749,64 €	161.779,81 €
= Fertigungskosten	3.874.750,00 €	2,58 €	621,07 €	119.435,23 €	1.504.052,81 €
+ Sondereinzelkosten der Fertigung	0	0	0	0	0
Herstellkosten	3.874.750,00 €	2,58 €	621,07 €	119.435,23 €	1.504.052,81 €
+ Verwaltungsgemeinkostenzuschlag	405.250,00 €	0,27 €	64,96 €	12.491,42 €	157.304,96 €
+ Vertriebsgemeinkostenzuschlag	0	0	0	0	0
+ Zuschlag für F&E	0	0	0	0	0
+ Sondereinzelkosten des Vertriebs	0	0	0	0	0
= Selbstkosten	**4.280.000,00 €**	**2,85 €**	**686,03 €**	**131.926,65 €**	**1.661.357,77 €**
+ kalkulatorischer Gewinnzuschlag	428.000,00 €	0,29 €	68,60 €	13.192,66 €	166.135,78 €
Selbstkostenpreis	**4.708.000,00 €**	**3,14 €**	**754,63 €**	**145.119,31 €**	**1.827.493,54 €**
Gewinnzuschlag	10 %	10 %	10 %	10 %	10 %

Ergebnis der Kalkulation sind die Selbstkosten oder sogar der Selbstkostenpreis.

Sie müssen diese Übersicht wie folgt verstehen:

Unterstellen wir, dass der Schreiner einen Auftrag erhält, z. B. 250 Flaschen Erdbeersaft (Zweiliterflaschen für die Gastronomie).

Nun weiß er genau (unmittelbar), in welcher Höhe Einzelkosten für 250 Flaschen Erdbeersaft anfallen, z. B. 250,– € Materialeinzelkosten und 231,– € Fertigungseinzelkosten.

Mit den entsprechenden Zuschlägen kalkuliert er nun wie folgt:

Berechnung der Zuschläge:
250,00 · 28,20 % = 70,50 €
231,00 · 30,12 % = 69,57 €
621,07 € · 10,46 = 64,96

Hinweis: Je nach Rundung können hier kleine Abweichungen entstehen, in der folgenden Übersicht, ist wie sonst auch in Excel auf zwei Stellen in der Darstellung gerundet, nicht jedoch in der Weiterverrechnung.

Kalkulationsschema	
Fertigungsmaterial	250,00 €
+ Materialgemeinkostenzuschlag	70,50 €
= Materialkosten	320,50 €
+ Fertigungslöhne	231,00 €
+ Fertigungsgemeinkostenzuschlag	69,57 €
= Fertigungskosten	621,07 €
+ Sondereinzelkosten der Fertigung	0
Herstellkosten	621,07 €
+ Verwaltungsgemeinkostenzuschlag	64,96 €
+ Vertriebsgemeinkostenzuschlag	0
+ Zuschlag für F & E	0
+ Sondereinzelkosten des Vertriebs	0
= Selbstkosten	**686,03 €**
+ kalkulatorischer Gewinnzuschlag	68,60 €
Selbstkostenpreis	**754,63 €**
Gewinnzuschlag	10 %

Der Schreiner gibt ein Angebot in Höhe von 754,63 € zzgl. USt. ab.

Erstellen Sie Lernkarten zu folgenden Begriffen: Gemeinkostenzuschlag – Kalkulationsschema – Zuschlag – Zuschlagskalkulation. M

Verdeutlichen Sie sich an einem Beispiel aus der betrieblichen Praxis die Funktionsweise der Zuschlagskalkulation. M

6.3 Die Methoden der Betriebsergebnisrechnung

Der rote Faden

Was bisher erläutert wurde: Im Rahmen der Kostenträgerstückrechnung (Kalkulation) werden die Selbstkosten berechnet.
Wie es weitergeht: Nun steht noch die Information aus, welches Betriebsergebnis z. B. in einer Periode erreicht wird. Somit befinden wir uns in der Kostenträgerzeitrechnung.

Kostenträgerzeitrechnung

Die Kostenträgerzeitrechnung (Betriebsergebnisrechnung, Kurzfristige Erfolgsrechnung) zielt nicht auf die Kosten und Leistungen pro Stück, sondern auf die *Gesamtkosten und Gesamtleistungen der betrachteten Periode.*

Im Unterschied zur in der Finanzbuchhaltung erstellten GuV werden in der Betriebsergebnisrechnung nur die typischen betrieblichen, sachzielbezogenen etc. Leistungen und Kosten berücksichtigt. Im Gegensatz zur GuV wird die Betriebsergebnisrechnung im Regelfall auch in kürzeren Zeiträumen aufgestellt, z. B. monatlich.

Grundsätzlich gilt:

Leistungen der Periode
– Kosten der Periode
= Betriebsergebnis der Periode (also Betriebsgewinn oder Betriebsverlust).

Bei der Berechnung der Leistungen bzw. Kosten der Periode sind Lagerbestände zu berücksichtigen. Wird z. B. nur 50 % der produzierten Ware auch in der Betrachtungsperiode abgesetzt, so ergeben sich erhebliche Differenzen. Die Gesamtkosten sind dann wesentlich höher als die Gesamtleistungen, man vergleicht aber Äpfel mit Birnen, weil die Gesamtkosten 100 % der produzierten Ware berücksichtigen und die Gesamtleistungen nur 50 % der abgesetzten Ware.

B

Ein Kinderhilfswerk produziert im Dezember 25.000 CDs mit Liedern von Kinderchören aus aller Welt. Die Produktion kostet pro Stück 1 €, die CD soll zu 9,99 verkauft werden. In der betrachteten Periode werden aber nur 500 Stück verkauft, weil die Werbung erst langsam anläuft.

Gesamtkosten	25.000 · 1,– €	= 25.000,– €
Gesamtleistungen	500 · 10,– €	= 5.000,– €

Um diesem Aspekt Rechnung zu tragen, sind zwei Verfahren entwickelt worden, nämlich das Gesamtkostenverfahren und das Umsatzkostenverfahren.

6.3.1 Das Gesamtkostenverfahren

Der rote Faden

Was bisher erläutert wurde: Die grundlegenden Aspekte der Kostenträgerzeitrechnung sind vermittelt.
Wie es weitergeht: Nun geht es an die konkreten Details der Verfahren. An erster Stelle steht das Gesamtkostenverfahren, bei dem Lagerbestandsveränderungen berücksichtigt werden.

Das *Gesamtkostenverfahren* folgt dem Schema:

Gesamtleistung
– Gesamtkosten
= Betriebsergebnis
und berücksichtigt Lagerbestandsveränderungen.

Die Rechnung wird wie folgt durchgeführt:

Rechenschema

Umsatz(erlöse)
+ Erhöhungen der Lagerbestände oder
– Minderungen der Lagerbestände
+ aktivierte Eigenleistungen
= Gesamtleistung
– Materialkosten
– Personalkosten
– Abschreibungen
= Betriebsergebnis

Aktivierte Eigenleistung

Aktivierte Eigenleistungen sind z. B. im Betrieb erstellte Vermögensgegenstände, die selbst genutzt werden, z. B. der Schreibtisch einer Möbelfabrik, der dort im Verkauf genutzt wird.

M

Erstellen Sie eine Lernkarte zu folgendem Begriff: Gesamtkostenverfahren.

M

Verdeutlichen Sie sich an einem Beispiel aus der betrieblichen Praxis die Funktionsweise des Gesamtkostenverfahrens.

6.3.2 Das Umsatzkostenverfahren

Der rote Faden

Was bisher erläutert wurde: Das soeben dargestellte Gesamtkostenverfahren steht nicht alleine.
Wie es weitergeht: Als Alternative gibt es das Umsatzkostenverfahren, die Details hierzu sind nachfolgend dargestellt. Lagerbestandsveränderungen müssen hierbei nicht berücksichtigt werden.

Das *Umsatzkostenverfahren* folgt dem Schema:

Leistungen (Umsatzerlöse)
– umsatzbezogene Kosten
= Betriebsergebnis

In diese Berechnung fließen nur die Kosten ein, die im Umsatzprozess anfallen.

Umsatz(erlöse)
– Herstellkosten der Produkte, die abgesetzt wurden
= Bruttoergebnis
– Forschungs- und Entwicklungskosten
– Verwaltungskosten
– Vertriebskosten
= Betriebsergebnis

Hinweis: Im Rahmen der Betriebsergebnisrechnung werden in manchen Betrieben Kostennormalisierungen vorgenommen, d. h. es werden z. B. saisonale Schwankungen, Schwankungen durch die unterschiedliche Anzahl von Tagen im Monat etc. berücksichtigt.

B *Gesamt-/Umsatzkostenverfahren*

Unterstellen wir folgende Situation (jeweils in €):

Leistungen	5.000
Lageraufbau	500
Lagerabbau	200
Aktivierte Eigenleistung	0
Aufwendungen	3.100

Nach dem *Gesamtkostenverfahren* ergibt sich:

Leistungen	
Umsätze	5.000
Lageraufbau	500
Lagerabbau	–200
Aktivierte Eigenleistungen	0
Summe	5.300
Kosten	
Gesamtaufwendungen	3.100
Summe	3.100
Erfolg	
Leistungen	5.300
Kosten	–3.100
Betriebserfolg	2.200

Nach dem *Umsatzkostenverfahren* ergibt sich:

Leistungen	
Umsätze	5.000
Summe	5.000
Kosten	
Herstellkosten Umsatz	3.100
Herstellkosten Bestandsänderung	–300
Summe	2.800
Erfolg	
Leistungen	5.000
Kosten	–2.800
Betriebserfolg	2.200

M Erstellen Sie eine Lernkarte zu folgendem Begriff: Umsatzkostenverfahren.

M Verdeutlichen Sie sich an einem Beispiel aus der betrieblichen Praxis die Funktionsweise des Umsatzkostenverfahrens.

6.4 Die Methoden der Teilkostenrechnung

Der rote Faden

Was bisher erläutert wurde: Im Rahmen der Kostenrechnung haben wir uns bislang immer im Bereich der Vollkostenrechnung bewegt. Das hat aber fast unvermeidbar zur Folge, dass wir „Schlüssel" zur Verrechnung der Kosten (z. B. Primärkostenverrechnung, Sekundärkostenverrechnung) verwenden müssen. Solche Schlüssel können sehr zweckmäßig bzw. logisch einleuchtend sein, müssen es aber nicht.
Wie es weitergeht: Nachfolgend wird aufgezeigt, wie mit der Methode der Teilkostenrechnung wichtige Entscheidungen der Kostenrechnung fundiert werden können. Nach der Einführung in die Theorie der Teilkostenrechnung wird an einem Beispiel aufgezeigt, welch fatale Folge eine „gutgemeinte" Schlüsselung von Vollkosten haben kann.

Teilkostenrechnung

Bei der *Vollkostenrechnung* werden sämtliche Kosten auf die Produkte etc. verrechnet, bei der *Teilkostenrechnung* nur jeweils ein bestimmter Teil, z. B. nur die variablen Kosten. Im Rahmen der Teilkostenrechnung haben sich zur betrieblichen Steuerung insbesondere die Systeme des *Direct Costing* und der *Stufenweisen Deckungsbeitragsrechnung* bewährt. Zusätzliche Steuerungsrelevante Informationen gibt die *„Break-even-Rechnung/Gewinnschwellenanalyse"*.

6.4.1 Der einfache Deckungsbeitrag

Der rote Faden

Was bisher erläutert wurde: Die Teilkostenrechnung wurde von der Vollkostenrechnung differenziert.
Wie es weitergeht: Die einfache Deckungsbeitragsrechnung rechnet mit Stückdeckungsbeiträgen, relativen Stückdeckungsbeiträgen und Gesamtdeckungsbeiträgen.

Der Deckungsbeitrag

Als wesentliche Kennzahl wird im Rahmen der Teilkostenrechnung der *Deckungsbeitrag* verwendet. Der *Stückdeckungsbeitrag (db)* errechnet sich, indem vom Preis die variablen Stückkosten abgezogen werden.

$$db = p - k_V$$

Der *Gesamtdeckungsbeitrag (DB)* errechnet sich, indem vom Umsatz die gesamten variablen Kosten abgezogen werden.

$$DB = U - K_v = p \cdot x - k_v \cdot x = (p - k_v) \cdot x$$

Damit gilt die Beziehung:

$$DB = db \cdot x$$

Direct Costing

Im Rahmen des *Direct Costing* – der einstufigen Berechnung des Deckungsbeitrags – werden von den Leistungen die variablen Kosten abgezogen, sodass je Produkt/Dienstleistung der Betrag ermittelt wird, der zur Deckung der Fixkosten beiträgt. Der Stückdeckungsbeitrag kann – wie dargestellt – multipliziert mit der entsprechenden Menge über alle Leistungen zu einem Gesamtdeckungsbeitrag zusammengefasst werden.

Werden von diesem die fixen Kosten abgezogen, so ergibt sich das Betriebsergebnis:

Umsatz
– gesamte variable Kosten
– gesamte Fixkosten
= Periodenerfolg/Betriebsergebnis

Die Schwierigkeit beim Direct Costing besteht darin, die Kosten sachgerecht als variable Kosten oder fixe Kosten zuzuordnen (siehe Kostenspaltung).

Zur Erinnerung: Fixe Kosten fallen unabhängig von der Beschäftigung (genutzte Kapazität, Anzahl der Klienten, Stunden etc.) an (z. B. Versicherungen, Miete etc.). Die variablen Kosten sind die Kosten, die abhängig von der Beschäftigung/Auslastung entstehen, also etwa der Einstandspreis eines tiefgekühlten Essens bei „Essen auf Rädern", nicht aber die Abschreibung und Kfz-Versicherung für den Transporter.

Nachfolgendes Beispiel verdeutlicht, welche fatale Folge eine „gutgemeinte" Schlüsselung von Vollkosten haben kann.

B Eine moderne und architektonisch ansprechend gestaltete Seniorenresidenz der Kirche bietet in der angeschlossenen Physiotherapiepraxis Anwendungen für „Jedefrau/Jedenmann" an. Die physiotherapeutische Praxis ist zu 100 % in der Trägerschaft der Kirche.

Die physiotherapeutische Praxis bietet 4 Anwendungen an, die jeweils die gleiche Zeit beanspruchen. Die Zahlen stammen aus 2008.

In 2008	Anwendung 1	Anwendung 2	Anwendung 3	Anwendung 4
Nachfrage	1.000	500	250	125
Preis pro Anwendung	60 €	80 €	160 €	320 €
Umsatz	60.000 €	40.000 €	40.000 €	40.000 €
Variable Kosten	6.000 €	6.000 €	7.000 €	11.000 €

Die Fixkosten betragen 120.000,– €. Laut dem beratenden Controller sollen diese entsprechend dem Umsatz auf die Leistungen verteilt werden.

In 2008	Anwendung 1	Anwendung 2	Anwendung 3	Anwendung 4
Fixe Kosten	30.000 €	30.000 €	30.000 €	30.000 €

Damit berechnet sich der im Folgenden dargestellte Gewinn.

In 2008	Anwendung 1	Anwendung 2	Anwendung 3	Anwendung 4
Gewinn	24.000 €	4.000 €	3.000 €	–1.000 €

Laut einer Entscheidung des Aufsichtsrates sollen Anwendungen, die mit roten Zahlen abschließen, konsequent eingestellt werden.

Aber was wird dann passieren? Na klar, die Fixkosten lassen sich nicht abbauen und stattdessen wird vermutlich der nächste Anwendungsbereich ins Minus rutschen. Des Weiteren muss man sich zunächst fragen, wieso das Unternehmen eine Anwendung einstellen soll, obwohl es Gewinn schreibt. Hier könnte man einwenden: Um den Verlustträger loszuwerden und mehr Gewinn zu machen. Das geht aber nur, wenn zugleich auch die Fixkosten wegfallen.

Schauen wir uns stattdessen lieber einmal den Deckungsbeitrag an. Und siehe da, der Deckungsbeitrag ist in allen Fällen positiv. Das bedeutet, dass alle Anwendungen zur Deckung der Fixkosten beitragen.

In 2008	Anwendung 1	Anwendung 2	Anwendung 3	Anwendung 4
DB	54.000 €	34.000 €	33.000 €	29.000 €

Noch deutlicher wird dies bei der Umrechnung auf die Anwendungen. Pro Anwendung errechnet sich folgender Deckungsbeitrag pro Stück.

In 2008	Anwendung 1	Anwendung 2	Anwendung 3	Anwendung 4
db pro Anwendung	54 €	68 €	132 €	232 €

Unterstellt man weiterhin, dass die Anwendungen unterschiedlich lange dauern, so erhält man den relativen Deckungsbeitrag (db pro Anwendung geteilt durch die Anwendungsdauer).

In 2008	Anwendung 1	Anwendung 2	Anwendung 3	Anwendung 4
Anwendungs-dauer	30	25	20	10
relativer db	1,80 €	2,72 €	6,60 €	23,20 €

Hier wird nun überraschenderweise deutlich, dass es sinnvoll ist, die Anwendung 4 besonders zu forcieren.

Die Lösung auf einen Blick:

In 2008	Anwendung 1	Anwendung 2	Anwendung 3	Anwendung 4
Nachfrage	1.000	500	250	125
Preis pro Anwendung	60 €	80 €	160 €	320 €
Umsatz	60.000 €	40.000 €	40.000 €	40.000 €
Variable Kosten	6.000 €	6.000 €	7.000 €	11.000 €
Fixe Kosten	30.000 €	30.000 €	30.000 €	30.000 €
Gewinn	24.000 €	4.000 €	3.000 €	–1.000 €
DB	54.000 €	34.000 €	33.000 €	29.000 €
db pro Anwendung	54 €	68 €	132 €	232 €
Anwendungs-dauer	30	25	20	10
relativer db	1,80 €	2,72 €	6,60 €	23,20 €

B Fallbeispiel „Essen auf Rädern"

Eine Hilfsorganisation bietet die Leistung „Essen auf Rädern" (Mittagstisch z. B. für Senioren) an. Das Vorgehen ist wie folgt: Die Hilfsorganisation kauft Tiefkühlmenüs bei einer Großküche ein und erwärmt diese entsprechend den Bestellungen der Kunden. Folgende Rahmenbedingungen sind gegeben:

- Preis für eine Mahlzeit 3,60 €
- Einkauf eines tiefgekühlten Menüs pro Portion 2,– €
- Personalkosten 40.000,– € jährlich
- Kfz-Kosten 5.000,– € jährlich
- Sonstige Fixkosten 7.000,– € jährlich

Es lässt sich ermitteln:

- Der Stückdeckungsbeitrag db beträgt 3,60 € – 2,– € = 1,60 €.
- Der Gesamtdeckungsbeitrag DB beträgt 1,60 € · Menge, bei 1.000 Stück also 1.600,– €.

Der reicht aber noch lange nicht aus, um die gesamten Fixkosten zu decken. Vielmehr würde in diesem Fall ein Betriebsverlust realisiert:

1.600,– € – 52.000,– € = 50.400,– €

6.4.2 Die Analyse der Gewinnschwelle

Der rote Faden

Was bisher erläutert wurde: Der einfache Deckungsbeitrag.
Wie es weitergeht: Der Punkt, ab dem Kosten gedeckt sind, wird ermittelt.

Das Beispiel führt uns zu einer interessanten Fragestellung: Ab welcher Menge reicht der DB aus, um die Fixkosten zu decken, zu amortisieren?

Break-even-Analyse

Dieser Fragestellung geht die Break-even-Analyse (Gewinnschwellenanalyse) nach. Im Rahmen dieser Analyse bestimmt man den *Break-even-Punkt* (Gewinnschwelle, Kostendeckungspunkt).

D Der **Break-even-Punkt** bezeichnet jene Beschäftigung/Ausbringungsmenge, bei der ein Unternehmen keinen Verlust mehr schreibt und stattdessen Gewinne vermelden kann.

Für den Break-even-Punkt gilt als mathematische Bedingung die Gleichung

Gewinn = 0 und damit Umsatz – Kosten = 0, also Umsatz = Kosten.

Rechnerisch wird der Break-even-Punkt wie folgt bestimmt:

Gewinn = Umsatz – Kosten

$$G = p \cdot x - k_V \cdot x - K_F$$

Der Gewinn ist in der Gewinnschwelle 0, also gilt:

$$0 = p \cdot x - k_V \cdot x - K_F$$

Durch Umformung ergibt sich daraus:

$$\text{Gewinnschwelle} = \text{Break-even-Menge} = \frac{K_F}{p - k_V}$$

B Die Break-even-Analyse zeigt, dass jährlich 32.500 Essen verkauft werden müssen, um einen Gewinn zu erwirtschaften: (40.000 + 5.000 + 7.000) / (3,60 – 2,00)).

Beachten Sie: Die Break-even-Menge muss immer aufgerundet werden, Sie können ja z. B. keine 2.435,23 Mahlzeiten absetzen, sondern müssen 2.436 absetzen, um Gewinn zu machen.

Kehren wir zurück zu dem Schreiner und seinem Saftladen. Wir befinden uns wieder in der Anfangszeit der Unternehmensgründung. Der Existenzgründer hat analysiert: Pro Flasche Rhabarbersaft kann er 1,50 € als Preis am Markt realisieren. Pro Flasche entstehen aber auch 0,70 € variable Stückkosten. Als Fixkosten setzt er 249,– € an. B

Break-even-Berechnung

1,50 €	Preis
0,70 €	Variable Stückkosten
249,00 €	Fixkosten

Flaschen	DB	Var. Kosten	Fixkosten	Umsatz	Gesamtkosten
50	40,00 €	35,00 €	249,00 €	75,00 €	284,00 €
100	80,00 €	70,00 €	249,00 €	150,00 €	319,00 €
150	120,00 €	105,00 €	249,00 €	225,00 €	354,00 €
200	160,00 €	140,00 €	249,00 €	300,00 €	389,00 €
250	200,00 €	175,00 €	249,00 €	375,00 €	424,00 €
300	240,00 €	210,00 €	249,00 €	450,00 €	459,00 €
350	280,00 €	245,00 €	249,00 €	525,00 €	494,00 €
400	320,00 €	280,00 €	249,00 €	600,00 €	529,00 €
450	360,00 €	315,00 €	249,00 €	675,00 €	564,00 €

Berechnung	311,25
Break-even-Punkt	**312**

Sein Break-even-Punkt liegt bei 312 Stück. Genau dann, wenn er 312 Flaschen verkauft, sind sowohl seine variablen Kosten als auch seine fixen Kosten gedeckt und er erwirtschaftet einen Gewinn.

DB/Fixkosten-Modell und Umsatz-/Gesamtkostenmodell

Grafisch kann der Break-even-Punkt auf zwei unterschiedliche Weisen dargestellt werden: als DB/Fixkosten-Modell und als Umsatz-/Gesamtkosten-Modell (vgl. Abbildung 6.12 und 6.13; x-Achse = Menge; y-Achse = DB bzw. Fixkosten).

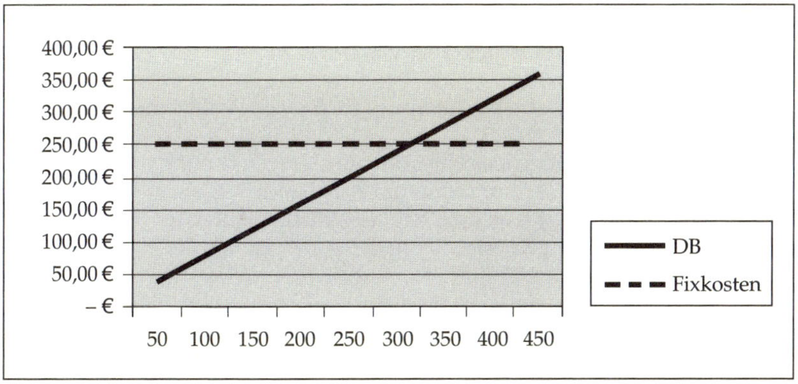

Abb. 6.12: DB/Fixkosten-Modell

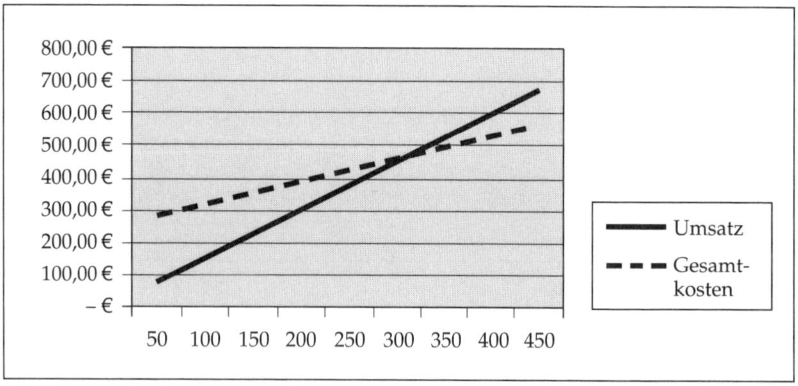

Abb. 6.13: Umsatz/Gesamtkosten-Modell

Im Ergebnis sind beide allerdings stets identisch, es handelt sich nur um unterschiedliche Darstellungsformen.

Veränderungen

Der Break-even-Punkt verändert sich unter folgenden Voraussetzungen:

- Der Break-even-Punkt steigt mit steigenden Fixkosten K_F.
- Der Break-even-Punkt sinkt mit steigendem Stückdeckungsbeitrag db.
- Der Break-even-Punkt sinkt mit steigendem Preis p.
- Der Break-even-Punkt steigt mit steigenden variablen Stückkosten k_v.

Komplexe Schwellenwerte

Auch weitere „komplexe Schwellenwerte" sind so herzuleiten, z. B. Gewinn = 20 % vom Umsatz:

$$0{,}2 \cdot p \cdot x = G = p \cdot x - k_v \cdot x - K_F$$

führt zum Ergebnis

$$x = K_F / (p - k_v - 0{,}2 \cdot p)$$

6.4.3 Stufenweise Fixkostendeckungsrechnung

Der rote Faden

Was bisher erläutert wurde: Bislang wurde nur mit dem einfachen Deckungsbeitrag gearbeitet.
Wie es weitergeht: Nach Möglichkeit werden nun die Fixkosten einzelnen Stufen zugerechnet – keinesfalls aber geschlüsselt!

Die Stufenweise Fixkostendeckungs rechnung

Die *Stufenweise Fixkostendeckungsrechnung* stellt eine wichtige Erweiterung des Direct Costing dar.

Im Rahmen der stufenweisen Fixkostendeckungsrechnung werden die Fixkosten hier nicht als Block undifferenziert behandelt. Sie werden aber auch keinesfalls mit Bezugsgrößen oder Schlüsseln aufgeteilt. Sondern sie werden einzelnen Bereichen zugeordnet, wenn sie sauber zuzuordnen sind.

B In einem Unternehmen gibt es die Produkte „A.1", „A.2" und „B". Die Produkte „A.1" und „A.2" sind in der Produktgruppe „A" zusammengefasst.

Die Fixkosten lassen sich unmittelbar entweder dem Produkt oder der Produktgruppe zurechnen und wenn das nicht möglich ist, dann als Unternehmensfixkosten behandeln. Produktfixkosten fallen z. B. bei Mitarbeitern an, die nur für ein Produkt arbeiten, z.B. nur für Produkt „A.1". Falls eine Lagerhalle nur für Produkt „A.1" angemietet wird, so handelt es sich um Produktfixkosten für Produkt „A.1". Ist der Mitarbeiter aber sowohl für „A.1" als auch „A.2" tätig, so handelt es sich um Produktgruppenfixkosten. Wird die Lagerhalle für beide Produkte angemietet, so handelt es sich um Produktgruppenfixkosten. Ein Schlüsselung – z. B. 50 % der Personalkosten jeweils zu den Produkten zugeordnet – wird niemals vorgenommen. Im Ergebnis verzeichnet das Unternehmen ein positives Betriebsergebnis.

Beispiel 1: Positives Betriebsergebnis

	Produktgruppe A		
	Produkt A.1	**Produkt A.2**	**Produkt B**
Umsatz	200.000,00 €	180.000,00 €	245.000,00 €
– Var.Kosten	80.000,00 €	70.000,00 €	120.000,00 €
= DB I	120.000,00 €	110.000,00 €	125.000,00 €
– Produktfix	30.000,00 €	18.000,00 €	25.000,00 €
= DB II	90.000,00 €	92.000,00 €	100.000,00 €
– Gruppenfix	50.000,00 €		–
= DB III	132.000,00 €		100.000,00 €
– Unternehmensfix		27.000,00 €	
= Betriebsergebnis		205.000,00 €	

Im zweiten Beispiel sind bei ansonsten gegenüber Beispiel 1 unverändert übernommenen Werten sehr hohe Unternehmensfixkosten unterstellt. Dadurch ergibt sich ein negatives Betriebsergebnis.

Beispiel 2: Negatives Betriebsergebnis

	Produktgruppe A		
	Produkt A.1	**Produkt A.2**	**Produkt B**
Umsatz	200.000,00 €	180.000,00 €	245.000,00 €
– Var.Kosten	80.000,00 €	70.000,00 €	120.000,00 €
= DB I	120.000,00 €	110.000,00 €	125.000,00 €
– Produktfix	30.000,00 €	18.000,00 €	25.000,00 €
= DB II	90.000,00 €	92.000,00 €	100.000,00 €
– Gruppenfix	50.000,00 €		–
= DB III	132.000,00 €		100.000,00 €
– Unternehmensfix		**247.000,00 €**	
= Betriebsergebnis		–15.000,00 €	

Im dritten Beispiel sind bei ansonsten gegenüber Beispiel 1 unverändert übernommenen Werten sehr hohe Produktfixkosten bei „B" unterstellt. Dadurch ergibt sich ein negativer DB II bei Produkt „B". Die Folge: Die Geschäftsführung könnte sich entscheiden, Produkt B einzustellen. Damit würden dann auch die Produktfixkosten von „B" entfallen und das Betriebsergebnis auf 105.000,– € steigen.

Beispiel 3: Negativer DB bei B und positives BE			
	Produktgruppe A		
	Produkt A.1	Produkt A.2	Produkt B
Umsatz	200.000,00 €	180.000,00 €	245.000,00 €
– Var.Kosten	80.000,00 €	70.000,00 €	120.000,00 €
= DB I	120.000,00 €	110.000,00 €	125.000,00 €
– Produktfix	30.000,00 €	18.000,00 €	**147.000,00 €**
= DB II	90.000,00 €	92.000,00 €	–22.000,00 €
– Gruppenfix	50.000,00 €		–
= DB III	132.000,00 €		–22.000,00 €
– Unternehmensfix		27.000,00 €	
= Betriebsergebnis		83.000,00 €	

Im vierten Beispiel sind bei ansonsten gegenüber Beispiel 1 unverändert übernommenen Werten sehr hohe Produktfixkosten bei „B“ und höhere Unternehmensfixkosten unterstellt. Dadurch ergibt sich ein negativer DB II bei Produkt „B“ und ein negatives Betriebsergebnis. Die Folge: Die Geschäftsführung könnte sich entscheiden, Produkt B einzustellen. Damit würden dann auch die Produktfixkosten von „B“ entfallen und das Betriebsergebnis mit 17.000,– € wieder positiv werden.

Beispiel 4: Negativer DB bei B und negatives BE			
	Produktgruppe A		
	Produkt A.1	Produkt A.2	Produkt B
Umsatz	200.000,00 €	180.000,00 €	245.000,00 €
– Var.Kosten	80.000,00 €	70.000,00 €	120.000,00 €
= DB I	120.000,00 €	110.000,00 €	125.000,00 €
– Produktfix	30.000,00 €	18.000,00 €	**147.000,00 €**
= DB II	90.000,00 €	92.000,00 €	–22.000,00 €
– Gruppenfix	50.000,00 €		–
= DB III	132.000,00 €		–22.000,00 €
– Unternehmensfix		**115.000,00 €**	
= Betriebsergebnis		–5.000,00 €	

Die stufenweise Fixkostendeckungsrechnung ermöglicht somit eine differenzierte Betrachtung der Unternehmenssituation ohne eine Schlüsselung von Fixkosten vornehmen zu lassen.

6.4.4 Preisgrenzen/Entgeltgrenzen

Der rote Faden

Was bisher erläutert wurde: Einige Details der Teilkostenrechnung wurden bereits behandelt.

Wie es weitergeht: Nun stellt sich noch die Frage, wie man zu einer geeigneten Abschätzung des Preises/Entgeltes kommt.

Die Preise werden nicht in der Kostenrechnung oder vom Controlling etc. festgelegt, sondern vom Marketing und/oder von der Geschäftsführung. Folgende Methoden sind üblicherweise zu unterscheiden:

- *Methode „Kosten +"*. Bei dieser Methode werden die Selbstkosten der Produkte/Leistungen ermittelt und festgelegt, welcher Gewinnaufschlag zusätzlich auf die Selbstkosten am Markt erwirtschaftet werden soll. Beispiel: Die Herstellung einer Tube Sportsalbe kostet 1,– €. 20 % Gewinn sollen je Tube realisiert werden. Also wird der Preis mit 1,20,– € (1,– + 20 % Gewinnaufschlag) festgelegt. Bitte beachten Sie hier unbedingt die unterschiedlichen Methoden zur Ermittlung der Selbstkosten.
- *Methode Marktanalyse*. Die Preisbereitschaft der (potenziellen) Kunden wird z. B. im Rahmen der Situationsanalyse ermittelt. Entsprechend der Preisbereitschaft wird der Preis festgelegt. Sollte sich der realisierbare Preis dabei als nicht kostendeckend herausstellen, so ist zu entscheiden, ob Produkte/Leistungen überhaupt angeboten werden.

Dabei ist besonders zu beachten:

- Bei (außerordentlichen) Zusatzaufträgen kann es sinnvoll sein, einen Preis unterhalb der Selbstkosten (bis hin zur Preisuntergrenze der variablen Kosten) zu akzeptieren.
  Hinweis: Die variablen Kosten sind die Kosten, die unabhängig von der Beschäftigung/Auslastung sind.
- Liegt die Preisbereitschaft niedriger als die ermittelten Selbstkosten, so besteht eine weitere Möglichkeit darin, die Leistungen anzupassen und damit die Selbstkosten zu senken. Bezüglich der Methoden der Kostenrechnung sei hier insbesondere auf das Target Costing verwiesen.
- Empfiehlt es sich, stets einheitliche Preise z. B. auf unterschiedlichen Absatzwegen, in unterschiedlichen geographischen Regionen bei verschiedenen Kundengruppen zu fordern? Nein, die einheitliche Preisgestaltung ist nicht grundsätzlich der richtige Weg, es gibt sowohl Vor- als auch Nachteile.

Die Vorteile einheitlicher Preise sind insbesondere:

- bessere Kommunikationsmöglichkeiten in Faltblättern, Plakaten, etc.,
- einheitliche Positionierung (Preis als Qualitätsindikator).

Die Nachteile einheitlicher Preise sind insbesondere:

- schwierige Kostenzurechnung, daher schwierige Preisfestlegung,
- unterschiedliche Preisbereitschaften,
- unterschiedliche Marktverhältnisse (Beschaffungs- und Absatzmarkt) und
- unterschiedliche Leistungsangebote.

Die Entscheidung, die Preise nicht einheitlich zu gestalten, sondern zu differenzieren, ist grundsätzlich eine strategische Entscheidung.

Kurzfristige Preisuntergrenze

Die kurzfristige Preisuntergrenze für ein Produkt liegt dort, wo der Deckungsbeitrag gleich Null ist. Bei diesem Betrag werden die variablen, aber nicht die fixen Kosten, gedeckt. Das bedeutet, dass das Unternehmen langfristig einen Verlust in Höhe der fixen Kosten hinnehmen würde.

Langfristige Preisuntergrenze

Die langfristige Preisuntergrenze, mit der ein Unternehmen ohne Verluste wirtschaften kann, entspricht demnach den vollen Selbstkosten.

B

- Pflegeheime – Klaus Pfleger, der Leiter des Pflegeheims argumentiert mit dem negativen Deckungsbeitrag, dass der angeschlossene ambulante Pflegedienst eingestellt werden sollte.

- Jugendhilfeeinrichtungen – Julia Jugendwohl entscheidet mit dem Deckungsbeitrag, ob zusätzliche Fachleistungsstunden für eine Jugendgruppe aus dem Ausland zu einem geringeren Satz angeboten werden sollen.
- Kliniken – Johanna Beinhardt nutzt die Deckungsbeitragsrechnung, um zu überprüfen, welcher medizinische Bereich welchen Deckungsbeitrag erwirtschaftet.
- Museen – Emil Muse überlegt mit den Informationen zum Deckungsbeitrag, wie viel günstiger er die Eintrittskarten von 09:00–12:00 anbieten kann.
- Öffentliche Verwaltungen – Roswitha Bürgermeister ermittelt den Deckungsbeitrag zur Deckung der Fixkosten bei Veranstaltungen im kulturellen Bereich.

6.5 Die Plankostenrechnung

Der rote Faden

Was bisher erläutert wurde: Bislang haben wir vorwiegend mit Istkosten gerechnet.
Wie es weitergeht: Jetzt werden die geplanten Kosten und im Abgleich zu den Istkosten die Abweichungen behandelt.

6.5.1 Grundlagen

Istkostenrechnung

Bisher haben wir im Rahmen der Kostenrechnung vorwiegend die Istkostenrechnung beschrieben. Wir haben mit den in einer Abrechnungsperiode tatsächlich angefallenen Kosten gerechnet.

D

> Die **Istkostenrechnung** ist die Rechnung mit den tatsächlich angefallenen Istmengen und Istpreisen. Im Gegensatz dazu steht z. B. die Rechnung mit geplanten Mengen und geplanten Preisen (Plankostenrechnung) bzw. die Rechnung mit durchschnittlichen Mengen und durchschnittlichen Preisen (Normalkostenrechnung).

Die Istkostenrechnung ist vergangenheitsorientiert. Für die Kalkulation ist die Istkostenrechnung eher ungeeignet.

Plankostenrechnung

Die Plankostenrechnung ist die zukunftsorientierte Version der Kostenrechnung.

D

> Die **Plankostenrechnung** ermittelt die Kosten, die beim planmäßigen Betriebsgeschehen in einem bestimmten zukünftigen Zeitraum voraussichtlich anfallen. Später werden die Plankosten mit den tatsächlich angefallenen Istkosten verglichen.

Das Verfahren der Plankostenrechnung kann sowohl im Rahmen der *Teilkostenrechnung* als auch im Rahmen der *Vollkostenrechnung* eingesetzt werden.

Im Rahmen der Vollkostenrechnung unterscheidet man die *Starre Plankostenrechnung* und die *Flexible Plankostenrechnung*. Im Rahmen der Teilkostenrechnung spricht man von der *Grenzplankostenrechnung*.

Im Rahmen der Plankostenrechnung werden die Einzel- und Gemeinkosten zukunftsorientiert geplant. Die so ermittelten Plankosten werden mit den tatsächlich angefallenen Istkosten verglichen. Dies geschieht in der Form der Plan-Ist-Analyse bzw. Soll-Ist-Analyse.

Ziel ist es, Abweichungen differenziert zu ermitteln, nämlich die *Preis-*, *Beschäftigungs-* und/oder *Verbrauchsabweichung*.

Normalkostenrechnung

D

Die **Normalkostenrechnung** ist ein Verfahren der Kostenrechnung, bei dem mit Kosten, die normalerweise anfallen würden bzw. im Durchschnitt z. B. vergangener Perioden angefallen sind, gerechnet wird.

Die Normalkostenrechnung versucht die Nachteile der Istkostenrechnung zu mindern. Die Normalkostenrechnung arbeitet auf der Basis von *Durchschnittswerten*. Als Vergleichswerte zu den Istkosten werden hier statistische Mittelwerte genutzt, die ggf. aktualisiert (z. B. durch Hochrechnung mit Inflationsindizes etc.) sind.

B

a) *Ohne Berücksichtigung einer Aktualisierung:*

Personalkosten
2001 = 423.435,– €
2002 = 465.325,– €
2003 = 459.000,– €
2004 = 445.324,– €

Durchschnitt = 448.271,– € = Normalkosten
Istkosten 2005 = 497.000,– €
Ergebnis: Die Istkosten weichen um 48.729,– € von den Normalkosten ab.

b) *Mit Berücksichtigung einer Aktualisierung*

Personalkosten
2001 = 423.435,– €
2002 = 465.325,– €
2003 = 459.000,– €
2004 = 445.324,– €

Durchschnitt = 448.271,– € = Normalkosten
Istkosten 2005 = 497.000,– €

Aktualisierung der Istkosten um 15.000,– € für eine ausnahmsweise tätige Aushilfe

Aktualisierung der Normalkosten wegen gesetzlich bedingter Mehrkosten auf 450.000,– €
Aktualisierte Normalkosten = 450.000,– €
Aktualisierte Istkosten = 482.000,– €
Ergebnis: Die Istkosten weichen um 32.000,– € von den Normalkosten ab.

c) *Aktualisierung mit Inflationsindex*

Als Normalkosten wurden bisher 25.000,– € berücksichtigt. Die Inflation beträgt 6 %. Die aktualisierten Normalkosten betragen somit 25.000,– € · 1,06 = 26.500,– €.

Rechenwege

Die Rechenweise von Normalkostenrechnung, Istkostenrechnung und Plankostenrechnung kann generell wie folgt dargestellt werden:

- Normalkostenrechnung
  (aktualisierte) Durchschnittsmenge · (aktualisierter) Durchschnittspreis

- Istkostenrechnung
  Istmenge · Istpreis
- Plankostenrechnung
  Planmenge · Planpreis

6.5.2 Starre Plankostenrechnung

Schritt 1 Der erste Schritt besteht in der Festlegung der Planbeschäftigung.

Planbeschäftigung Die *Planbeschäftigung* ist die in einer Periode erwartete Leistung, sozusagen die Hundertprozent-Beschäftigung.

Für die Höhe der Planbeschäftigung kann relevant sein:
- Welche Beschäftigung ist maximal möglich?
- Welche Beschäftigung ist wirtschaftlich(er)?
- Welche Beschäftigung empfiehlt sich nach der Markt- und Wettbewerbslage?

Planbezugsgröße Die Planbeschäftigung wird in der Regel auf die Kostenstelle bezogen. Für jede Kostenstelle ist somit eine Planbeschäftigung festzulegen. Dies geschieht mit einer so genannten *Planbezugsgröße*.

B Nachfolgend sind Beispiele für Planbezugsgrößen aufgeführt:
- *Zeitliche Bezugsgrößen:* Mitarbeiterstunden, Personalstunden, Fertigungsstunden, Maschinenstunden (Nutzung von Maschinen).
  Ein Pflegedienst hat 10 Beschäftigte. Bei einem Leistungsgrad von 110 % arbeiten diese in drei Schichten mit je 7,7 Stunden je Schicht. Sie arbeiten 22 Arbeitstage pro Monat, haben 2 Urlaubstage im Monat und 4,5 % bezahlte Fehlzeiten. Daraus lässt sich eine Planbezugsgröße von $10 \cdot 1{,}1 \cdot 3 \cdot 7{,}7 \cdot (22-2) \cdot 0{,}955 =$ 4.853,31 Arbeitsstunden (Personalstunden, Dienstleistungsstunden) pro Monat berechnen, also 58.239,72 im Jahr.
  Hinweis: Die im Beispiel genannte Stundenzahl ist fiktiv.
- *Mengenmäßige Bezugsgrößen:* Stück, Meter, Quadratmeter, Kilogramm, Pfunde, Liter, Kilometer
  Die Buchhaltung verrechnet ihre Leistungen intern nach Anzahl der Buchungssätze. Die Bezugsgröße lautet: Anzahl der Buchungssätze. Der Einkauf arbeitet nach der Anzahl von Angebotspositionen.
  Die Kostenstelle Fuhrpark wird nach km verrechnet.
  Die Kostenstelle „Facilities" wird nach Quadratmetern verrechnet.

Faustregel: Nach Möglichkeit sollte pro Kostenstelle nur eine Bezugsgröße gewählt werden.

Schritt 2 Der zweite Schritt besteht in der Planung der Kostenarten. Nach der Festlegung der Planbezugsgröße werden die Kostenarten auf der Kostenstelle geplant.

B

Personalkosten: 10 Beschäftigte mit jeweils ca. 40.000,– Jahresgehalt brutto	400.000,– €
Hilfslöhne (Aushilfen)	12.000,– €
Raumkosten	24.000,– €
Abschreibungen	20.000,– €
Sonstige Sachkosten	44.000,– €
Summe	500.000,– €

Der dritte Schritt besteht in der Ermittlung des Planverrechnungssatzes. Der Planverrechnungssatz wird ermittelt, indem die Plankosten durch die Planbezugsgröße geteilt werden: **Schritt 3**

500.000,– / 58.239,72 = 8,59 € pro Stunde.

Im Rahmen der *starren Plankostenrechnung* werden die geplanten Kosten auf die Kostenträger verrechnet. Der Verrechnungssatz ergibt sich aus:

Plankostensatz = Summe der geplanten Gemeinkosten der Kostenstelle / Planbeschäftigung

Es wird dann eine Abweichung der Plankosten von den Istkosten ermittelt:

Abweichung = Ist-Gemeinkosten – Verrechnete Plangemeinkosten
Verrechnete Plangemeinkosten = Plankostensatz · Ist-Auslastung

Plankostenrechnung **B**

Plankosten	100.000,– €
Planbeschäftigung	10.000 Stunden
→ Plankostensatz	10,– € pro Stunde

Die Ist-Beschäftigung umfasst 8.000 Stunden, bei Ist-Kosten von 82.000,– €. →
Verrechnete Plankosten = 8.000 Stunden · 10,– € = 80.000,– €
Die Abweichung beträgt 82.000,– € – 80.000,– € = 2.000,– €.

Die nachfolgende Abbildung zur starren Plankostenrechnung verdeutlicht schematisch die Zusammenhänge.

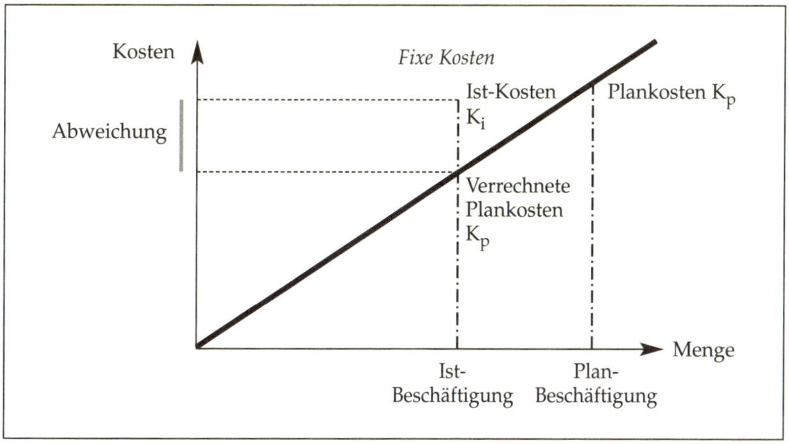

Die Vor- und Nachteile der starren Plankostenrechnung können wie folgt dargestellt werden: **Diskussion**

Vorteile: Die starre Plankostenrechnung ist leicht verständlich und einfach durchzuführen. Es ist keine Auflösung der Kosten in variable und fixe Kosten notwendig.

Nachteile: Die Aussagefähigkeit der Kostenkontrolle ist ggf. erheblich beeinträchtigt, nämlich dann, wenn die Istbeschäftigung von der Planbeschäftigung stark abweicht.

Fazit: Die mittels der starren Plankostenrechnung ermittelte Kostenabweichung ist kein geeigneter Maßstab für die Wirtschaftlichkeit einer Kostenstelle, da sich Ist- und Plankosten auf unterschiedliche Beschäftigungsgrade beziehen (Äpfel mit Birnen vergleichen!). Die starre Plankostenrechnung kann jedoch bei geringen Beschäftigungsschwankungen eingesetzt werden.

6.5.3 Flexible Plankostenrechnung

Variatoren

Im Rahmen der flexiblen Plankostenrechnung auf Vollkostenbasis werden die Plankosten mit der Hilfe von *Variatoren* an die tatsächliche Beschäftigung angepasst. Die Variatoren dienen dazu, die fixen Kosten und die variablen Kosten zu trennen. Ein Variator gibt nämlich an, um wie viel Prozent sich die Plankosten(art) ändert, wenn sich die Beschäftigung / der Beschäftigungsgrad um 10 % ändert:

Variator = Variable Kosten · 10 / Plankosten

Das führt zu folgender Interpretation: Die Gemeinkosten sind dann

10 = völlig variabel. Fertigungslöhne (Akkordlöhne) sind z. B. völlig variabel.
6–9 = mehr variabel als fix. Betriebsstoffe, Zeitlöhne etc. sind z. B. mehr variabel als fix.
5 = zu etwa gleichen Teilen fix und variabel. In vielen Fällen sind z. B. Frachtkosten zu gleichen Teilen fix und variabel.
1–4 = mehr fix als variabel. Kosten des Vertriebs sind häufig hier zu finden.
0 = völlig fix. Mieten und Versicherungen z. B. sind z. B. völlig fix.

Entsprechend der Höhe des Variators sieht die Wirkung einer Beschäftigungsänderung auf die Änderung der Kostenart aus:

- Variator = 4, d. h. bei einer Beschäftigungsänderung von 10 % ändern sich die Kosten – bezogen auf die Kosten der Planbeschäftigung – um 40 %.
- Variator = 8, d. h. bei einer Beschäftigungsänderung von 10 % ändern sich die Kosten – bezogen auf die Kosten der Planbeschäftigung – um 80 %.

B Variator

Fertigungslöhne in Höhe von	30.000,– €
Variator = 10; → Fixe Kosten =	0
Variable Kosten =	30.000,– €
Hilfslöhne in Höhe von	10.000,– €
Variator = 6; → Fixe Kosten =	4.000,– €
Variable Kosten =	6.000,– €

Die für eine bestimmte Planbeschäftigung errechneten Plankosten werden auf die jeweilige Istbeschäftigung umgerechnet. Die Umrechnung ergibt die so genannten *Sollkosten:*

Sollkosten = (Variable Plankosten / Plan-Beschäftigung) · Ist-Beschäftigung + fixe Plankosten

Sollkosten

B

Die Plankosten betragen 20.000,– €. Davon sind 15.000,– € variabel und 5.000,– € fix.

- Bei einer Beschäftigung von 80 % ergeben sich
  Sollkosten = (15.000 / 100) · 80 + 5.000 = 17.000,– €
- Bei einer Beschäftigung von 110 % ergeben sich:
  Sollkosten = (15.000 / 100) · 110 + 5.000 = 21.500,– €

Verrechnete Plankosten

Für die nachfolgende Abweichungsanalyse ist ein weiterer Maßstab von Bedeutung, nämlich die verrechneten Plankosten. Die *verrechneten Plankosten* betragen:

Verrechnete Plan(gemein)kosten = Plankostensatz · Istbeschäftigung
Plankostensatz = (Fixkosten / Planbeschäftigung) + Variable Stückplankosten

Abweichungen

Hauptzweck der Plankostenrechnung ist die Gegenüberstellung der geplanten und der Ist-Kosten im Soll-Ist-Vergleich. Mit Hilfe des Soll-Ist-Vergleichs werden verdeutlicht die

- Preisabweichungen,
- Verbrauchsabweichungen,
- Beschäftigungsabweichungen.

Preisabweichung

Die *Preisabweichung* verdeutlicht Differenzen zwischen den tatsächlich angefallenen Ist-Preisen und den geplanten Preisen. Eine Preisabweichung kann nur ermittelt werden, wenn ein explizites Preisgerüst bei der Planung verwendet wird:

Preisabweichung = Istkosten zu Istpreisen – Istkosten zu Planpreisen
= Istmenge · Istpreis – Istmenge · Planpreis

Für die Preisabweichung ist der Kostenstellenleiter in der Regel nicht verantwortlich, sondern eher der Einkauf.

Preisabweichung

B

Istmenge =	1.000 Stück
Istpreis =	4,– €
Planpreis =	3,– €
Preisabweichung =	4.000,– € – 3.000,– € = 1.000,– €

Verbrauchsabweichung

Die *Verbrauchsabweichung* ist ein Maßstab für die Wirtschaftlichkeit. Die Verbrauchsabweichung ist in der Regel vom Kostenstellenleiter zu verantworten. Ggf. kann er durch genauere Analyse „freigesprochen" werden, wenn Planungsfehler aufgetreten sind, wie z. B. falsche Bezugsgrößen.

Verbrauchsabweichung = Istkosten zu Planpreisen – Sollkosten

Verbrauchsabweichung

B

Sollkosten	25.000,– €
Istkosten	30.000,– €
Verbrauchsabweichung =	5.000,– €

Beschäftigungsabweichung

Die *Beschäftigungsabweichung* gibt an, welcher Teil der fixen Kosten ungenutzt (leer) bleibt. Der Kostenstellenleiter ist hier nicht verantwortlich, weil er die Höhe der Kosten nicht beeinflussen kann.

Beschäftigungsabweichung = Sollkosten – Verrechnete Plankosten

Abweichungen mit *positivem Vorzeichen* verdeutlichen eine Ergebnisverschlechterung, Abweichungen mit *negativem Vorzeichen* verdeutlichen eine Ergebnisverbesserung.

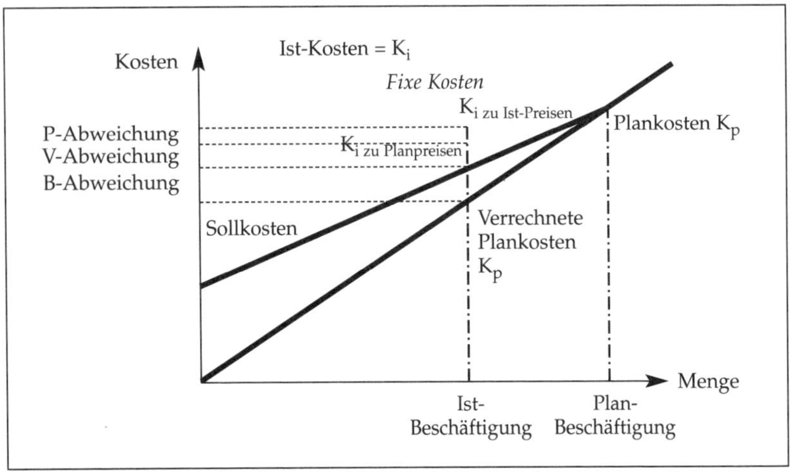

Abb. 6.14: Flexible Plankostenrechnung

6.6 Die Prozesskostenrechnung

Der rote Faden

Was bisher erläutert wurde: Vorstehend wurden unterschiedliche Methoden der Voll- und der Teilkostenrechnung erläutert. Insbesondere die Schwächen der Zuschlagskalkulation haben dazu geführt, dass die Prozesskosten als ausgezeichnetes Instrument der Kostenrechnung entwickelt wurden.
Wie es weitergeht: Nachfolgend wird die Methode der Prozesskostenrechnung kurz erläutert: Eine exzellente Methode der Kostenrechnung, aber auch eine, die in der Einrichtung und Pflege sehr aufwendig sein kann, z. B. weil im Einzelfall detailllierte Analysen von Prozessen notwendig werden.

Entstehung

In der Vergangenheit ist der Anteil der Gemeinkosten gegenüber dem Anteil der Einzelkosten sehr stark gestiegen. Dadurch wird insbesondere die Qualität/Präzision der Zuschlagskalkulation zunehmend schlechter. Es kann dadurch sogar zu erheblichen betriebswirtschaftlichen Fehlentscheidungen kommen. Eine genaue Kenntnis der Kosten des Betriebes kann aber überlebenswichtig sein.

B

- Sie ermitteln, dass eine Dienstleistungsstunde in Ihrem Unternehmen Selbstkosten in Höhe von 41,– € verursacht.
- Der Wettbewerb ermittelt nur 38,– €.

- Auf Grund der ermittelten Selbstkosten und Berücksichtigung eines angemessenen Gewinnzuschlages bieten Sie die Stunde für 44,90 €, der Wettbewerb für 41,80 € an.
- Die Folge: Die Nachfrage bleibt bei Ihnen aus, die Wettbewerber fahren jedoch eng an der Kapazitätsauslastung.

Das ist besonders bitter, wenn möglicherweise die zugrunde gelegten höheren Selbstkosten eine Folge z. B. der Kalkulationsmethode sind und nicht der faktischen Gegebenheiten. Es könnte alleine daran liegen, dass Sie eine Zuschlagskalkulation angewendet haben, der Wettbewerb aber eine Prozesskalkulation durchgeführt hat.

Prozesse und Prozessgrößen

Die Prozesskostenrechnung basiert auf Prozessen (engl. activities). Im Englischen wird deshalb auch die Abkürzung „ABC“ benutzt, die für *Activity Based Costing* steht.

D

Prozesse sind wiederkehrende, repetitive Tätigkeiten, die im Unternehmen anfallen.

B

Beispiele für Prozesse sind nachfolgend aufgelistet:
- einen Auftrag eines Kunden entgegennehmen,
- einen Auftrag eines Kunden bearbeiten,
- eine Dienstleistung erbringen,
- ein Produkt produzieren,
- eine Rechnung schreiben (fakturieren),
- einen Auftrag versenden.

Zu jedem Prozess lässt sich eine *Prozessgröße* bestimmen, die relevant ist. Im Folgenden sind solche Größen beispielhaft für die Prozesse aufgeschrieben:

B

Prozessgrößen
- einen Auftrag eines Kunden entgegennehmen → Prozessgröße = 1 Auftragsposition,
- einen Auftrag eines Kunden bearbeiten → Prozessgröße = 1 Auftragsposition,
- eine Dienstleistung erbringen → Prozessgröße = 1 Stunde,
- ein Produkt produzieren → Prozessgröße = 1 Produkt,
- eine Rechnung schreiben (fakturieren) → Prozessgröße = 1 Rechnungsposition,
- einen Auftrag versenden → Prozessgröße = 1 Verpackungseinheit (Karton).

Im Bereich der Prozesse lassen sich weiterhin „Hauptprozesse“ und „Teilprozesse“ unterscheiden. Hauptprozesse lassen sich in verschiedene Teilprozesse differenzieren.

B

Der Hauptprozess „Material beschaffen“ setzt sich aus folgenden Teilprozessen zusammen:
- Einkauf des Materials,
- Entgegennahmen der Materiallieferungen,
- Durchführung der Materialprüfung bei Eingang des Materials,
- Einlagerung des Materials.

Kostentreiber

Bei einem solchen Prozess ist der Anteil der Gemeinkosten mit Sicherheit sehr hoch. Aber wodurch ist die Höhe der Gemeinkosten beeinflusst. In der Kostenrechnung hat sich hier der Begriff der *„cost driver“* durchgesetzt, also der

Faktoren, die die Höhe der Kosten beeinflussen. Die Höhe der Materialgemeinkosten ist nicht abhängig vom Wert der beschafften Materialien, sondern von der Anzahl der Angebotspositionen, der Einlagervorgänge etc., also vom Kostentreiber.

Zum Vorgehen Die Prozesskostenrechnung wird in Stufen durchgeführt:

- Trennung der Kosten in die Kosten, die mittels Prozesskosten verrechnet und die Kosten, die nicht mittels Prozesskosten verrechnet werden können.
- Ermittlung von Prozesskostensätzen für die Kosten, die prozessorientiert verrechnet werden sollen, also leistungsmengeninduziert.
  Prozesskostensatz = Prozesskosten / Prozessmenge
- Umlage der übrigen Kosten, also aller Kosten, für die die Ermittlung von Prozesskostensätzen nicht möglich oder nicht zweckmäßig ist. Diese Kosten werden leistungsmengenneutral in der Form von Zuschlägen verrechnet.

B Die Wohlergehen AG verkauft Klanggeräte, die eine besondere Wellnessatmosphäre vermitteln. Für jede Position, die von Kunden im Rahmen des vertrieblichen Engagements bestellt werden, fallen natürlich Kosten an. Das Controlling hat analysiert, dass die Wohlergehen AG im Vertriebsbereich insgesamt 2.468.000,– € an Kosten zu verzeichnen hat. Die Vertriebsmannschaft hat insgesamt 47.111 Bestellpositionen entgegengenommen und bearbeitet.

Vertrieb der Firma Wohlergehen AG	
Auftragspositionen	Prozessgröße
2.468.000,00 €	Prozesskosten leistungsmengeninduziert
47.111	Prozessmenge
52,39 €	Prozesskostensatz leistungsmengeninduziert
89.000,00 €	Prozesskosten leistungsmengenneutral
3,6 %	Zuschlag
1,89 €	Zuschlag leistungsmengenneutral
54,28 €	Prozesskosten gesamt

Für eine Bestellposition fallen somit 54,28 € an Kosten an. Eine Umlage anderer Kosten ist in diesem Beispiel nicht vorgesehen.

Hinweis: 3,6 % = (89.000 € / 2.468.000 €) · 100 %

Fazit Die Prozesskostenrechnung erreicht eine stärker verursachungsgerechte Kostenzurechnung. Sie ist – wenn wir es so ausdrücken wollen – in der Regel genauer. Aber: Die Schwierigkeit der Prozesskostenrechnung liegt in der Ermittlung der Prozesse und Prozessschritte (Prozesselemente, -teile) und der ggf. sehr aufwendigen Zurechnung der Kosten auf diese einzelnen Elemente.

Die Prozesskostenrechnung stellt eine Fülle zusätzlicher Informationen zur Verfügung. Die Informationen lassen sich insbesondere im Hinblick auf die strategieorientierte Gestaltung des Produkt-Mix nutzen. Die Informationen betreffen drei Effekte. Schauen wir uns diese einmal detailliert an (Quelle:

Coenenberg 2007, S. 145 ff.). Als strategische Informationsvorteile der Prozesskostenrechnung unterscheidet Coenenberg:

- Allokationseffekt,
- Komplexitätseffekt und
- Degressionseffekt.

Allokationseffekt

Beginnen wir mit dem Allokationseffekt. Bei der Prozesskostenrechnung erfolgt die Verteilung (Allokation) der Gemeinkosten nach der Inanspruchnahme betrieblicher Ressourcen. Die Verteilung erfolgt nicht nach der Höhe wertorientierter Zuschlagsbasen, wie es bei der traditionellen Zuschlagskalkulation der Fall ist. Es findet also keine proportionale Verrechnung der Gemeinkosten statt. Entscheidend sind z. B. bei der Beschaffung nicht die Höhe der Stückkosten, sondern die Anzahl der Beschaffungsvorgänge.

B

	MEK	MGK	Prozesskosten	Allokationseffekt
Teil A	30	19,8	54,28 €	34,48
Teil B	60	39,6	54,28 €	14,68
Teil C	90	59,4	54,28 €	-5,12
MEK	Materialeinzelkosten			
MGK	Materialgemeinkostenzuschlag			66 %

Die Differenz wird deutlich. In dem Beispiel sind die Materialeinzelkosten für drei Einbauteile angegeben. Alternativ ist verdeutlicht

- welche Gemeinkosten durch die Zuschlagskalkulation verrechnet würden und
- welche Gemeinkosten bei der Prozesskostenkalkulation verrechnet würden.

Als Allokationseffekt ist die Differenz der beiden angegeben.

Komplexitätseffekt

Nun zum Komplexitätseffekt. Die Prozesskostenrechnung ermöglicht es, die Komplexität und den Variantenreichtum der Produkte als die Kosten bestimmenden Faktoren in der Kalkulation verursachungsgerecht nachzubilden. Dabei wird davon ausgegangen, dass bei komplexen Produkten ein höherer Gemeinkostenanteil anfällt.

Der traditionelle Gemeinkostenzuschlag führt dazu, dass Produkte mit niedriger Komplexität tendenziell zu teuer und Produkte mit hoher Komplexität zu günstig kalkuliert werden. Bei der Prozesskostenrechnung geht man anders vor: Wenn bestimmte Prozesse bei der Produktion mehrfach durchlaufen werden, so werden diesem Kostenträger die Prozesskosten auch mehrfach berechnet. Die erhebliche Folge für Strategie und Marketing: Produkte mit geringerer Komplexität und geringerer Wertschöpfung können billiger angeboten werden.

Degressionseffekt

Der Unterschied zwischen traditioneller Verrechnung mittels Gemeinkostenzuschlag und der Prozesskostenrechnung ist hier im Degressionseffekt besonders deutlich:

- Traditionell: Pro Stück wird ein konstanter Gemeinkostensatz verrechnet.
- Prozesskostenrechnung: Die Prozesskosten pro Stück verringern sich mit steigender Stückzahl.

Vertriebskosten in Höhe von 800,– € fallen sowohl bei einem als auch bei 10 und auch bei 20 Stücken an.

M Erstellen Sie Lernkarten zu folgenden Begriffen: Allokationseffekt – Cost Driver – Distributionseffekt – Hauptprozess – Komplexitätseffekt – leistungsmengeninduziert – leistungsmengenneutral – betrieblicher Prozess – Prozessgrößen – Prozesskostenrechnung – Prozesskostensatz – Teilprozess.

M Informieren Sie sich über die Nutzung der Prozesskostenrechnung in der betrieblichen Praxis.

6.7 Die Zielkostenrechnung

Der rote Faden **Was bisher erläutert wurde:** Zahlreiche unterschiedliche Ansätze der Kostenrechnung wurden behandelt.
Wie es weitergeht: Ein letzter, wichtiger Blick richtet sich auf die Kunden.

Weitere spezielle Kostenrechnungsansätze sind entwickelt worden. Bedeutsam ist etwa die Zielkostenrechnung (*Target Costing*), die zu einer Vernetzung von Kostenrechnung und Marketing führt. Im Vordergrund steht die Frage: „Wie hoch dürfen die Selbstkosten sein, damit die Preise von den Konsumenten akzeptiert werden?"

Unter dem Target Costing, der Zielkostenrechnung, versteht man also die Kalkulation aus der Perspektive des Marktes.

B Belauschen wir den Schreiner bei einer Besprechung mit einem Lieferanten: „Sehen Sie, wenn wir ein Produkt kalkulieren, gehen wir doch im Allgemeinen von den Selbstkosten aus. Die Komponenten des Produktes legen wir fest. Wir bestimmen, was in das Produkt gehört und legen somit fest, was es kosten wird. Haben Sie schon einmal daran gedacht, diese Entscheidung quasi dem Kunden zu überlassen? Wenn wir genau wissen, dass wir einen Kleiderschrank nur noch für 1.500,– € am Markt loswerden (Preissetzung vom Markt her), so können wir doch den Kunden fragen, welche Elemente ihm wichtig sind und damit herausfinden, was er wirklich braucht. Wenn die Mehrzahl der Kunden sagt, „wir benötigen keine goldfarbenen Beschläge", dann lassen wir die Beschläge zukünftig auch weg. Damit werden die Kosten die ich erreichen will, die Zielkosten durch den am Markt erzielbaren Preis und damit durch den Kunden bestimmt."

Konzept „Das Konzept des Target Costing (jap.: „Mokuhyou Genkakeisan") ist ein in japanischen Unternehmen entwickeltes Konzept des Kostenmanagements, das dort in die langfristige Gesamtplanung des Unternehmens eingebunden ist.

Die grundlegenden Merkmale des Target Costing sind:

- konsequente Markt- und Kundenorietierung,
- Beeinflussung der Kosten schwerpunktmäßig in der Entwicklungs- und Konstruktionsphase und
- ganzheitliche Betrachtung eines Produkttyps während des gesamten Lebenszyklusses.

Prozess Als Ergebnis soll ein Produktkonzept vorliegen, das über die von den Kunden gewünschten Leistungsmerkmale verfügt und gleichzeitig zu den Kosten hergestellt werden kann, die unter den marktlichen und wettbewerblichen

Gegebenheiten maximal entstehen dürfen (sog. Target Costs). Mit den Zielkosten verfügt das Unternehmen über eine erste Steuerungsgröße für die Planung und Koordinierung aller Aktivitäten, die während des Produktlebenszyklusses anfallen werden. (Coenenberg 2007, S. 531 ff.).

Der entsprechende Prozess des Target Costing umfasst acht Schritte:
1. Bestimmung der Funktions-/Eigenschaftsstruktur des Produkts,
2. Ermittlung der Preis-Absatz-Funktion,
3. Ermittlung der „allowable costs",
4. Entwicklung des Rohentwurfs für das Produkt,
5. Kostenschätzung der Produktkomponenten,
6. Gewichtung der Produktkomponenten,
7. Berechnung eines komponentenspezifischen Zielkostenindexes sowie
8. Erstellung eines Zielkostenkontrolldiagramms" (Coenenberg 2007, S. 531 f.)

Erstellen Sie Lernkarten zu folgenden Begriffen: Allowable costs – Target Costing – Zielkostenrechnung. M

Informieren Sie sich über die Nutzung der Zielkostenrechnung in der betrieblichen Praxis. M

7 Grundbegriffe des Rechnungswesens

Der rote Faden

Was bisher erläutert wurde: Sie haben viele wichtige theoretische und praktische Erkenntnisse vermittelt bekommen, nun geht es um eine noch höhere Genauigkeit der Begriffe.
Wie es weitergeht: Es folgen einige Gedanken zur fachgerechten Differenzierung der Grundbegriffe des Rechnungswesens.

Strömungsgrößen

Umgangssprachlich wird häufig keine Unterscheidung der Begriffe Einzahlungen, Einnahmen, Erträge und Leistungen vorgenommen. Aber bereits in vorhergehenden Kapiteln wurde deutlich, dass zwischen diesen Begriffen ein wesentlicher Unterschied besteht. Und Gleiches gilt für die Begriffe Auszahlungen, Ausgaben, Aufwendungen und Kosten. Die genannten Begriffe sind die *Strömungsgrößen* des Rechnungswesens.

Die Strömungsgrößen (oder Stromgrößen) korrespondieren mit *Bestandsgrößen*. Im Gegensatz zu den zeitpunktbezogenen Bestandsgrößen stellen Strömungsgrößen jedoch zeitraumbezogene Aspekte dar.

Zahlungsmittel

Denken wir mal an Dagobert Duck – der sicher allen bekannt ist – und seinen Geldspeicher. Das, was Dagobert Duck in seinem Geldspeicher hat und das Geld, das er auf dem Bankkonto hat, ist sein *Bestand an Zahlungsmitteln (Liquide Mittel)*. Hierbei handelt es sich um eine Bestandsgröße.

Die Bestände auf dem Bankkonto bezeichnet man häufig auch als Sichtguthaben (gemeint sind täglich fällige Guthaben bei Banken inklusive der Bestände an Schecks und Wechseln). Es handelt sich um Guthaben, über die man jederzeit verfügen kann, also keine Sparbücher oder Termineinlagen (etwa befristet für fünf Monate angelegt).

Jetzt kommen wir zu den Strömungsgrößen, z. B. „Einzahlung" und „Auszahlung". Der Bestand bleibt hoffentlich – aus Sicht von Herrn Duck – nicht gleich, sondern verändert sich.

- Der Wert zugehender (zugegangener) Zahlungsmittel wird als *Einzahlung* bezeichnet.
  Beispiel: Ein Kunde kauft ein Produkt bar zu 25,– €. In diesem Fall liegt eine Einzahlung in Höhe von 25,– € vor.
- Der Wert abgehender (abgegangener) Zahlungsmittel wird als *Auszahlung* bezeichnet.
  Beispiel: Ein Mitarbeiter kauft Büroartikel bar zu 55,– €. In diesem Fall liegt eine Auszahlung in Höhe von 55,– € vor.

Es gilt folgende Beziehung zwischen der Bestands- und der Strömungsgröße:

Anfangsbestand an Zahlungsmitteln
\+ Einzahlung
– Auszahlung
= Endbestand an Zahlungsmitteln

Oder anders dargestellt:

Anfangsbestand an Zahlungsmitteln
\+ Zunahme an Zahlungsmitteln
\- Abnahme an Zahlungsmitteln
= Endbestand an Zahlungsmitteln

Bestandsgrößen und zugehörige Strömungsgrößen gibt es aber auch auf anderen Ebenen.

Geldvermögen

Addiert man die *Forderungen* (Ansprüche gegenüber den Kunden) und zieht die *Verbindlichkeiten* ab (Ansprüche Dritter gegenüber unserem Unternehmen), so erhält man den *Geldvermögensbestand*.

Eine Einnahme erhöht das Geldvermögen, eine *Ausgabe* vermindert das Geldvermögen. *Einnahme* ist der Wert der veräußerten Güter. Ausgabe ist der Wert der zugegangenen Güter. Es gilt:

Anfangsbestand an Geldvermögen
\+ Einnahme
\- Ausgabe
= Endbestand an Geldvermögen

Oder anders dargestellt:

Anfangsbestand an Geldvermögen
\+ Zunahme an Geldvermögen
\- Abnahme an Geldvermögen
= Endbestand an Geldvermögen

Sachvermögen

Rechnet man dann noch das *Sachvermögen* hinzu, so erhält man das *Reinvermögen* (= *Eigenkapital (EK), Nettovermögen*) eines Unternehmens.

Jeder Ertrag erhöht das Reinvermögen. Jeder Aufwand mindert das Reinvermögen. *Ertrag* meint somit den Wert entstandener Güter. *Aufwand* meint den Wert verzehrter Güter. Es gilt:

Anfangsbestand an Reinvermögen
\+ Ertrag
\- Aufwand
= Endbestand an Reinvermögen

Oder anders dargestellt:

Anfangsbestand an Reinvermögen
\+ Zunahme an Reinvermögen
\- Abnahme an Reinvermögen
= Endbestand an Reinvermögen

Auf die Begriffe Kosten und Leistungen wurde bereits vorher eingegangen.

Die Bestandsgrößen Zahlungsmittel, Geldvermögen und Reinvermögen (es handelt sich ja hier um Vermögensbestände) werden im Bereich der Finanzbuchhaltung unterschieden. Im Bereich der Kostenrechnung spricht man vom *betriebsnotwendigen Vermögen*. Hierunter ist das Vermögen zu verstehen, das für die eigentliche betriebliche Tätigkeit zur Verfügung steht (sachzielbezogen, entsprechend dem Sachziel der Firma).

Fazit: Die Bestände verändern sich, sie bleiben als Bestände ja nicht in alle Ewigkeit unverändert. Deshalb unterscheidet man im Rechnungswesen Stromgrößen, also bestimmte Vorgänge, die mit Veränderungen von Vermögen verbunden sind.

Folgende Stromgrößenpaare sind zusammenfassend zu unterscheiden:
- Einzahlung/Auszahlung,
- Einnahme/Ausgabe,
- Ertrag/Aufwand und
- Leistungen/Kosten.

Schauen wir uns diese im Folgenden genauer an.

Die Stromgrößen können nun – wie folgt – durch ihre Auswirkung auf die Bestände systematisiert und unterschieden werden.

Zahlungsmittel: Einzahlung/Auszahlung
Zunächst bewegen wir uns auf der Ebene der Zahlungsmittelbestände und damit im Bereich der Liquidität. Jede Erhöhung des Zahlungsmittelbestandes wird als Einzahlung bezeichnet, jede Verringerung des Zahlungsmittelbestandes als Auszahlung. Der Zahlungsmittelbestand besteht aus den liquiden Mitteln und den Bankguthaben (Buchgeld, Giralgeld). Oder anders ausgedrückt: Bei einem Geschäftsvorfall liegt eine Einzahlung vor, wenn der Bestand an Zahlungsmitteln erhöht wird.

Ein Einzahlungsüberschuss liegt vor, wenn die Einzahlungen die Auszahlungen übersteigen. Ein Auszahlungsüberschuss liegt vor, wenn die Auszahlungen die Einzahlungen übersteigen.

Geldvermögen: Einnahme/Ausgabe
Die nächste relevante Ebene ist die Ebene des Geldvermögens. Neben den Zahlungsmitteln werden hier die Änderungen von Forderungen und Verbindlichkeiten berücksichtigt. Mit anderen Worten: Neben den tatsächlichen Einzahlungen werden *erwartete* Einzahlungen (Forderungen) berücksichtigt. Neben den tatsächlichen Auszahlungen werden die *erwarteten* Auszahlungen (Verbindlichkeiten) berücksichtigt. Jede Einnahme bedeutet eine Erhöhung des Geldvermögens und jede Ausgabe eine Verringerung.

Ein Einnahmenüberschuss liegt vor, wenn die Einnahmen die Ausgaben übersteigen. Ein Ausgabenüberschuss liegt vor, wenn die Ausgaben die Einnahmen übersteigen.

Reinvermögen: Ertrag/Aufwand
Wenn wir zum Geldvermögen noch das Sachvermögen (lt. Bilanz) hinzurechnen, kommen wir auf die Ebene des Reinvermögens (Nettovermögens).

Ein typisches Beispiel: Beschaffung und Verzehr von Rohstoffen. Dies bedeutet zum einen Güterzugang, zum anderen aber auch Güterverzehr. Es liegt dann sowohl eine Ausgabe als auch ein Aufwand vor.

Das Reinvermögen (Nettovermögen) setzt sich zusammen aus den Zahlungsmitteln unter Berücksichtigung der Veränderung von Forderungen und Verbindlichkeiten und der Änderung des Sachvermögens (Anlagevermögen, Vorräte etc.). Erhöhungen des Reinvermögens werden als Ertrag bezeichnet und Minderungen des Reinvermögens als Aufwand.

Hinweis: Die Begriffe „Rohvermögen“ und „Reinvermögen“ sind präzise zu unterscheiden. Das *Rohvermögen* umfasst die Summe der Vermögensgegenstände (Aktiva), das *Reinvermögen* ist das Eigenkapital, also das Rohvermögen abzüglich der Schulden.

Reinvermögen = Rohvermögen – Schulden

oder anders ausgedrückt:

Eigenkapital = Vermögenswerte – Schulden

Die Begriffe „Leistungen“ und „Kosten“ werden in der Kosten- und Leistungsrechnung angewendet. Eine Differenzierung erfolgt in der Kostenrechnung. In einer anderen Übersicht:

Strömungsgröße	Bestandsgröße
Einzahlung, Auszahlung	Zahlungsmittel
Einnahme, Ausgabe	Geldvermögen
Ertrag, Aufwand	Reinvermögen (Nettovermögen)
Leistung, Kosten	Betriebsvermögen

Übersicht Die Unterschiede können besonders gut gesehen und eingeübt werden, wenn eine detaillierte Abgrenzung erfolgt. Dies geschieht mit den in den Abbildungen 7.1 und 7.2 dargestellten Rechnungen.

Vermögensebene	Werteverzehr	Werteschaffung
Zahlungsmittel	+ Abfluss an Zahlungsmitteln + Abfluss an Sichteinlagen (Bank) = Auszahlung	+ Zufluss an Zahlungsmitteln + Zufluss an Sichteinlagen (Bank) = Einzahlung
Geldvermögen	(Auszahlung) + Forderungsabgänge + Schuldenzugänge = Ausgaben	(Einzahlung) + Forderungszugänge + Schuldenabgänge = Einnahmen
Reinvermögen	+ Abgang von Sachvermögen = Aufwand	+ Zugang von Sachvermögen = Ertrag

Abb. 7.1: Vermögensebenen (Bestandsgrößen)

Einzahlungs-/ Auszahlungsrechnung	Einnahmen-/ Ausgabenrechnung	Ertrags-/ Aufwandsrechnung
Einzahlungen – Auszahlungen = Überschuss der Einzahlungen über die Auszahlungen bzw. Überschuss der Auszahlungen über die Einzahlungen	Einnahme – Ausgabe = Überschuss der Einnahmen über die Ausgaben bzw. Überschuss der Ausgaben über die Einnahmen	Ertrag – Aufwand = Überschuss der Erträge über die Aufwendungen bzw. Überschuss der Aufwendungen über die Erträge
Veränderung der Zahlungsmittel	Veränderung des Geldvermögens	Veränderung des Reinvermögens (Nettovermögens, Eigenkapitals)
Nähere Aufgliederung der Rechnung: + Einzahlungen – Auszahlung	Nähere Aufgliederung der Rechnung: + Einzahlungen + Zunahme von Forderungen + Abnahme von Verbindlichkeiten – Auszahlung – Abnahme von Forderungen – Zunahme von Verbindlichkeiten	Nähere Aufgliederung der Rechnung: + Einzahlungen + Zunahme von Forderungen + Abnahme von Verbindlichkeiten + Zunahme an Sachvermögen – Auszahlung – Abnahme von Forderungen – Zunahme von Verbindlichkeiten – Abnahme von Sachvermögen

Abb. 7.2: Rechnungsebenen (Stromgrößen)

Folgende spezielle Unterfälle (Kategorien) lassen sich unterscheiden:

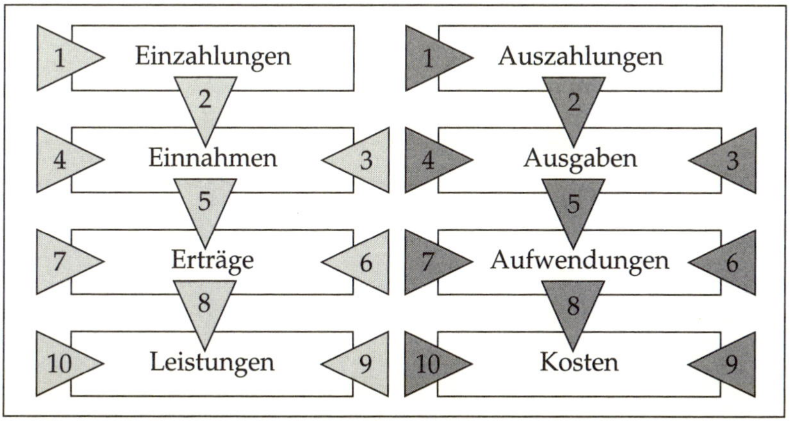

Abb. 7.3: Stromgrößen

Nachfolgend werden einige ausgewählte Beispiele erläutert:

Kategorie 1 Zur Kategorie 1 gehören Geschäftsvorfälle, bei denen eine Einzahlung vorliegt, jedoch keine Einnahme bzw. eine Auszahlung, aber keine Ausgabe. In diesen Fällen nimmt zwar der Bestand an Zahlungsmitteln zu oder ab, aber das Geldvermögen verändert sich nicht.

Geschäftsvorfall 1 – Kunde begleicht Forderung per Banküberweisung
Herr W., ein Kunde, überweist eine Rechnung in Höhe von netto 45.000,– € für neue Möbel. Die Schreinerei hatte also eine Forderung gegenüber diesem Kunden in der entsprechenden Höhe gebucht. Durch die Überweisung und den entsprechenden Eingang auf dem Bankkonto erhöht sich zwar der Bestand an Zahlungsmitteln um 45.000,– €, gleichzeitig geht aber der Bestand an Forderungen um eben diesen Betrag zurück. Dadurch verändert sich das Geldvermögen nicht. Geldvermögen ist ja definiert als Bestand an Zahlungsmitteln plus Forderungen minus Verbindlichkeiten. Die Zahlungsmittel nehmen zwar zu, die Forderungen aber genau um denselben Betrag ab:

Wir betrachten die Kontoänderungen aus der Sicht der Firma, Herr W. ist unser Kunde.

Die Zahlungsmittel verändern sich um 45.000. Dies ergibt sich aus der Rechnung:

+/– Bargeld	+/– Bank	
= 0,–	+ 45.000,–	= 45.000,–

Das Geldvermögen ändert sich nicht. Sie müssen ganz stur nach der Formel Zahlungsmittel +/– Forderungen –/+ Verbindlichkeiten vorgehen, also:

+/– Bargeld	+/– Bank	+/– Forderungen	–/+ Verbindlichkeiten	
= 0,–	+ 45.000,–	– 45.000,–	+ 0,–	= 0,–

Zusammengefasst ergibt dies:

Bargeld (+ Zugang – Abgang)	Bank (+ Zugang – Abgang)	Forderungen (+ Zunahme von F. – Abnahme von F.)	Verbindlichkeiten (+ Abnahme von V. – Zunahme von V.)	Sachvermögen
0	+ 45.000	– 45.000	0	*0*
Einzahlung = 45.000				
			Einnahme = 0	
				Ertrag *= 0*

(1) Einzahlung = 45.000,– also:
Änderung des Zahlungsmittelbestandes = + 45.000,–
(2) Einnahme = 0,– also:
Änderung des Geldvermögens = +/– 0,–
(3) Ertrag = 0,– also:
Änderung des Reinvermögens = +/– 0,–

Hinweis: Die Reinvermögensänderung ist hier bei manchen Geschäftsfällen mit angegeben, auch wenn sie nicht im Mittelpunkt steht.

Geschäftsvorfall 2 – Ein Unternehmen nimmt einen Kredit auf

Zum Warmlaufen noch ein anderes Beispiel, die Aufnahme eines Kredites. Wenn der Schreiner für den Umbau der Büroräume einen Kredit aufnimmt (z. B. 35.000,– €), so erhöht sich sein Zahlungsmittelbestand. Der Schreiner erhält nämlich eine Einzahlung in Höhe von 35.000,– € auf seinem Bankkonto. Zugleich erhöhen sich seine Verbindlichkeiten um denselben Betrag. Wir analysieren jetzt aus der Sicht des Schreiners. Er nimmt als Unternehmer einen Kredit auf.

Bargeld (+ Zugang – Abgang)	Bank (+ Zugang – Abgang)	Forderungen (+ Zunahme von F. – Abnahme von F.)	Verbindlichkeiten (+ Abnahme von V. – Zunahme von V.)	Sach-vermögen
0	+ 35.000	0	– 35.000	*0*
Einzahlung = 35.000				
			Einnahme = 0	
				Ertrag = 0

(1) Einzahlung = 35.000,– also:
Änderung des Zahlungsmittelbestandes = + 35.000,–
(2) Einnahme = 0,– also:
Änderung des Geldvermögens = +/– 0,–
(3) Ertrag = 0,– also:
Änderung des Reinvermögens = +/– 0,–

In den ersten Beispielen ergeben sich positive Bestandsveränderungen im Zahlungsmittelbestand. Entsprechendes gilt nun auch für negative Bestandsveränderungen. Hierzu zwei Beispiele zu der Kategorie 1 bei den Auszahlungen.

Geschäftsvorfall 3 – Unternehmen tilgt per Banküberweisung

Wenn der Schreiner einen Teil seines Kredites tilgt, so vermindert sich sein Zahlungsmittelbestand, weil er die 20.000,– € von seinem Bankkonto überweist. Zugleich verringern sich aber auch seine Verbindlichkeiten um 20.000,– €. Das Geldvermögen wird dadurch nicht verändert. In diesem Fall beträgt die Auszahlung 20.000,– €, eine Ausgabe liegt jedoch nicht vor. Wir analysieren wiederum aus der Sicht des Schreiners. Er tilgt als Unternehmer einen Kredit.

Bargeld (+ Zugang – Abgang)	Bank (+ Zugang – Abgang)	Forderungen (+ Zunahme von F. – Abnahme von F.)	Verbindlichkeiten (+ Abnahme von V. – Zunahme von V.)	Sach-vermögen
0	– 20.000	0	+ 20.000	*0*
Auszahlung = 20.000				
			Ausgabe = 0	
				Aufwand = 0

(1) Auszahlung = 20.000,– also:
Änderung des Zahlungsmittelbestandes = – 20.000,–
(2) Ausgabe = 0,– also:
Änderung des Geldvermögens = +/– 0,–
(3) Aufwand = 0,– also:
Änderung des Reinvermögens = +/– 0,–

Geschäftsvorfall 4 – Die Schreinerei gewährt einem Mitarbeiter einen Kredit und zahlt die Summe bar aus

Wenn der Schreiner einem Mitarbeiter einen Kredit gewährt, z. B. in Höhe von 2.000,– €, so liegen folgende Vorgänge vor: Der Zahlungsmittelbestand verringert sich, weil der Händler dem Mitarbeiter 2.000,– € aus der Kasse auszahlt. Zugleich erhöht sich der Bestand an Forderungen. Dadurch bleibt das Geldvermögen unverändert. Wir analysieren aus der Sicht des Schreiners, der einem Mitarbeiter einen Kredit gewährt.

Bargeld (+ Zugang – Abgang)	Bank (+ Zugang – Abgang)	Forderungen (+ Zunahme von F. – Abnahme von F.)	Verbindlichkeiten (+ Abnahme von V. – Zunahme von V.)	Sachvermögen
– 2.000		+ 2.000	0	*0*
Auszahlung = 2.000				
			Ausgabe = 0	
				Aufwand = *0*

(1) Auszahlung = 2.000,– also:
Änderung des Zahlungsmittelbestandes = – 2.000,–
(2) Ausgabe = 0,– also:
Änderung des Geldvermögens = +/– 0,–
(3) Aufwand = 0,– also:
Änderung des Reinvermögens = +/– 0,–

Kategorie 2

Zur Kategorie 2 gehören Geschäftsvorfälle, bei denen Einzahlungen gleich Einnahmen und Auszahlungen gleich Ausgaben sind. In diesen Fällen nimmt sowohl der Bestand an Zahlungsmitteln als auch das Geldvermögen zu oder ab. In der Kategorie 1 lag ja immer eine korrespondierende Veränderung des Geldvermögens vor, die die Veränderung des Zahlungsmittelbestandes wieder „kompensierte". Eine solche ist in der Kategorie 2 nicht gegeben. Hier ist es anders: Positive bzw. negative Bestandsveränderungen des Geldvermögens z. B. liegen dann vor, wenn der Zahlungsmittelbestand abnimmt und dieser Abnahme keine korrespondierenden Veränderungen der Forderungen oder Verbindlichkeiten gegenüberstehen.

Geschäftsvorfall 5 – Kunde kauft Produkte ein und zahlt bar

Wenn der Kunde W. bei der Schreinerei für Möbel (teilweise beleuchtet) Ersatzbirnen für 147,– € kauft und bar bezahlt, so liegt sowohl eine Erhöhung des Zahlungsmittelbestandes als auch eine Erhöhung des Geldvermögens vor. Der Ertragsseite steht natürlich in einem anderen Geschäftsvorfall auch Aufwand gegenüber. Wir analysieren aus der Sicht der Schreinerei:

Bargeld (+ Zugang – Abgang)	Bank (+ Zugang – Abgang)	Forderungen (+ Zunahme von F. – Abnahme von F.)	Verbindlichkeiten (+ Abnahme von V. – Zunahme von V.)	Sachvermögen
+ 147	0	0	0	*0*
Einzahlung = 147				
			Einnahme = 147	
				Ertrag = 147

(1) Einzahlung = + 147,– also:
Änderung des Zahlungsmittelbestandes = + 147,–
(2) Einnahme = 147,– also:
Änderung des Geldvermögens = + 147,–
(3) Ertrag = 147,– also:
Änderung des Reinvermögens = + 147,–

Geschäftsvorfall 6 – Verkauf von Erzeugnissen bar

Ein weiteres Beispiel in dieser Kategorie ist der Verkauf von Erzeugnissen bar in Höhe von 10.000,– €, die ein Einzelkaufmann tätigt. Die 10.000,– € erhöhen den Bestand an Zahlungsmitteln und erhöhen somit das Geldvermögen um 10.000,– €.

Bargeld (+ Zugang – Abgang)	Bank (+ Zugang – Abgang)	Forderungen (+ Zunahme von F. – Abnahme von F.)	Verbindlichkeiten (+ Abnahme von V. – Zunahme von V.)	Sachvermögen
+ 10.000	0	0	0	*0*
Einzahlung = 10.000				
			Einnahme = 10.000	
				Ertrag = 10.000

(1) Einzahlung = + 10.000,– also:
Änderung des Zahlungsmittelbestandes = + 10.000,–
(2) Einnahme = 10.000,– also:
Änderung des Geldvermögens = + 10.000,–
(3) Ertrag = 10.000,– also:
Änderung des Reinvermögens = + 10.000,–

Geschäftsvorfall 7 – Bareinkauf von Rohstoffen, Materialien, Fachzeitschriften

Der Auszubildende der Schreinerei wird von seinem Chef zum Zeitungsladen geschickt, um die neuesten Ausgaben der Wohnzeitschriften zu kaufen, in denen ein Bericht über die wirtschaftliche Entwicklung anderer Schreinereien stehen soll. Die drei Ausgaben kosten zusammen 24,– €.

Bargeld (+ Zugang – Abgang)	Bank (+ Zugang – Abgang)	Forderungen (+ Zunahme von F. – Abnahme von F.)	Verbindlichkeiten (+ Abnahme von V. – Zunahme von V.)	Sachvermögen
– 24	0	0	0	*0*
	Auszahlung = 24			
			Ausgabe = 24	
				Aufwand *= 24*

(1) Auszahlung = – 24,– also:
Änderung des Zahlungsmittelbestandes = – 24,–
(2) Ausgabe = 0,– also:
Änderung des Geldvermögens = – 24,–
(3) Aufwand = 0,– also:
Änderung des Reinvermögens = – 24,–

Kategorie 3 So, jetzt kommen wir zu der Kategorie 3. Hier liegt eine Einnahme (Ausgabe) vor, aber keine Einzahlung (Auszahlung). Der Bestand an Zahlungsmitteln bleibt also unverändert. Nur die Forderungen oder Verbindlichkeiten ändern sich. Auch hierzu wieder entsprechende Geschäftsvorfälle.

Geschäftsvorfall 8 – Verkauf auf Ziel
In dem Moment, in dem sich der Kunde W. für den Kauf diverser Büromöbel (45.000,– €) entscheidet und einen entsprechenden Kaufvertrag unterzeichnet, entsteht eine Forderung. Die Rechnung geht ihm dann in den nächsten Tagen zu. Für den Schreiner bedeutet dies, dass er zwar noch keinen Euro „Cash" gesehen hat, aber das Geldvermögen durch die Forderung steigt. Das bedeutet: Einnahme, keine Einzahlung. Wir analysieren aus der Sicht des Schreiners.

Bargeld (+ Zugang – Abgang)	Bank (+ Zugang – Abgang)	Forderungen (+ Zunahme von F. – Abnahme von F.)	Verbindlichkeiten (+ Abnahme von V. – Zunahme von V.)	Sachvermögen
0	0	+ 45.000	0	*0*
	Einzahlung = 0			
			Einnahme = 45.000	
				Ertrag *= 45.000*

(1) Einzahlung = + 0,– also:
Änderung des Zahlungsmittelbestandes = + 0,–
(2) Einnahme = 45.000,– also:
Änderung des Geldvermögens = + 45.000,–
(3) Ertrag = 45.000,– also:
Änderung des Reinvermögens = + 45.000,–

Geschäftsvorfall 9 – Kauf auf Ziel

Wenn der Auszubildende aus Geschäftsvorfall 7 die Zeitschriften zu 24,– € auf Ziel – also gegen Rechnung – kauft, dann liegt eine Veränderung des Geldvermögens vor, aber keine Veränderung des Zahlungsmittelbestandes. Wir haben dann den Fall Ausgabe, keine Auszahlung.

Bargeld (+ Zugang – Abgang)	Bank (+ Zugang – Abgang)	Forderungen (+ Zunahme von F. – Abnahme von F.)	Verbindlichkeiten (+ Abnahme von V. – Zunahme von V.)	Sachvermögen
0	0	0	0	*0*
	Auszahlung = 0			
			Ausgabe = 24	
				Aufwand *= 24*

(1) Auszahlung = 0,– also:
Änderung des Zahlungsmittelbestandes = 0,–
(2) Ausgabe = 24,– also:
Änderung des Geldvermögens = – 24,–
(3) Aufwand = 24,– also:
Änderung des Reinvermögens = – 24,–

Weitere Kategorien

Bevor wir uns mit dem Reinvermögen befassen, muss man etwas verdeutlichen. Bei den Auszahlungen und Ausgaben bewegen wir uns ausschließlich im zahlungswirksamen Bereich. Erst auf der Ebene des Reinvermögens kommen wir in den erfolgswirksamen Bereich. Hier findet – ähnlich wie bei Zahlungsmitteln und Forderungen/Verbindlichkeiten – bei einer Erhöhung/Minderung des Geldvermögens eine entsprechende Kompensation im Sachvermögen statt.

Geschäftsvorfall 10 – Verkauf auf Ziel

Eine Ausgabe, bei der kein Aufwand entsteht, liegt dann vor, wenn der Minderung des Geldvermögens eine Erhöhung des Sachvermögens gegenübersteht. Der Schreiner kauft z. B. nach dem erfolgreichen Umbau seiner Büroräume neue Maschinen auf Ziel. In diesem Fall sinkt das Geldvermögen durch die Zunahme der Verbindlichkeiten. Zugleich nimmt aber auch das Sachvermögen zu. Dadurch wird die Zunahme der Verbindlichkeiten kompensiert. Der Verminderung des Geldvermögens steht eine betragsgleiche Erhöhung des Sachvermögens gegenüber. Das Reinvermögen ändert sich nicht. Nehmen wir an, die Maschinen werden zu 8.360,– € gekauft.

Hinweis: Wir leben in einem Steuerparadies ohne Mehrwertsteuer.

Bargeld (+ Zugang – Abgang)	Bank (+ Zugang – Abgang)	Forderungen (+ Zunahme von F. – Abnahme von F.)	Verbindlichkeiten (+ Abnahme von V. – Zunahme von V.)	Sachvermögen
0	0	0	0	*– 8.360*
	Auszahlung = 0			
			Ausgabe = 8.360	
				Aufwand *= 0*

(1) Auszahlung = 0,– also:
Änderung des Zahlungsmittelbestandes = 0,–
(2) Ausgabe = 8.360,– also:
Änderung des Geldvermögens = – 8.360,–
(3) Aufwand = 0,– also:
Änderung des Reinvermögens = +/– 0,–

Geschäftsvorfall 11 – Verkauf auf Ziel – Abgang Anlagevermögen
Der Schreiner verkauft einen Computer des Betriebsvermögens zum Buchwert an seinen Freund. Der Computer steht noch mit 1.000,– € als Betriebs- und Geschäftsausstattung zu Buche. Ob der Computer bar verkauft wird oder auf Ziel, spielt im Geldvermögen für unsere Abgrenzung keine Rolle. Gehen wir mal von bar aus.

Bargeld (+ Zugang – Abgang)	Bank (+ Zugang – Abgang)	Forderungen (+ Zunahme von F. – Abnahme von F.)	Verbindlichkeiten (+ Abnahme von V. – Zunahme von V.)	Sachvermögen
+ 1.000	0	0	0	*– 1.000*
	Einzahlung = 0			
			Einnahme = 1.000	
				Ertrag *= 0*

(1) Auszahlung = 0,– also:
Änderung des Zahlungsmittelbestandes = 0,–
(2) Ausgabe = 0,– also:
Änderung des Geldvermögens = – 34,–
(3) Aufwand = 0,– € also:
Änderung des Reinvermögens = +/– 0,–

Ein Vergleich

Bei diesen ganzen Abgrenzungen muss man schon einen langen Atem haben! Schauen wir uns die nächste Kategorie an. Hier fallen Einnahme und Ertrag bzw. Ausgabe und Aufwand zusammen. Damit wird neben dem Geldvermögen auch das Reinvermögen gemehrt oder gemindert. Dies ist dann der Fall, wenn der Erhöhung des Geldvermögens keine entsprechende Minderung des Sachvermögens bzw. einer Minderung des Geldvermögens keine entsprechende Erhöhung des Sachvermögens gegenüberstehen.

Geschäftsvorfall 12 – Barverkauf von Sachanlagevermögen über Buchwert
Machen wir es mal etwas schwieriger. Wenn der Schreiner den Computer, der mit 1.000,– € zu Buche steht, an seinen Freund zu einem Preis von 1.500,– € (bar) verkauft, dann erhöht sich das Reinvermögen um 500,– €, weil der Erhöhung des Geldvermögens in Höhe von 1.500,– € nur eine Verringerung des Sachvermögens zu 1.000,– € gegenübersteht. Die 500,– € erhöhen das Reinvermögen und sind Ertrag.

Bargeld (+ Zugang – Abgang)	Bank (+ Zugang – Abgang)	Forderungen (+ Zunahme von F. – Abnahme von F.)	Verbindlichkeiten (+ Abnahme von V. – Zunahme von V.)	Sach-vermögen
+ 1.500	0	0	0	*– 1.000*
Einzahlung = 1.500				
			Einnahme = 1.500	
				Ertrag = 500

(1) Einzahlung = + 1.500,– also:
Änderung des Zahlungsmittelbestandes = + 1.500,–
(2) Einnahme = 1.500,– also:
Änderung des Geldvermögens = + 1.500,–
(3) Ertrag = 500,– also:
Änderung des Reinvermögens = + 500,–

Geschäftsvorfall 13 – Geschäftsvorfall 12 leicht geändert
Machen wir es uns jetzt etwas einfacher, bleiben wir bei dem Beispiel und ändern es nur leicht ab. Wenn der Schreiner den Computer, der mit 1.000,– € zu Buche steht, an seinen Freund zu einem Preis von 700,– € (bar) verkauft, dann verringert sich das Reinvermögen um 300,– €, weil der Erhöhung des Geldvermögens in Höhe von 700,– € eine Verringerung des Sachvermögens von 1.000,– € gegenübersteht. Die 300,– € mindern das Reinvermögen und sind Aufwand.

Bargeld (+ Zugang – Abgang)	Bank (+ Zugang – Abgang)	Forderungen (+ Zunahme von F. – Abnahme von F.)	Verbindlichkeiten (+ Abnahme von V. – Zunahme von V.)	Sach-vermögen
+ 700	0	0	0	*– 1.000*
Einzahlung = 700				
			Einnahme = 700	
				Aufwand = 300

(1) Einzahlung = + 700,– also:
Änderung des Zahlungsmittelbestandes = + 700,–
(2) Einnahme = 700,– also:
Änderung des Geldvermögens = + 700,–
(3) Aufwand = 300,– also:
Änderung des Reinvermögens = – 300,–

Hierbei handelt es sich um Ertrag nicht um Leistungen und um Aufwand nicht Kosten. Das haben wir ja weiter oben ausführlich behandelt. **Kategorie 6**

Übungen und Ausarbeitungen zu diesem Bereich finden Sie, indem Sie in einer Suchmaschine gleichzeitig viele der Grundbegriffe eingeben, also etwa Einzahlung Einnahme Ertrag Leistung. B

8 Anhang

8.1 Kontenplan

Nachfolgend ein Beispiel für einen übersichtlichen Kontenplan:

0000	Ausstehende Einlagen
0200	Konzessionen
0300	Geschäfts-/Firmenwert
0500	Grundstücke
0700	Maschinen
0790	GWG
0840	Fuhrpark
0860	Betriebs- und Geschäftsausstattung (BGA)
0890	BGA (GWG)
1300	Beteiligungen
1500	Wertpapiere des Anlagevermögens
2000	Rohstoffe
2001	Bezugskosten
2002	Nachlässe
2010	Vorprodukte/Fremdbauteile
2011	Bezugskosten
2012	Nachlässe
2020	Hilfsstoffe
2021	Bezugskosten
2022	Nachlässe
2030	Betriebsstoffe
2031	Bezugskosten
2032	Nachlässe
2070	Sonst. Material
2071	Bezugskosten
2072	Nachlässe
2100	Unfertige Erzeugnisse
2190	Unfertige Leistungen
2200	Fertige Erzeugnisse
2280	Handelswaren
2281	Bezugskosten
2282	Nachlässe
2300	Geleistete Anzahlungen auf Vorräte
2400	Forderungen
2450	Wechselforderungen aus Lieferungen und Leistungen
2470	Zweifelhafte Forderungen
2480	Protestforderungen
2600	Vorsteuer
2630	Sonstige Forderungen aus Finanzbeteiligungen
2650	Forderungen an Mitarbeiter
2690	Übrige sonstige Forderungen
2700	Wertpapiere des Umlaufvermögens
2800	Bank
2850	Postbank
2860	Schecks
2870	Bundesbank
2880	Kasse
2900	Rechnungsabgrenzung
3000	Eigenkapital
3001	Privatkonto
3500	Sonderposten mit Rücklageanteil
3670	Einzelwertberichtigungen Forderungen
3680	Pauschalwertberichtigungen Forderungen
3690	Sonstige Forderungen
3700	Rückstellungen für Pensionen
3800	Steuerrückstellungen
3900	Sonstige Rückstellungen
4100	Anleihen
4200	Kurzfristige Bankverbindlichkeiten
4250	Darlehen
4300	Erhaltene Anzahlungen
4400	Verbindlichkeiten
4500	Schuldwechsel
4800	Umsatzsteuer
4830	Verbindlichkeiten FA
4840	Verbindlichkeiten Sozialversicherung
4850	Verbindlichkeiten Mitarbeiter
4860	Verbindlichkeiten aus Vermögenswirksamen Leistungen
4870	Verbindlichkeiten Gesellsch.

4890	Sonstige Verbindlichkeiten
4900	Passive Rechnungsabgrenzung
5000	Umsatzerlöse
5001	Erlösberichtigungen
5051	Erlösberichtigungen
5100	Umsatzerlöse für Waren
5101	Erlösberichtigungen
5190	Sonstige Umsatzerlöse
5191	Erlösberichtigungen
5200	Bestandsveränderungen
5300	Aktivierte Eigenleistungen
5400	Mieterträge
5410	Sonstige Erlöse
5420	Steuerfreier Eigenverbrauch
5421	Steuerpflichtiger Eigenverbrauch
5430	Andere sonstige betriebliche Erträge
5440	Erträge aus Werterhöhung des Anlagevermögens
5450	Erträge Wertberichtigung aus Forderungen
5460	Erträge aus Vermögensabgang
5480	Erträge Herabsetzung von Rückstellungen
5490	Periodenfremde Erträge
5500	Erträge aus Beteiligungen
5600	Erträge aus anderen Finanzanlagen
5710	Zinserträge
5730	Diskonterträge
5780	Erträge aus Wertpapieren des Umlaufvermögens
5800	Außerordentlicher Ertrag
6000	Rohstoffaufwendungen
6001	Bezugskosten
6002	Nachlässe
6010	AufwendungenVorprod./Fremdb.
6020	Hilfsstoffaufwendungen
6030	Aufwendungen für Betriebsstoffe
6040	Aufwendungen für Verpackungsmaterial
6050	Aufwendungen für Energie
6060	Aufwendungen für Reparaturm.
6070	Aufwendungen für sonstiges Material
6080	Aufwendungen für Waren
6100	Fremdleistung für Erzeugnisse
6140	Frachten
6150	Vertriebsprovisionen
6160	Fremdinstandhaltung
6170	Sonstige Aufwendungen für besondere Leistungen
6200	Löhne
6210	Urlaubs- u. Weihnachtsgratifikation
6220	Löhne
6230	Freiwillige Zuwendungen
6250	Sachbezüge
6260	Vergütungen an Auszubildende
6300	Gehälter
6310	Urlaubs- u. Weihnachtsgratifikation
6320	Sonstige tarifliche/vertr. Aufwendungen
6330	Freiwillige Zuwendungen
6350	Sachbezüge
6360	Vergütungen an Auszubildende
6410	AG-Anteil SV
6420	Beiträge zur Berufgenossenschaften
6440	Aufwendungen für Altersversorgung
6495	Sonstige soziale Aufwendungen
6510	Abschreibung immaterieller VG d. AV
6520	Abschreibungen
6540	Abschreibungen GWG
6550	Außerplanmäßige Abschreibung SAV
6600	Aufwendungen f. Personaleinstellungen
6610	Aufwendungen f. übern. Fahrk.
6620	Aufwendungen Arbeitssicherheit
6630	Personenbezogene Versicherungen
6640	Aufwendungen für Fort-/Weiterbildung
6650	Aufwendungen für Dienstjubiläum
6680	Ausgleichsabgabe Schw.beh.g.
6690	Übrige sonstige Personalaufwendungen
6700	Mieten
6710	Leasing
6720	Lizenzen
6730	Gebühren
6750	Kosten des Geldverkehrs
6760	Provisionsaufwendungen
6770	Rechts- und Beratungskosten
6800	Büromaterial
6810	Zeitungen und Fachliteratur
6820	Postgebühren
6850	Reisekosten
6860	Bewirtung

6870 Werbung
6880 Spenden
6900 Versicherungsbeiträge
6920 Beiträge Wirtschaftsverbände
6930 Verluste aus Schadensfällen
6940 Sonstige Aufwendungen
6950 Abschreibungen auf Forderungen
6951 Abschreibungen Uneinbringliche Forderungen
6952 Einst. i. Einzelwertberichtigung
6953 Einst. Pauschalwertberichtigung
6960 Verluste aus Abgang von Vermögensgegenständen
6980 Zuf. z. Rückst f. Gew.
6990 Periodenfremde Aufwendungen
7020 Grundsteuer
7030 Kfz-Steuer
7080 Verbrauchssteuern
7090 Sonstige betriebliche Steuern
7400 Abschreibungen auf Finanzanlagen
7420 Abschreibungen WP UV
7450 Verluste aus Abgang von Finanzanlagen
7460 Verluste aus Abgang von Wertpapieren des UV
7510 Zinsaufwendungen
7530 Diskontaufwendungen
7590 Sonstige zinsähnliche Aufwendungen
7600 Außerordentliche Aufwendungen
7700 Gewerbeertragssteuer
8000 Eröffnungsbilanzkonto
8010 Schlussbilanzkonto
8020 GuV
8900 Aktive Rechnungsabgrenzung
8950 Passive Rechnungsabgrenzung

Quelle: Entstanden im Projekt virtuelle Fachhochschule.

8.2 Inventar

Inventar der wood & more-GmbH

Stand 01. 01. 2008 in €

A Vermögen	
1. Anlagevermögen	
1.1 Grundstücke und Gebäude	125.000,00
1.2 Technische Anlagen und Maschinen: lt. Anlageverzeichnis AV1	43.196,00
1.3 Fuhrpark lt. AV2	26.411,50
1.4 Betriebs- und Geschäftausstattung lt. AV3	9.756,00
2. Umlaufvermögen	
2.1 Rohstoffe lt. Inventurliste IV1	9.200,00
2.2 Hilfsstoffe lt. Inventurliste IV2	425,40
2.3 Betriebsstoffe lt. Inventurliste IV3	550,00
2.4 Unfertige Erzeugnisse lt. IV4	2.825,00
2.5 Fertige Erzeugnisse lt. IV5	5.225,00
2.6 Forderungen aus LL.	12.675,00
2.7 Kassenbestand	1.000,00
2.8 Bankguthaben	17.500,00
Summe des Vermögens	**253.763,90**
B Schulden	
1. Hypothek der Sparkasse	50.000,00
2. Darlehen der Deutschen Bank	20.000,00
3. Verbindlichkeiten aus LL.	7.500,00
Summe der Schulden	**77.500,00**
C Ermittlung des Eigenkapitals	
Summe des Vermögens	253.763,90
– Summe der Schulden	77.500,00
Eigenkapital	**176.263,90**

Anlagenverzeichnis AV1: Technische Anlagen und Maschinen

1	Beschlageinpressmaschine Fa. Grass	1.750,00
2	Kantenanaleimmasachine Heinz Röwe	20.580,00
3	Formatkreissäge Altendorf F45 Elmo	16.225,00
4	Dickenhobelmaschine T44	0,50
5	Kunststofffräse Röwe	0,50
6	Keilnutfräsmaschine Hoffmann	462,50
7	Mafell Unterflursäge Erika 70	400,00
8	Reinhold Chipmaster MHF	0,50
9	Breitbandschleifmaschine Holzher	0,50
10	Kantenschleifmaschine	0,50
11	Abrichthobelmaschine	0,50
12	Tischfräsmaschine	2.100,00
13	Rahmenpresse	0,50
14	Wepla Werkzeugsatz Leitz	0,50
15	Fräsersatz Leitz	0,50
16	Lackiergerät Wagner	1.225,00
17	Distanzmeßgerät Hilti	449,00
18	Schlagbohrmaschine Hilti	0,00
19	Akkuschrauber Festo	0,00
20	Stichsäge Festo	0,00
21	elektrische Handhobelmaschine	0,00
22	Industriestaubsauger Kärcher	0,00
23	Oberfräse Festo	0,00
	Summe	26.411,50

Anlagenverzeichnis AV2: Fuhrpark

1	Ford Transit Bj. 1993	0,50
2	Ford Transit Bj. 2004	12.250,00
3	Ford Mondeo Turnier Bj. 1993	0,50
4	Ford Galaxy Bj. 2005	14.160,00
5	Anhänger HB 1331 bhw Bj. 1990	0,50
	Summe	43.196,00

Anlagenverzeichnis AV3 + A131: Betriebs- und Geschäftsausstattung

1	Telefonanlage Telekom	0,50
2	Computer Fa. CompuFit	638,50
3	Computer Fa. CompuFit	1.077,50
4	Computer Fa. CompuFit (CAD inkl. Plotter)	4.289,00
5	Büroeinrichtungen	3.750,00
6	Fotokopierer Sharp Z12	0,50
	Summe	9.756,00

Inventurverzeichnis IV1: Rohstoffe

1	Eichenholz 2 m^3	2.750,00
2	Buchenholz 5 m^3	4.750,00
3	Eschenholz 1 m^3	1.000,00
4	10 Stk. Spanplatten V200 19 mm	315,00
5	2 Stk. MDF-Platten 22 mm	115,00
6	Furnierholz 8 mm Buche	270,00
	Summe	9.200,00

Inventurverzeichnis IV2: Hilfsstoffe

1	Schrauben 3 x 16–6 x 180	220,00
2	Leime 25 kg	90,00
3	Montageschaum 5 Dosen	75,00
4	Silikon 10 Kartuschen	28,00
5	Montagekleber 2 Kartuschen	4,90
6	Nägel 7 kg	7,50
	Summe	425,40

Inventurverzeichnis IV3: Betriebsstoffe

1	Dieselkraftstoff 500 l	375,00
2	Motorenöl 20 l	50,00
3	Spezialhydrauliköl 5 l	125,00
	Summe	550,00

Inventurverzeichnis IV4: Unfertige Erzeugnisse

1	Tischplatten Buche	500,00
2	Sitzflächen von Stühlen	750,00
3	Leisten Esche massiv 25 • 25 • 2.000 mm 30 Stk.	850,00
4	Schranktüren Buche furniert 600 x 2.100 mm 6 Stk.	400,00
5	Tischfüße Eiche P43 gebeizt 4 Stk.	125,00
6	Schubladen KS weiß beschichtet 10 Stk.	200,00
	Summe	2.825,00

Inventurverzeichnis IV5: Fertige Erzeugnisse

1	Tische Buche massiv 5 Stk.	2.500,00
2	Stühle Eiche massiv 2 Stk.	475,00
3	Schrank in Ahorn furniert	2.250,00
	Summe	5.225,00

Quelle: Entstanden in einem Projekt der NORDAKADEMIE.

8.3 Geplante Änderungen im Rahmen des BilMoG (Bilanzrechtsmodernisierungsgesetz)

Wichtige Punkte des Gesetzentwurfs werden nachfolgend im Einzelnen aufgeführt:

- Immaterielle selbst geschaffene Vermögensgegenstände des Anlagevermögens wie zum Beispiel Patente oder Know-how sind künftig in der HGB-Bilanz anzusetzen.
- Finanzinstrumente wie Aktien, soweit sie zu Handelszwecken erworben sind, werden künftig bei allen Unternehmen zum Bilanzstichtag mit dem Marktwert (Fair Value) bewertet.
- Die Umrechnung bestimmter auf ausländische Währung lautende Vermögensgegenstände mit dem Devisenkassakurs wird ermöglicht.
- Die Bildung von Bewertungseinheiten z. B. zwischen Vermögensgegenständen, Schulden, schwebenden Geschäften wird unter Umständen zugelassen.
- Rückstellungen von Unternehmen für künftige Verpflichtungen werden in Zukunft realistischer bewertet.
- Darüber hinaus wird das HGB-Bilanzrecht vom „Ballast" der vergangenen Jahre befreit. Nicht mehr zeitgemäße Bilanzierungsmöglichkeiten, die den Unternehmen eingeräumt wurden, einem informativen und insbesondere vergleichbaren Jahresabschluss aber entgegenstehen, werden eingeschränkt oder aufgehoben.
  - Dies gilt beispielsweise für die auch steuerlich nicht anerkannte Möglichkeit, Rückstellungen für eigenen künftigen Instandsetzungsaufwand zu bilden.
  - Aktivierungspflicht für den Geschäfts- oder Firmenwert.
  - Die Abschreibung bei nur vorübergehender Wertminderung wird auf Finanzanlagen beschränkt und die Wertaufholung für alle Unternehmen vorgeschrieben.
  - Die Bilanzierungshilfe für Aufwendungen für die Ingangsetzung und Erweiterung des Geschäftsbetriebes soll abgeschafft werden etc.

Hinweis: Bisher handelt es sich nur um Planungen und nicht um rechtsgültige Vorschriften.

Der Zeitplan:
Der vorliegende Entwurf des Bilanzrechtsmodernisierungsgesetzes wird nach der Sommerpause 2008 vom Bundestag beraten werden. Der größte Teil der neuen Vorschriften soll erstmals auf Geschäftsjahre Anwendung finden, die im Kalenderjahr 2009 beginnen. Erleichterungen könnten teilweise schon für das Geschäftsjahr 2008 in Anspruch genommen werden.

Quelle: http://www.bmj.bund.de; Stichwort: Bilanzrechtsmodernisierung
Vgl. auch Küting, 2008.

9 Literatur

Coenenberg, A. G. (2003): Kostenrechnung und Kostenanalyse – Aufgaben und Lösungen, 3., überarb. und erw. Aufl., Schäffer-Poeschel Verlag Stuttgart.

Coenenberg, A. G. (2005): Jahresabschluss und Jahresabschlussanalyse. Betriebswirtschaftliche, handelsrechtliche, steuerrechtliche und internationale Grundsätze – HGB, IFRS und US-GAAP, 20. Aufl., Schäffer-Poeschel Verlag Stuttgart.

Coenenberg, A. G. (2007): Kostenrechnung und Kostenanalyse, 5., überarb. und erw. Aufl., Schäffer-Poeschel Verlag Stuttgart.

Falterbaum, H./Beckmann, H. (2003): Buchführung und Bilanz, 19. Aufl., Achim, Fleischer.

Federmann, R. (2000): Bilanzierung nach Handelsrecht und Steuerrecht. Gemeinsamkeiten, Unterschiede und Abhängigkeiten von Handels- und Steuerbilanz, 11. Aufl., Erich Schmidt Verlag Berlin.

Fudalla, M./zur Mühlen, M./Wöste, C. (2004): Doppelte Buchführung in der Kommunalverwaltung. Basiswissen für das „Neue Kommunale Finanzmanagement" (NKF), Erich Schmidt Verlag Berlin.

Graumann, M./Schmidt-Graumann, A. (2007): Rechnungslegung und Finanzierung der Krankenhäuser, Verlag Neue Wirtschafts-Briefe GmbH & Co. KG, Hamm.

Heister, W. u. a. (2001): Betriebswirtschaftliche Grundlagen der Unternehmensführung 1 & 2, Multimediales Studienmodul, Elmshorn.

Heister, W. (2007): Studieren mit Erfolg: Effizientes Lernen und Selbstmanagement in Bachelor-, Master- und Diplomstudiengängen, Schäffer-Poeschel Verlag Stuttgart.

Heister, W./Weßler-Poßberg, D. (2007): Studieren mit Erfolg: Wissenschaftliches Arbeiten für Wirtschaftswissenschaftler, Schäffer-Poeschel Verlag Stuttgart.

Heister, W./Wälte, D./Weßler-Poßberg, D./Finke, M. (2007): Studieren mit Erfolg: Prüfungen meistern – Klausuren, Kolloquien, Präsentationen, Bewerbungsgespräche, Schäffer-Poeschel Verlag Stuttgart.

Hungenberg, H./Kaufmann, L. (2001): Kostenmanagement – Einführung in Schaubildform, 2. überarb. Aufl., Oldenbourg-Verlag München u. a.

Koch, J. (2004): Buchhaltung und Bilanzierung in Krankenhaus und Pflege, 3. Aufl., Erich Schmidt Verlag GmbH Berlin.

Kotsch-Faßhauer, L. (2004): Die neue Schule des Bilanzbuchhalters. Band 1: Buchführung. Abschlüsse nach Handels- und Steuerrecht, 11., überarb. Aufl., Schäffer-Poeschel Verlag Stuttgart.

Küting, K./Pfitzer, N./Weber, C.-P. (2008): Das neue deutsche Bilanzrecht. Handbuch für den Übergang auf die Rechnungslegung nach dem Bilanzrechtsmodernisierungsgesetz (BilMoG), Schäffer-Poeschel Verlag Stuttgart.

Olfert, K. (2005): Kompakt-Training Kostenrechnung, 4. Aufl., Kiehl-Verlag Ludwigshafen.

Olfert, K. (2005): Kostenrechnung, Ludwigshafen, 14. Aufl., Kiehl-Verlag Ludwigshafen.

Schmolke, S./Deitermann, M. (2006): Industrielles Rechnungswesen. IKR, 34. Aufl., Winkler Darmstadt.

Schweitzer, M./Küpper, H.-U. (2003): Systeme der Kosten- und Erlösrechnung, 8.Aufl., Vahlen-Verlag München.

Pümpin, C./Amann; W. (2005): SEP. Strategische Erfolgspositionen. Kernkompetenzen aufbauen und umsetzen, Haupt Verlag Bern/Stuttgart/Wien.

Winnefeld, R. (2006): Bilanz-Handbuch. Handels- und Steuerbilanz. Rechtsformspezifisches Bilanzrecht. Bilanzielle Sonderfragen. Sonderbilanzen. IFRS/IAS/US-GAAP, 4., vollst. überarb. und erw. Aufl., Beck München.

Sachregister